"十四五"职业教育国家规划教材

职业教育**数字媒体应用**人才培养系列教材

U0742589

电子活页微课版

CorelDRAW

实例教程

CorelDRAW 2021

张俊竹◎主编　刘小洪◎副主编

人民邮电出版社

北　京

图书在版编目（CIP）数据

CorelDRAW 实例教程 ： CorelDRAW 2021 ： 电子活页微课版 / 张俊竹主编. -- 北京 ： 人民邮电出版社，2025. --（职业教育数字媒体应用人才培养系列教材）.

ISBN 978-7-115-67400-5

Ⅰ．TP391.412

中国国家版本馆 CIP 数据核字第 2025E8Y481 号

内 容 提 要

本书全面、系统地介绍 CorelDRAW 2021 的基本操作方法和矢量图形的制作技巧，包括 CorelDRAW 2021 入门知识、CorelDRAW 2021 的基本操作、绘制和编辑图形、绘制和编辑曲线、编辑轮廓线与填充颜色、排列和组合对象、编辑文本、编辑位图、应用特殊效果和综合设计实训。

本书主要章的讲解以课堂案例为主线，通过对各案例实际操作的讲解，学生可以快速熟悉软件功能和艺术设计思路。书中的软件功能解析部分使学生能够深入了解软件功能；课堂练习和课后习题可以拓展学生的实际应用能力，提高学生使用 CorelDRAW 2021 软件进行创作的技巧。

本书适合作为高等职业院校数字媒体艺术类专业相关课程的教材，也可以作为相关从业人员的参考书。

◆ 主　　编　张俊竹
　　副 主 编　刘小洪
　　责任编辑　徐金鹏
　　责任印制　王　郁　焦志炜

◆ 人民邮电出版社出版发行　　北京市丰台区成寿寺路 11 号
　　邮编　100164　　电子邮件　315@ptpress.com.cn
　　网址　https://www.ptpress.com.cn
　　三河市君旺印务有限公司印刷

◆ 开本：787×1092　1/16
　　印张：17　　　　　　　　　2025 年 8 月第 1 版
　　字数：430 千字　　　　　　2025 年 8 月河北第 1 次印刷

定价：59.80 元

读者服务热线：(010)81055256　印装质量热线：(010)81055316
反盗版热线：(010)81055315

前 言

　　CorelDRAW 是由 Corel 公司开发的矢量图形处理和编辑软件，它功能强大、易学易用，深受图形图像处理爱好者和平面设计人员的喜爱，已经成为平面设计相关领域最流行的软件之一。目前，我国很多高等职业院校的数字媒体艺术类专业都将 CorelDRAW 作为一门重要的专业课程。为了帮助高等职业院校的教师全面、系统地讲授这门课程，使学生能够熟练地使用 CorelDRAW 进行创意设计，我们几位长期在高等职业院校从事 CorelDRAW 教学的教师和平面设计公司经验丰富的专业设计师合作，共同编写了本书。

　　本书全面贯彻党的二十大精神，以社会主义核心价值观为引领，传承中华优秀传统文化，坚定文化自信。为了使书中内容更好地体现时代性、把握规律性、富于创造性，我们对本书的编写体系做了精心的设计，主要章按照"课堂案例—软件功能解析—课堂练习—课后习题"这一思路进行编排，力求通过课堂案例使学生快速掌握软件功能和艺术设计思路；通过软件功能解析使学生深入学习软件功能和制作特色；通过课堂练习和课后习题，拓展学生的实际应用能力。在内容编写方面，我们力求细致全面、重点突出；在文字叙述方面，我们注意言简意赅、通俗易懂；在案例选取方面，我们强调案例的针对性和实用性。

　　本书配套云盘中包含书中所有案例的素材及效果文件。另外，为方便教师教学，本书还配备微课视频、PPT 课件、电子教案、教学大纲等丰富的教学资源，任课教师可到人邮教育社区（www.ryjiaoyu.com）免费下载使用。本书的参考学时为 64 学时，其中实训环节为 34 学时，各章的参考学时参见下面的学时分配表。

前　言

章	课程内容	学时分配	
		讲授/学时	实训/学时
第 1 章	CorelDRAW 2021 入门知识	2	
第 2 章	CorelDRAW 2021 的基本操作	2	
第 3 章	绘制和编辑图形	2	4
第 4 章	绘制和编辑曲线	2	4
第 5 章	编辑轮廓线与填充颜色	4	4
第 6 章	排列和组合对象	2	4
第 7 章	编辑文本	4	4
第 8 章	编辑位图	2	4
第 9 章	应用特殊效果	4	4
第 10 章	综合设计实训	6	6
学 时 总 计		30	34

由于编者水平有限，书中难免存在不妥之处，敬请广大读者批评指正。

编　者

2025 年 3 月

教学辅助资源

资源类型	数量	资源类型	数量
教学大纲	1 套	教学实例	24 个
电子教案	10 份	课堂练习	9 个
PPT 课件	10 个	课后习题	9 个

配套视频列表

章	视频微课名称	章	视频微课名称
第 3 章 绘制和编辑图形	绘制花灯插画	第 7 章 编辑文本	制作女装 Banner 广告
	绘制南天竹花卉插画		制作旅游海报
	绘制风景插画		制作网站标志
	绘制卡通汽车	第 8 章 编辑位图	制作家具广告
	绘制卡通手表		制作课程公众号封面首图
第 4 章 绘制和编辑曲线	制作环境保护 App 引导页		制作美食宣传海报
	绘制计算器图标		制作护肤品广告
	绘制卡通猫咪	第 9 章 应用特殊效果	制作霜降节气海报
	绘制校车		制作阅读平台推广海报
第 5 章 编辑轮廓线与填充颜色	绘制送餐车图标		制作冰糖葫芦宣传单
	绘制卡通小狐狸		绘制日历小图标
	绘制手机设置图标		绘制闹钟插画
	绘制折纸标志	第 10 章 综合设计实训	制作家居宣传单折页
	绘制饺子插画		制作空调扇电商广告
第 6 章 排列和组合对象	制作民间剪纸海报		制作大米包装
	绘制风筝插画		绘制相机图标
	制作中秋节海报		制作家居装饰类 App 引导页
	绘制舞狮贴纸		设计现代家居电商广告
第 7 章 编辑文本	制作家电电商广告		设计文件图标
	制作台历		设计剪纸图书封面
	制作美食杂志内页		设计核桃奶包装

目 录

目 录

01

第 1 章
CorelDRAW 2021 入门知识

本章介绍

　　本章将主要介绍 CorelDRAW 的概况和基本操作方法。通过对本章的学习，读者可以初步认识和使用 CorelDRAW 这一创作工具。

学习目标

✔ 了解 CorelDRAW 的概况及应用领域。
✔ 掌握图形和图像的基础知识。
✔ 熟悉 CorelDRAW 2021 的工作界面。

素养目标

✔ 培养对艺术设计的兴趣。

1.1　CorelDRAW 的概述

　　CorelDRAW 是由加拿大 Corel 公司开发的图形图像设计软件。CorelDRAW 拥有强大的绘制、编辑图形图像的功能，广泛应用于插画设计、字体设计、版面设计、包装设计、产品设计、网页设计和广告设计等多个领域，深受平面设计师、专业插画师、互联网设计师的喜爱，已经成为专业设计师和图形图像处理爱好者的必备工具之一。

1.2　CorelDRAW 的发展历程

　　1989 的春天，CorelDRAW1.0 面世，成为了第一款适用于 Windows 操作系统的图形设计软件，同时引入了全彩的矢量插图和版面设计程序，在计算机图形设计领域掀起了一场"风暴式革命浪潮"。接着，Corel 公司在 1990 年和 1991 年分别发布了 CorelDRAW 1.11 和 CorelDRAW 2。

　　1992 年，CorelDRAW 3 发布，这是具有里程碑意义的首款一体化图形套件。随后，Corel 公司几乎每年发布一个新版本。随着版本的不断升级和优化，CorelDRAW 的功能也越来越强大。2006年，Corel 公司发布了 CorelDRAW Graphics Suite X3，CorelDRAW 开始以 X 命名版本，直至 X8版本。2017 年，CorelDRAW Graphics Suite 2017 发布，自此以后的版本都采用以年份命名的方式。

1.3　CorelDRAW 的应用领域

　　CorelDRAW 2021 是集图形设计、文字编辑、排版及高品质输出于一体的设计软件，它被广泛地应用于插画设计、字体设计、广告设计、VI 设计、包装设计、服饰设计等众多领域。

1.3.1　插画设计

　　现代插画艺术发展迅速，已经被广泛应用于互联网、广告、包装、报刊和纺织等领域。使用CorelDRAW 绘制的插画简洁明快、独特新颖，已经成为最流行的插画表现形式之一，如图 1-1 所示。

图 1-1

1.3.2　字体设计

字体设计随着人类文明的发展而逐步趋于成熟。根据字体设计的创意需求，使用 CorelDRAW 可以设计制作出多样的字体。通过设计独特的字体可以将企业或品牌理念传达给受众，强化企业形象与品牌的影响力。一些设计精巧的字体如图 1-2 所示。

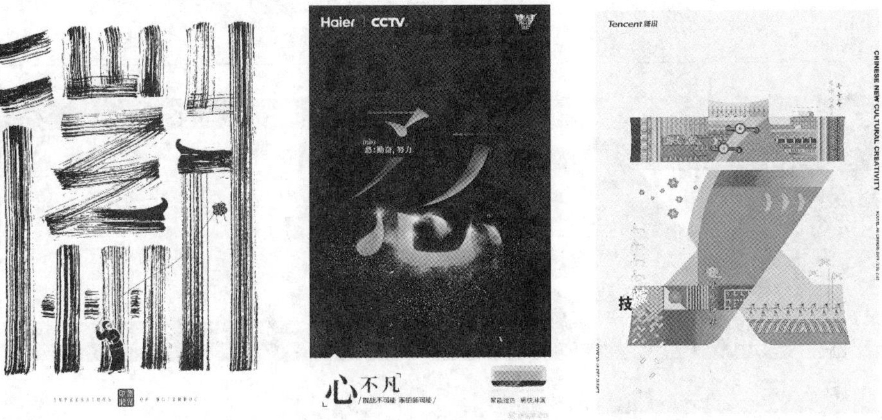

图 1-2

1.3.3　广告设计

广告以多样的形式出现在大众的生活中，这些广告大多通过互联网、电视、报纸和户外灯箱等媒介进行发布。使用 CorelDRAW 设计制作的广告具有更强的视觉冲击力，能够更好地传播和推广内容，如图 1-3 所示。

图 1-3

1.3.4　VI 设计

VI（Visual Identity，视觉识别）是企业形象设计的整合，根据 VI 设计的创意构思，使用 CorelDRAW 可以完成整套的 VI 设计制作工作。将企业理念、企业文化等抽象概念在设计中充分地表达，以标准化、系统化、统一化的方式塑造良好的企业形象。一些 VI 设计的效果图如图 1-4 所示。

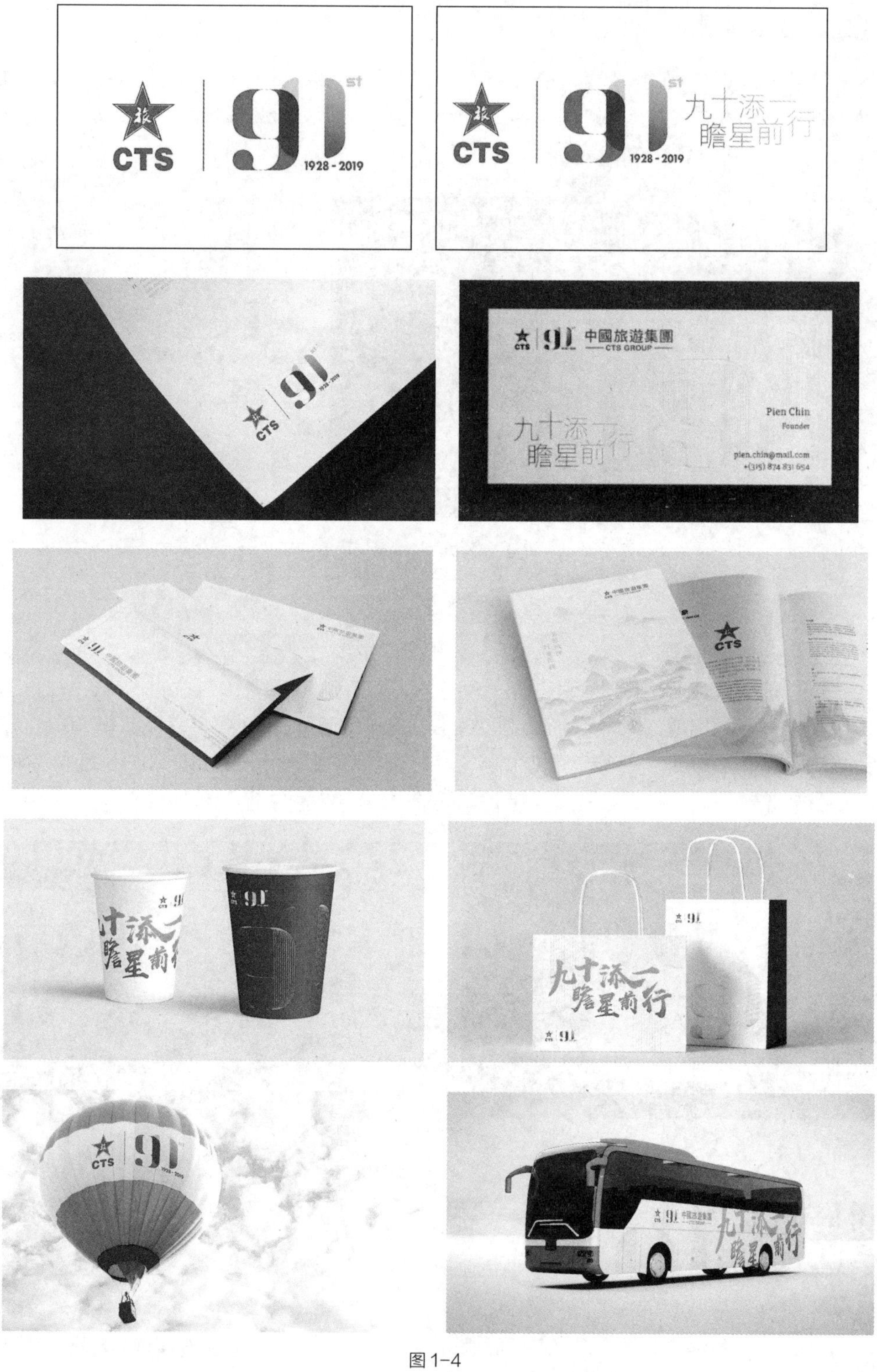

图 1-4

1.3.5　包装设计

在产品包装设计中，使用 CorelDRAW 不仅可以对图像元素进行绘制和处理，还可以完成产品包装平面模切图的绘制和制作，是设计产品包装的必备利器之一。一些包装设计的效果图如图 1-5 所示。

图1-5

1.3.6　界面设计

随着互联网的普及，界面设计已经成为一个重要的设计领域。使用 CorelDRAW 可以美化网页元素、制作各种细腻的质感和特效。因此，CorelDRAW 已经成为界面设计的重要工具。一些界面设计的效果图如图 1-6 所示。

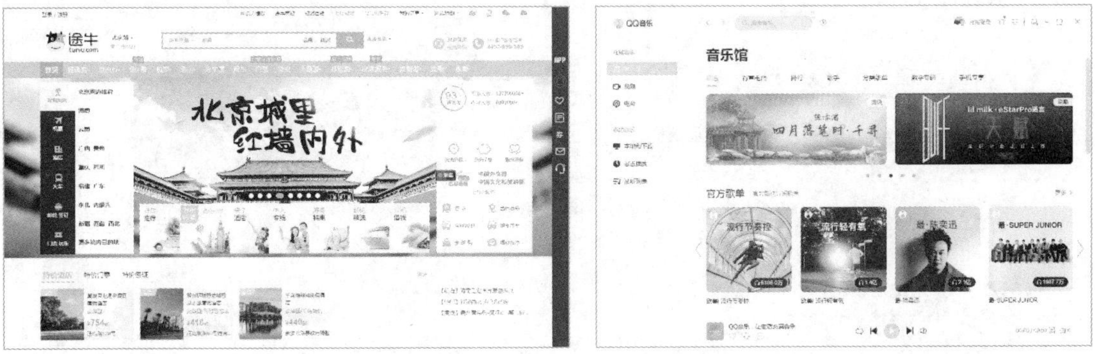

图1-6

图1-6（续）

1.3.7　版面设计

在版面设计中，可以使用 CorelDRAW 将图形和文字进行灵活的组织、编排和整合，从而形成更具特色的艺术形象和艺术风格，提高读者的阅读兴趣。使用 CorelDRAW 进行版面设计已成为现代设计师的重要技能。使用 CorelDRAW 设计的一些版面如图 1-7 所示。

图1-7

1.3.8　产品设计

产品设计的效果图经常要使用 CorelDRAW 来制作。利用 CorelDRAW 的强大功能可以充分表现出产品功能上的优越性和设计细节，让设计产品能够赢得顾客的青睐。使用 CorelDRAW 设计的一些热门产品效果图如图 1-8 所示。

图 1-8

1.3.9　服饰设计

随着科学与文明的进步，人类的艺术设计手段也在不断发展，服装艺术表现形式也越来越丰富多彩。利用 CorelDRAW 绘制的服装设计图，可以让受众感受服装本身的无穷魅力，如图 1-9 所示。

图 1-9

1.4　图形和图像的基础知识

如果想要应用好 CorelDRAW 2021，就需要先对图像的种类、色彩模式及文件格式有所了解和掌握。下面进行详细的介绍。

1.4.1　位图与矢量图

在计算机中，图像大致可以分为两种：位图和矢量图。位图的效果如图 1-10 所示。矢量图的效果如图 1-11 所示。

图 1-10

图 1-11

位图又称为点阵图，是由许多点组成的，这些点称为像素。许多不同色彩的像素组合在一起便构成了一幅图像。由于位图采取点阵的方式，每个像素都能够记录图像的色彩信息，因而可以精确地表现色彩丰富的图像。但图像的色彩越丰富，图像的像素数量就越多（即分辨率越高），文件也就越大。因此，在处理色彩丰富的位图时，计算机硬盘和内存需要有较高的存储容量。同时，由于位图本身的特点，图像在缩放和旋转变形时会产生失真的现象。

矢量图是相对位图而言的，也被称为向量图，它是以数学的矢量方式来记录图像内容的。矢量图中的图形元素称为对象，每个对象都是独立的，具有各自的属性（如颜色、形状、填充、尺寸和位置等）。矢量图在缩放时不会产生失真的现象，并且它占用的内存空间较小。但是这种图像的缺点是色彩不够丰富，无法像位图那样精确地呈现各种绚丽的色彩。

位图和矢量图各具特色，也各有优缺点，并且两者之间具有良好的互补性。因此，在图像处理和图形绘制的过程中，将这两种图像交互使用，取长补短，能使创作出来的作品更加完美。

1.4.2　色彩模式

CorelDRAW 2021 提供了多种色彩模式，这些色彩模式提供了用数值表示各种色彩的方法。这些色彩模式是使设计制作的作品能够在屏幕和印刷品上成功表现的重要保障。在这些色彩模式中，经常使用到的有 RGB 模式、CMYK 模式、Lab 模式、HSB 模式以及灰度模式等。每种色彩模式都有不同的色域，读者可以根据需要选择合适的色彩模式，并且部分模式之间可以互相转换。

1. RGB 模式

RGB 模式是工作中使用最广泛的色彩模式之一。RGB 模式是一种加色模式，它通过红、绿、蓝3 种色光相叠加的方式形成更多的颜色。同时 RGB 模式也是色光的彩色模式，一幅 24 位的 RGB 图像有 3 个色彩信息通道：红色（R）、绿色（G）和蓝色（B）。每个通道都有 8 位的色彩信息——一个 0～255 的亮度值色域。在 RGB 模式中，3 种色彩的数值越大，颜色就越浅，3 种色彩的数值越小，颜色就越深。例如，3 种色彩的数值都为 255 时，颜色为白色；3 种色彩的数值都为 0 时，颜色为黑色。

这 3 种色彩中的每一种都有 256 个亮度水平级。3 种色彩相叠加，可以生成约 1678 万（256×256×256）种颜色。这 1678 万种颜色足以表现这个绚丽多彩的世界。通常情况下，用户使用的显示器的色彩模式就是 RGB 模式。

选择 RGB 模式的操作步骤：按 Shift+F11 组合键，弹出"编辑填充"对话框，在对话框中单击"均匀填充"按钮■，选择"RGB"色彩模型，然后在相应的框中输入 RGB 颜色值，如图 1-12 所示。

在编辑图像时，RGB 色彩模式是最佳的选择之一。由于它可以提供全屏幕的多达 24 位的色彩范围，一些计算机领域的色彩专家称之为"True Color"（真彩色）模式。

2. CMYK 模式

CMYK 模式应用了色彩学中的减法混合原理，它通过反射某些颜色的光并吸收另外一些颜色的光来产生不同的颜色，是一种减色色彩模式。CMYK 代表了印刷上用的 4 种油墨色：C 代表青色，M代表洋红色，Y 代表黄色，K 代表黑色。CorelDRAW 2021 默认状态下使用的就是 CMYK 模式。

CMYK 模式是印刷图片和其他文件时最常用的一种色彩模式，这是因为在印刷中通常都要先进行四色分色，出四色胶片，然后再进行印刷。

选择 CMYK 模式的操作步骤：按 Shift+F11 组合键，弹出"编辑填充"对话框，单击"均匀填充"按钮■，选择"CMYK"色彩模式，然后在相应的框中输入 CMYK 颜色值，如图 1-13 所示。

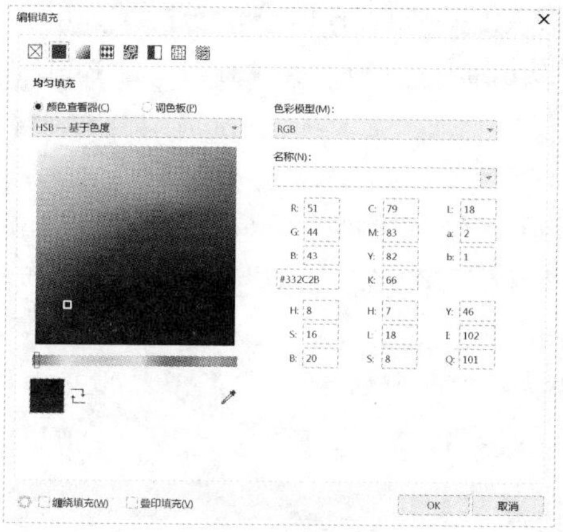

图 1-12

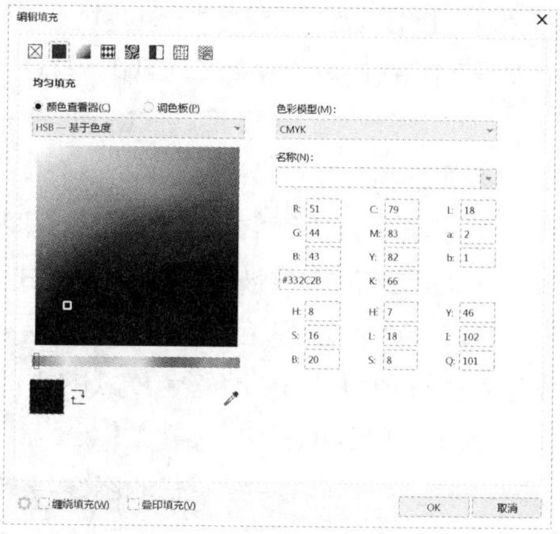

图 1-13

3．HSB 模式

HSB 模式是一种更直观的色彩模式，它的调色方法更接近人的视觉原理，在调色过程中更容易找到需要的颜色。

H 代表色相，S 代表饱和度，B 代表亮度。色相的意思是纯色，即组成可见光谱的单色。红色为 0°，绿色为 120°，蓝色为 240°。饱和度代表色彩的鲜艳程度，饱和度为 0 时即为灰色，黑、白这 2 种色彩没有饱和度。亮度是色彩的明亮程度，最大亮度是色彩最明亮的状态，黑色的亮度为 0。

选择 HSB 模式的操作步骤：按 Shift+F11 组合键，弹出"编辑填充"对话框，单击"均匀填充"按钮■，选择"HSB"色彩模式，然后在相应的框中输入 HSB 颜色值，如图 1-14 所示。

4．Lab 模式

Lab 模式是一种国际标准色彩模式，它由 3 个通道组成：一个通道是亮度，用 L 表示；其他两个是色彩通道，用 a 和 b 表示。a 通道包括的颜色范围从深绿到灰，再到亮粉红色；b 通道包括的颜色范围从亮蓝色到灰，再到焦黄色。这些色彩混合后将产生明亮的色彩。

选择 Lab 模式的操作步骤：按 Shift+F11 组合键，弹出"编辑填充"对话框，单击"均匀填充"按钮■，选择"Lab"色彩模式，然后在相应的框中输入 Lab 颜色值，如图 1-15 所示。

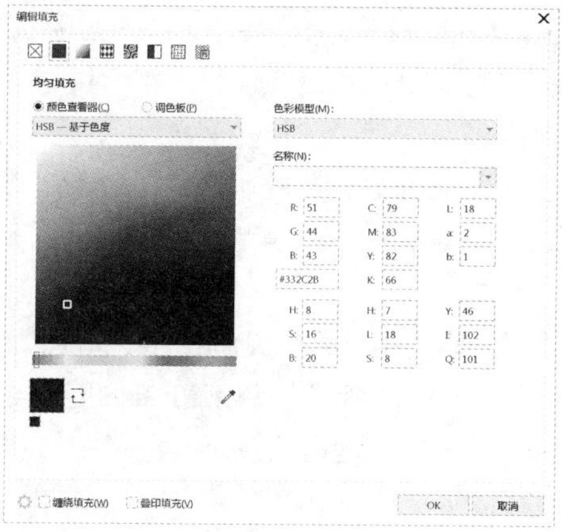

图 1-14

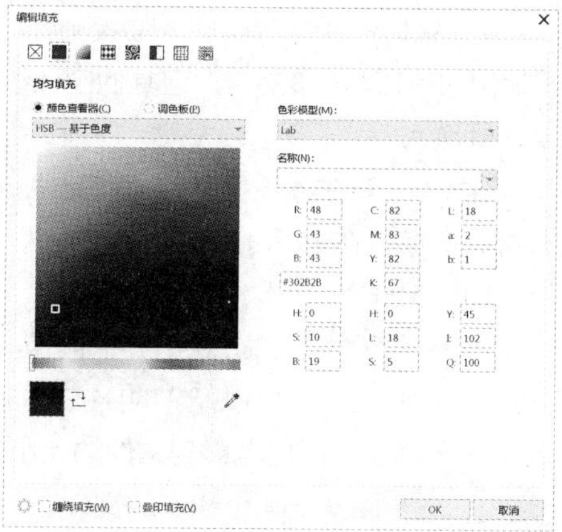

图 1-15

Lab 模式在理论上包括了人眼可见的所有色彩，它弥补了 CMYK 模式和 RGB 模式的不足。在 Lab 模式下，图像的处理速度比在 CMYK 模式下的速度快数倍，与 RGB 模式下的速度相仿。事实上，在将 RGB 模式转换成 CMYK 模式的过程中，Lab 模式扮演着中介的角色。也就是说，RGB 模式先转换成 Lab 模式，然后再转换成 CMYK 模式。

5. 灰度模式

灰度模式形成的灰度图又叫 8 位深度图。每个像素用 8 个二进制位表示，能产生 2^8 即 256 级灰色调。当彩色模式的文件被转换为灰度模式时，所有的颜色信息都将丢失。尽管 CorelDRAW 2021 允许将灰度文件转换为彩色模式文件，但不可能将原来的颜色完全还原。所以，当要将彩色模式的文件转换为灰度模式时，请先做好图像的备份。

像黑白照片一样，灰度模式的图像只有明暗值，没有色相和饱和度这两项颜色信息。0%代表黑，100%代表白。

将彩色模式转换为双色调模式时，必须先转换为灰度模式，然后由灰度模式转换为双色调模式。在制作黑白印刷品时经常使用灰度模式。

选择灰度模式的操作步骤：按 Shift+F11 组合键，弹出"编辑填充"对话框，单击"均匀填充"按钮▓，选择"Grayscale"色彩模式，然后在相应的框中输入灰度值，如图 1-16 所示。

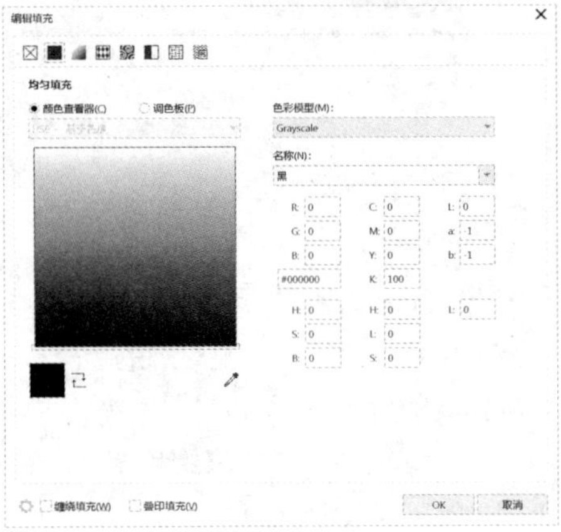

图 1-16

1.4.3　文件格式

当用 CorelDRAW 2021 制作或处理好一份文件后，就要进行保存。这时，选择一种合适的文件格式就显得十分重要。

在保存文件时，CorelDRAW 2021 中有 20 多种文件格式可供选择。在这些文件格式中，既有 CorelDRAW 2021 的专用格式，也有用于应用程序交换的文件格式，还有一些比较特殊的文件格式。

1. CDR 格式

CDR 格式是 CorelDRAW 的专用图形文件格式。由于 CorelDRAW 是矢量图形绘制软件，所以 CDR 格式可以记录文件的属性、位置和分页等。但它的兼容性比较差，虽然它在所有 CorelDRAW 2021 应用程序中均能够使用，但其他图像编辑软件无法直接打开此格式的文件。

2. AI 格式

AI 格式是一种矢量图文件格式，是 Adobe 公司的 Illustrator 软件的专用格式。AI 格式的兼容性比较好，既可以在 CorelDRAW 中打开，也可以将 CorelDRAW 中的文件导出为 AI 格式。

3. TIF（TIFF）

TIF 是标签图像文件格式。TIF 对于色彩通道图像来说非常有用，具有很强的可移植性。它可以用于 Windows、macOS 以及 UNIX 三大操作系统，是这三大操作系统上使用最广泛的绘图格式之一。用 TIF 存储文件时应考虑到文件的大小，因为 TIF 的结构要比其他格式更大、更复杂。TIF 支持 24 个通道，能存储多于 4 个通道的文件。TIF 格式非常适合印刷和输出。

4. PSD 格式

PSD 格式是 Photoshop 软件的专用文件格式。PSD 格式能够保存图像数据的细节，如图层、附加的遮膜通道等 Photoshop 对图像进行过特殊处理的信息。在没有最终决定图像的存储格式前，最好先以 PSD 格式存储。另外，Photoshop 打开和存储 PSD 格式的文件较其他格式更快。但是 PSD 格式也有缺点，以这一格式存储的图像文件特别大，占用磁盘空间较多。由于在一些图形绘制程序中没有得到很好的支持，所以其通用性不强。

5. JPEG 格式

JPEG 即 Joint Photographic Experts Group，译为"联合图片专家组"。JPEG 格式既是 Photoshop 支持的一种文件格式，也是一种压缩方案，它是 macOS 上常用的一种存储格式。与 TIF 采用的 LZW 无损失压缩格式相比，JPEG 格式的压缩比例更大，但它使用的有损压缩方案会丢失部分数据。用户可以在存储前选择图像最后的保存质量，这能控制数据的损失程度。

6. PNG 格式

PNG 格式是 1 种无损压缩格式，通常用于网络中的图像显示，是 GIF 的无专利替代品。它支持 24 位图像和透明背景，可以对图像边缘进行光滑处理，还支持无 Alpha 通道的 RGB 模式、索引颜色模式、灰度模式和位图模式的图像。但是，某些网络浏览器不支持 PNG 图像。

1.5　CorelDRAW 2021 的工作界面

本节介绍 CorelDRAW 2021 的工作界面，并简单介绍 CorelDRAW 2021 的菜单栏、工具栏、工具箱及泊坞窗等。

1.5.1　认识工作界面

CorelDRAW 2021 的工作界面主要由"标题栏""菜单栏""标准工具栏""工具箱""标尺""绘图页面""页面控制栏""状态栏""属性栏""泊坞窗""调色板"等部分组成，如图 1-17 所示。

标题栏：用于显示软件版本和当前操作文件的文件名，还可以用于调整工作界面窗口的大小。

菜单栏：集合了 CorelDRAW 2021 中的许多命令，并将它们分门别类地放置在不同的菜单中，供用户使用。选择 CorelDRAW 2021 菜单栏中的命令是最基本的操作方式。

标准工具栏：提供了最常用的几种操作按钮和命令，可使用户轻松地完成基本的操作任务。

工具箱：分类存放着 CorelDRAW 2021 中最常用的工具。灵活使用工具箱中的工具，可以大大简化操作步骤，提高工作效率。

标尺：用于度量图形的尺寸，并对图形进行定位，是平面设计工作不可缺少的辅助工具。

绘图页面：指绘图窗口中矩形边沿以内的区域，一般在这个区域内进行创作和修改文件，只有此区域内的图形才可被打印出来。

页面控制栏：可以用于创建新页面并显示 CorelDRAW 2021 文档中各页面的内容。

状态栏：可以为用户提供有关当前操作的各种提示信息。

属性栏：显示当前绘制图形的信息，并提供了一系列可对图形进行相关修改和操作的工具。

泊坞窗：是 CorelDRAW 2021 中最具特色的窗口，因它可放在绘图窗口边缘而得名。它提供了许多常用的功能，使用户在创作时更加得心应手。

调色板：可以直接对所选定的图形或图形轮廓线进行颜色填充。

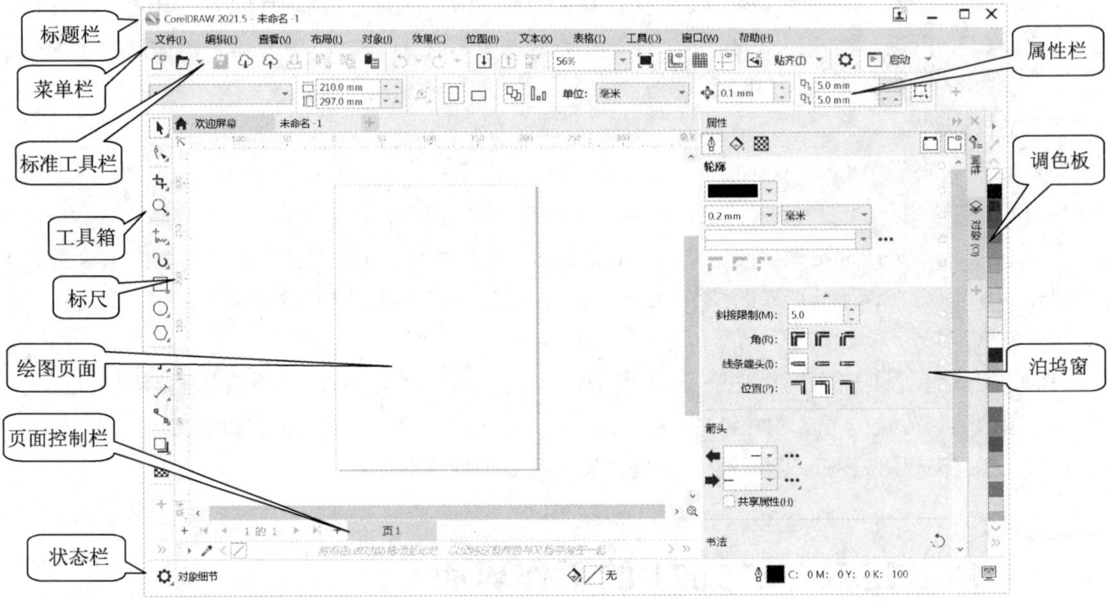

图 1-17

1.5.2　菜单栏

CorelDRAW 2021 的菜单栏包含"文件""编辑""查看""布局""对象""效果""位图""文本""表格""工具""窗口""帮助"菜单，如图 1-18 所示。

图 1-18

单击菜单名称会弹出其下拉菜单。如单击"编辑"命令，将弹出如图 1-19 所示的"编辑"下拉菜单。

下拉菜单中，最左边为命令图标，它和工具栏中具有相同功能按钮的图标一致，以便于用户记忆和使用。最右边显示的组合键则为操作快捷键，便于用户提高工作效率。某些命令后带有▶按钮，表明该命令还有下一级菜单，将鼠标指针停放按钮上即可弹出下拉菜单。某些命令后带有••• 按钮，单击该命令即可弹出对话框，可以进一步对命令进行设置。

此外，"编辑"菜单中的有些命令呈灰色状，表明该命令当前不可使用，需进行一些相关的操作后方可使用。

图 1-19

1.5.3　工具栏

菜单栏的下方通常是工具栏，CorelDRAW 2021 的"标准"工具栏如图 1-20 所示。

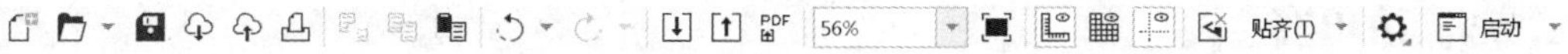

图 1-20

这里存放了常用的命令按钮，如"新建" 、"打开" 、"保存" 、"从云中打开" 、"保存到云" 、"打印" 、"剪切" 、"复制" 、"粘贴" 、"撤销" 、"重做" 、"导入" 、"导出" 、"发布为 PDF" 、"缩放级别" 、"全屏预览" 、"显示标尺" 、"显示网格" 、"显示辅助线" 、"贴齐关闭" 、"贴齐" 、"选项" 、"应用程序启动器" 等。使用这些工具按钮，用户可以便捷地完成一些基本操作。

此外，CorelDRAW 2021 还提供了其他工具栏，用户可以在"选项"对话框中选择它们。选择"窗口 > 工具栏 > 文本"命令，可显示出"文本"工具栏，"文本"工具栏如图 1-21 所示。

图 1-21

选择"窗口 > 工具栏 > 变换"命令，可显示出"变换"工具栏，"变换"工具栏如图 1-22 所示。

图 1-22

1.5.4 工具箱

CorelDRAW 2021 的工具箱中放置着在绘制图形时最常用的一些工具，这些工具是每一个软件使用者都必须掌握的基本操作工具。CorelDRAW 2021 的工具箱如图 1-23 所示。

在工具箱中，依次分类排放着"选择"工具 、"形状"工具 、"裁剪"工具 、"缩放"工具 、"手绘"工具 、"艺术笔"工具 、"矩形"工具 、"椭圆形"工具 、"多边形"工具 、"文本"工具 、"平行度量"工具 、"连接器"工具 、"阴影"工具 、"透明度"工具 、"颜色滴管"工具 和"交互式填充"工具 等几大类。

其中，有些工具按钮带有小三角标记 ，表明其还有展开工具栏，在工具按钮上按住鼠标左键即可展开。例如，在"平行度量"工具 上按住鼠标左键，将展开其工具栏，如图 1-24 所示。

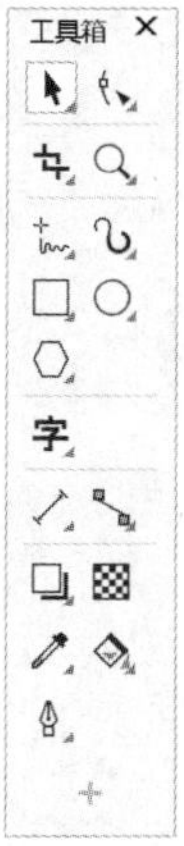

图 1-23

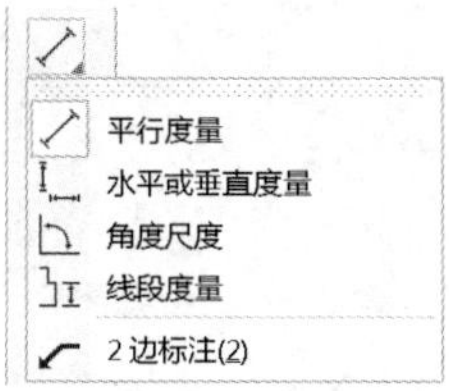

图 1-24

1.5.5 泊坞窗

　　CorelDRAW 2021 的泊坞窗是一个十分有特色的窗口。当打开这一窗口时，它会停靠在绘图窗口的边缘，因此被称为"泊坞窗"。选择"窗口 > 泊坞窗 > 属性"命令，或按 Alt+Enter 组合键，会弹出如图 1-25 右侧所示的"属性"泊坞窗。

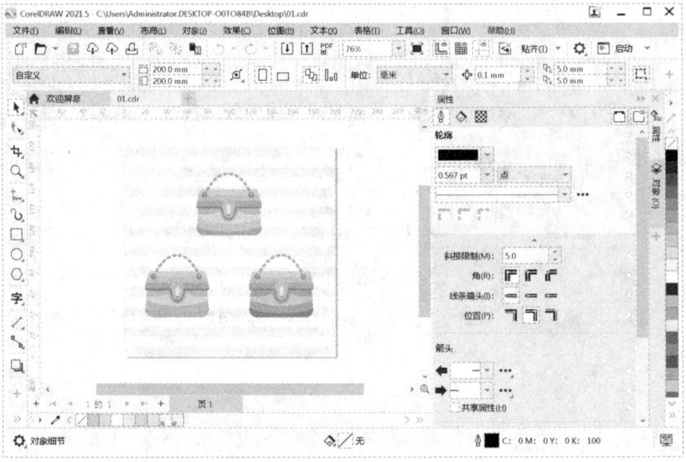

图 1-25

　　用户还可将泊坞窗拖曳出来，放在工作界面中的任意位置，并可通过单击泊坞窗右上角的 ▶ 和 ▶ 按钮将泊坞窗卷起或放下，如图 1-26 所示。因此，它又被称为"卷帘工具"。

　　CorelDRAW 2021 泊坞窗的列表位于"窗口 > 泊坞窗"子菜单中。可以选择"泊坞窗"子菜单中的各个命令来打开相应的泊坞窗。用户可以打开一个或多个泊坞窗，当几个泊坞窗都被打开时，除了活动的泊坞窗之外，其余的泊坞窗将沿着泊坞窗的边沿以标签形式显示，效果如图 1-27 所示。

图 1-26

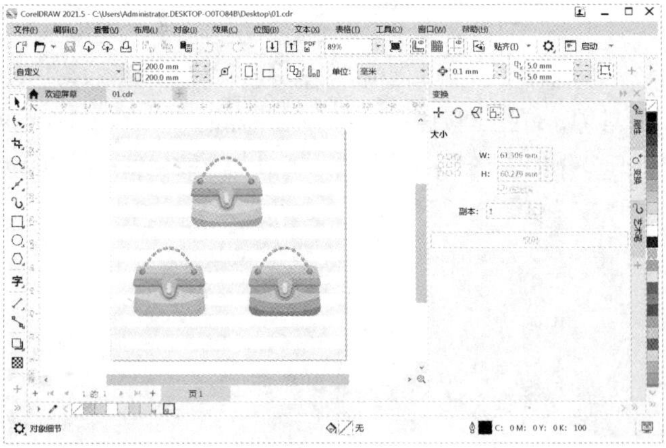

图 1-27

02

第 2 章
CorelDRAW 2021 的基本操作

本章介绍

　　本章主要介绍 CorelDRAW 2021 文件的基本操作方法、设置绘图页面的显示模式和显示比例的方法以及设置页面布局的方法。通过对本章的学习，读者可以初步掌握 CorelDRAW 2021 的一些基本操作。

学习目标

- ✔ 熟练掌握文件的基本操作。
- ✔ 掌握绘图页面显示模式的设置方法。
- ✔ 掌握页面布局的设置方法。

素养目标

- ✔ 培养以实际需求为导向的设计思维。

2.1 文件的基本操作

掌握一些基本的文件操作方法是开始设计和制作作品前所必需的技能。下面将介绍 CorelDRAW 2021 中有关文件的一些基本操作。

2.1.1 新建和打开文件

1. 使用 CorelDRAW 2021 启动时的欢迎窗口新建和打开文件

启动 CorelDRAW 2021 时的欢迎窗口如图 2-1 所示。单击"新文档"按钮，可以建立一个新的文件；单击"从模板新建…"按钮，可以使用系统默认的模板创建文件；单击"打开文件…"按钮，弹出如图 2-2 所示的"打开绘图"对话框，可以从中选择要打开的图形文件；单击最近使用过的文档预览图，还可以打开最近编辑过的图形文件。将鼠标指针悬停在文档预览图上，会显示出文件名称、文件创建时间和位置等信息，如图 2-1 所示。

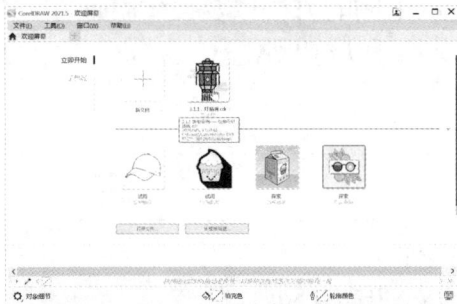

图 2-1

图 2-2

2. 使用命令或组合键新建和打开文件

选择"文件 > 新建"命令，或按 Ctrl+N 组合键，可新建文件。选择"文件 > 从模板新建"或"文件 > 打开"命令，或按 Ctrl+O 组合键，可打开文件。

3. 使用标准工具栏新建和打开文件

也可以单击 CorelDRAW 2021 标准工具栏中的"新建"按钮和"打开"按钮来新建和打开文件。

2.1.2 保存和关闭文件

1. 使用命令或组合键保存文件

选择"文件 > 保存"命令，或按 Ctrl+S 组合键，可保存文件。选择"文件 > 另存为"命令，或按 Ctrl+Shift+S 组合键，也可以保存文件。

如果是第一次保存文件，在执行上述保存操作后，会弹出如图 2-3 所示的"保存绘图"对话框。在对话框中，可以设置"文件名""保存类型""版本"等保存选项。

2. 使用标准工具栏保存文件

单击 CorelDRAW 2021 标准工具栏中的"保存"按钮可以保存文件。

3. 使用命令或组合键按钮关闭文件

选择"文件 > 关闭"命令，或按 Alt+F4 组合键，或单击绘图窗口右上角的"关闭"按钮，可关闭文件。

在文件关闭前，如果文件未保存，将弹出如图 2-4 所示的提示对话框，询问用户是否保存对文件的更改。单击"是"按钮，则保存对文件的更改；单击"否"按钮，则不保存对文件的更改；单击"取消"按钮，则取消关闭操作。

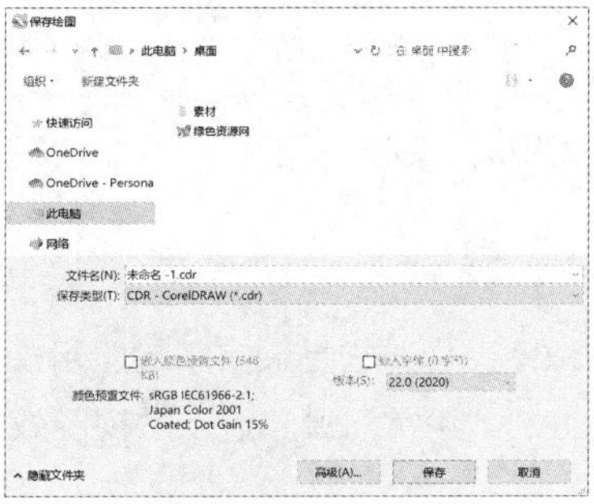

图 2-3

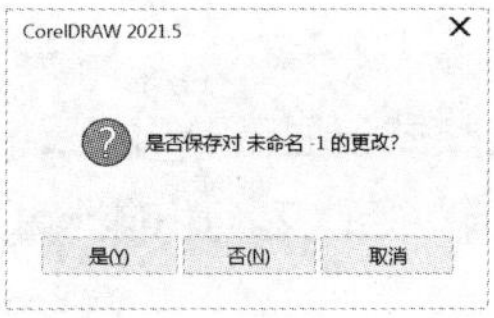

图 2-4

2.1.3　导入和导出文件

1.　使用命令或组合键导入或导出文件

选择"文件 > 导入"命令，或按 Ctrl+I 组合键，弹出如图 2-5 所示的"导入"对话框。在对话框中，可以选择"文件路径""文件名"等选项，还可以选择所需的文件格式，单击"导入"按钮，导入文件。

选择"文件 > 导出"命令，或按 Ctrl+E 组合键，弹出如图 2-6 所示的"导出"对话框。在对话框中，可以设置"文件路径""文件名""保存类型"等选项，单击"导出"按钮，导出文件。

图 2-5

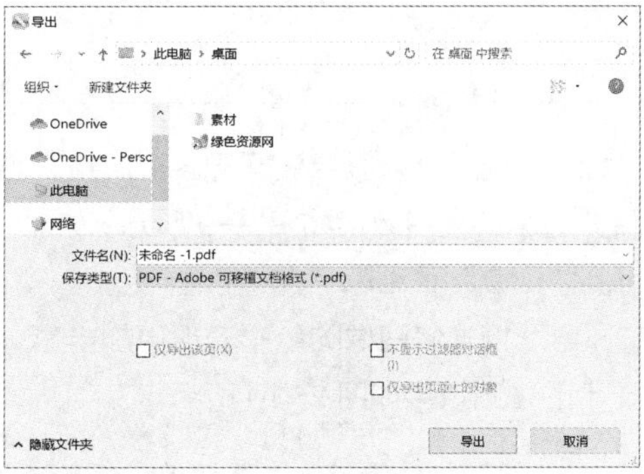

图 2-6

2.　使用标准工具栏导入或导出文件

单击 CorelDRAW 2021 标准工具栏中的"导入"按钮或"导出"按钮也可以将文件导入或导出。

2.2　绘图页面显示模式和显示比例的设置

在使用 CorelDRAW 2021 绘制图形的过程中，用户可以随时改变绘图页面的显示模式以及显示比例，以利于更加全面或细致地观察所绘图形的整体或局部。

2.2.1 设置视图的显示模式

在菜单栏中的"查看"菜单中有 4 种视图显示模式：线框、正常、增强和像素。每种显示模式对应的屏幕显示效果都不相同。

1. "线框"模式

"线框"模式可以显示单色位图图像、立体透视图和调和形状等，而不显示填充效果。"线框"模式显示的视图效果如图 2-7 所示。

2. "正常"模式

"正常"模式不显示 PostScript 填充以及高分辨率的位图图像。它是最常用的显示模式，既能保证图形的显示质量，又不影响计算机显示和刷新图形的速度。"正常"模式显示的视图效果如图 2-8 所示。

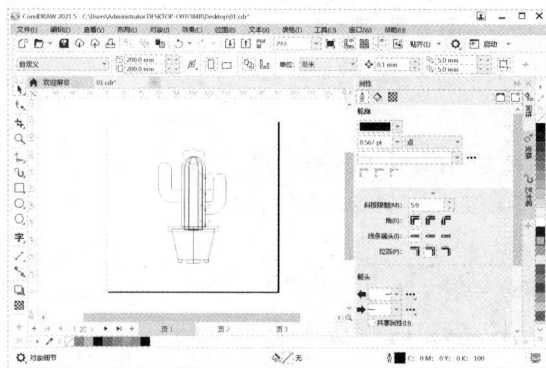

图 2-7

图 2-8

3. "增强"模式

"增强"模式可以显示最好的图形质量，它能够在屏幕上提供最接近实际的图形显示效果。"增强"模式显示的视图效果如图 2-9 所示。

4. "像素"模式

"像素"模式使图像的色彩表现更加丰富，但图像放大到一定程度时会出现失真现象。"像素"模式显示的视图效果如图 2-10 所示。

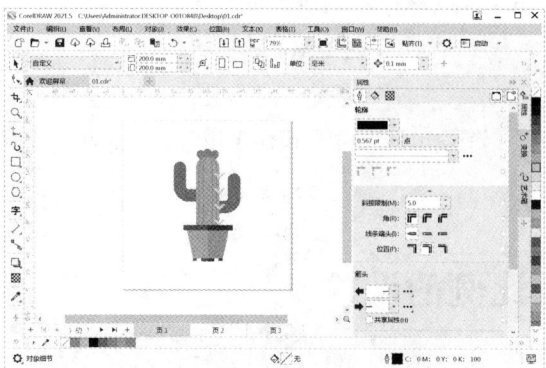

图 2-9

图 2-10

2.2.2 设置预览的显示模式

在菜单栏的"查看"菜单下还有 3 种预览显示模式：全屏预览、只预览选定的对象和多页视图。

"全屏预览"模式可以整屏显示绘制的全部图形。选择"查看 > 全屏预览"命令，或按 F9 键可以切换至该模式，"全屏预览"模式的效果如图 2-11 所示。

"只预览选定的对象"模式只是整屏显示所选定的对象。选择"查看 > 只预览选定的对象"命令可以切换至该模式，效果如图 2-12 所示。

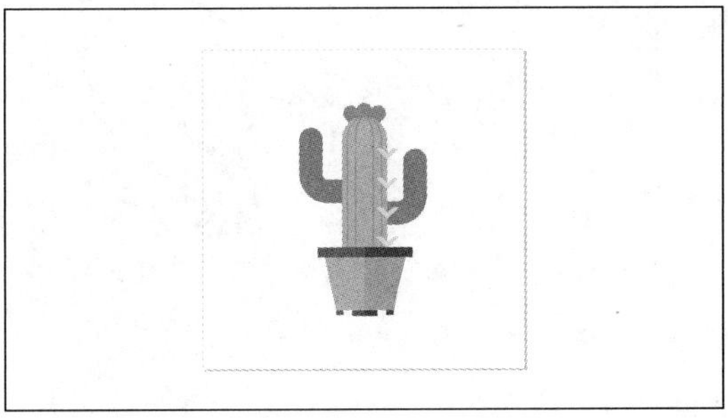

图 2-11

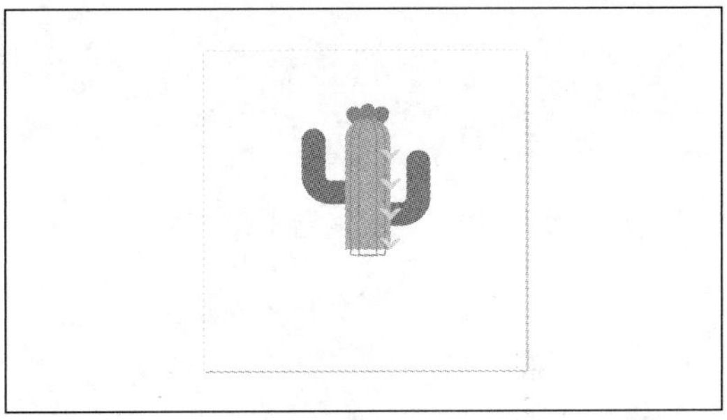

图 2-12

"多页视图"模式可将多个页面同时显示出来。选择"查看 > 多页视图"命令可以切换至该模式，效果如图 2-13 所示。

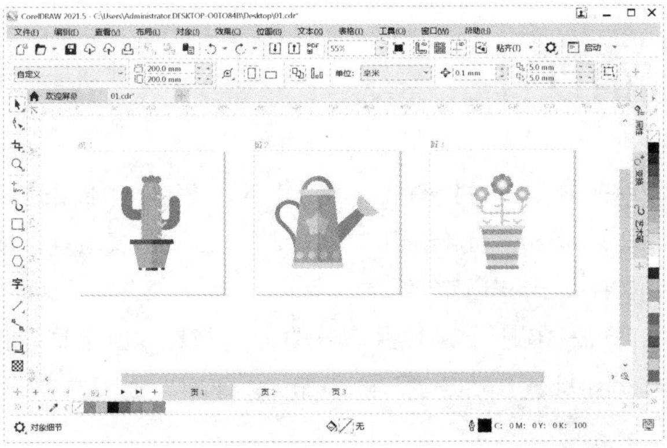

图 2-13

2.2.3 设置显示比例

在绘制图形的过程中，可以利用"缩放"工具 🔍 展开工具栏中的"平移"工具 ✋ 或绘图窗口右侧和底部的滚动条移动视窗。可以利用"缩放"工具 🔍 及其属性栏来改变视图的显示比例，如图 2-14 所示。在"缩放"工具属性栏中，依次为"缩放级别"选项、"放大"按钮、"缩小"按钮、"缩放选定对象"按钮、"缩放全部对象"按钮、"缩放到所有页面"按钮、"显示页面"按钮、"按页宽显示"按钮和"按页高显示"按钮。

图 2-14

2.2.4 利用"视图"泊坞窗显示页面

选择"窗口 > 泊坞窗 > 视图"命令，或按 Ctrl+F2 组合键，打开"视图"泊坞窗，如图 2-15 所示。

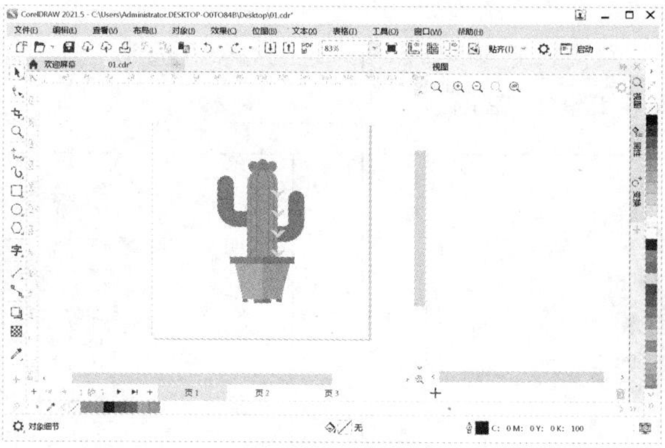

图 2-15

利用"视图"泊坞窗可以保存任何指定的视图显示效果，当以后需要再次显示此视图时，可以直接在"视图"泊坞窗中选择，无须重新操作。在"视图"泊坞窗中，"添加当前视图"按钮➕用于添加当前查看的视图，"删除当前视图"🗑按钮用于删除当前查看的视图。

2.3 页面布局的设置

利用"选择"工具属性栏可以轻松地进行 CorelDRAW 2021 页面的设置。选择"选择"工具▶，选择"工具 > 选项"命令，或单击"标准"工具栏中的"选项"按钮⚙，或按 Ctrl+J 组合键，弹出"选项"对话框。在该对话框中单击"自定义"按钮☰，切换到"选项"面板，选中"命令栏"选项，勾选"属性栏"复选框，如图 2-16 所示，然后单击"OK"按钮，则会显示出图 2-17 所示的"选择"工具属性栏。在属性栏中，可以设置纸张的型号、高度、宽度、放置方向等。

图 2-16

图 2-17

2.3.1　设置页面尺寸

利用"布局"菜单中的"页面大小"命令，可以对页面布局进行更详细的设置。选择"布局 ＞ 页面大小"命令，弹出"选项"对话框，如图 2-18 所示。

在"页面尺寸"选项卡中的"页面大小"面板中，可以对页面大小和方向进行设置，还可设置页面出血、渲染分辨率等选项。单击"标记预设"选项，对应面板如图 2-19 所示，这里汇集了可供用户选择的数百种标签格式。

图 2-18

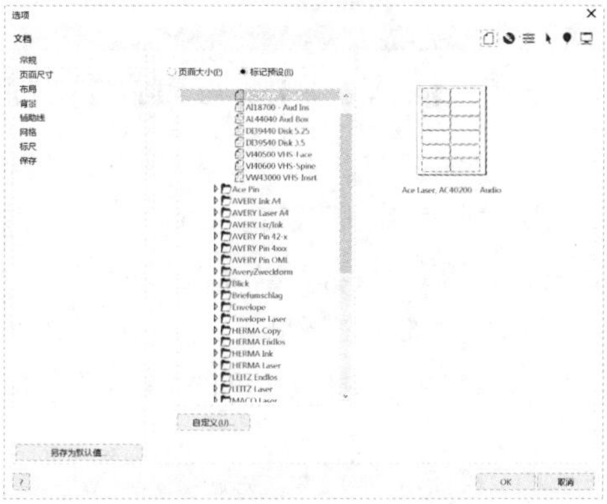

图 2-19

2.3.2　设置页面布局

在"选项"面板中选择"布局"选项卡，对应面板如图 2-20 所示，可从中选择页面的样式。

图 2-20

2.3.3　设置页面背景

在"选项"面板中选择"背景"选项卡，对应面板如图 2-21 所示，可以从中设置以纯色或位图作为绘图页面的背景。

图 2-21

2.3.4　插入、删除与重命名页面

1. 插入页面

选择"布局 > 插入页面"命令，弹出图 2-22 所示的"插入页面"对话框。在该对话框中，可以设置插入的页面数目、位置、大小和方向等选项。

也可以在 CorelDRAW 2021 页面控制栏的页面标签上单击鼠标右键，弹出图 2-23 所示的快捷菜单，在菜单中选择插入页面的命令，即可插入新页面。

图 2-22

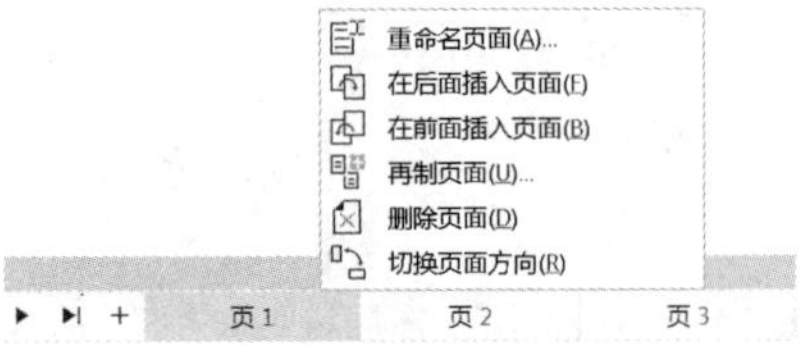

图 2-23

2. 删除页面

选择"布局 > 删除页面"命令，弹出图 2-24 所示的"删除页面"对话框。在该对话框中，可以设置要删除的页面序号。另外，还可以同时删除多个连续的页面。

3. 重命名页面

选择"布局 > 重命名页面"命令，弹出图 2-25 所示的"重命名页面"对话框。在该对话框中的"页名"文本框中输入名称，单击"OK"按钮，即可重命名页面。

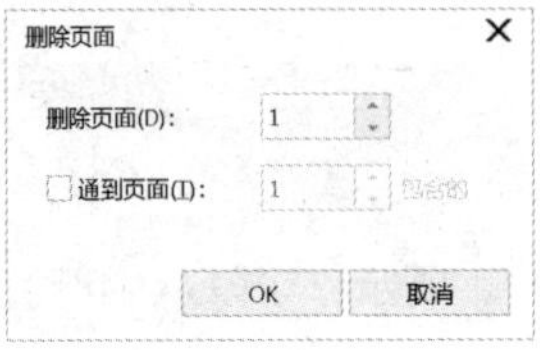

图 2-24

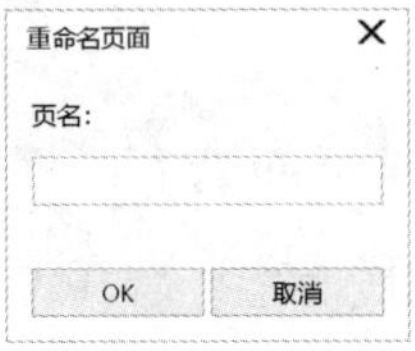

图 2-25

03

第3章
绘制和编辑图形

本章介绍

　　CorelDRAW 2021 绘制和编辑图形的功能是非常强大的。本章详细介绍绘制和编辑图形的各种方法和技巧。通过对本章的学习，读者可以掌握绘制与编辑图形的方法和技巧，为进一步学习 CorelDRAW 2021 打下坚实的基础。

学习目标

✔ 掌握绘制图形的方法。
✔ 掌握编辑对象的技巧。
✔ 熟悉 CorelDRAW 2021 的操作流程。

技能目标

✔ 掌握"花灯插画"的绘制方法。
✔ 掌握"南天竹花卉插画"的绘制方法。
✔ 掌握"风景插画"的绘制方法。

素养目标

✔ 培养精益求精的职业素养。

3.1 绘制图形

　　使用 CorelDRAW 2021 的基本绘图工具可以绘制简单的几何图形。通过本节的讲解和练习，读者可以初步掌握 CorelDRAW 2021 基本绘图工具的使用方法，为今后绘制更复杂、更优质的图形打下坚实的基础。

3.1.1　课堂案例——绘制花灯插画

案例学习目标

学习使用几何图形工具绘制花灯插画。

案例知识要点

　　使用"矩形"工具、"常见形状"工具、"形状"工具、"转换为曲线"按钮、"椭圆形"工具、"垂直镜像"按钮绘制花灯插画。花灯插画效果如图 3-1 所示。

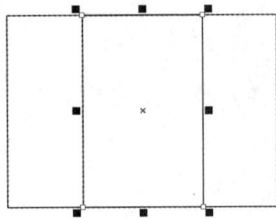

图 3-1

效果所在位置

云盘\Ch03\效果\绘制花灯插画.cdr。

　　（1）按 Ctrl+N 组合键，弹出"创建新文档"对话框，设置文档的宽度为 100 mm，高度为 100 mm，方向为横向，原色模式为 CMYK，分辨率为 300 dpi，单击"OK"按钮，创建一个文档。

　　（2）选择"矩形"工具□，在页面中绘制一个矩形，如图 3-2 所示。按数字键盘上的+键，复制矩形。选择"选择"工具▶，按住 Shift 键的同时，水平向右拖曳矩形左边中点的控制手柄到适当的位置，效果如图 3-3 所示。

图 3-2　　　　　　　　　　　　　　　　　　　　图 3-3

（3）按 F12 键，弹出"轮廓笔"对话框，在"颜色"选项中设置轮廓线颜色的 CMYK 值为 49、100、100、26，其他选项的设置如图 3-4 所示，单击"OK"按钮。在"调色板"的"红"色块上单击鼠标左键，填充图形，效果如图 3-5 所示。

图 3-4 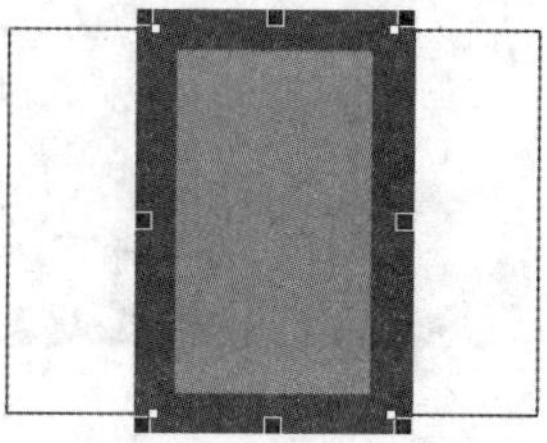   图 3-5

（4）选中下方矩形，按 F12 键，弹出"轮廓笔"对话框，在"颜色"选项中设置轮廓线颜色的 CMYK 值为 49、100、100、26，其他选项的设置如图 3-6 所示。单击"OK"按钮，效果如图 3-7 所示。

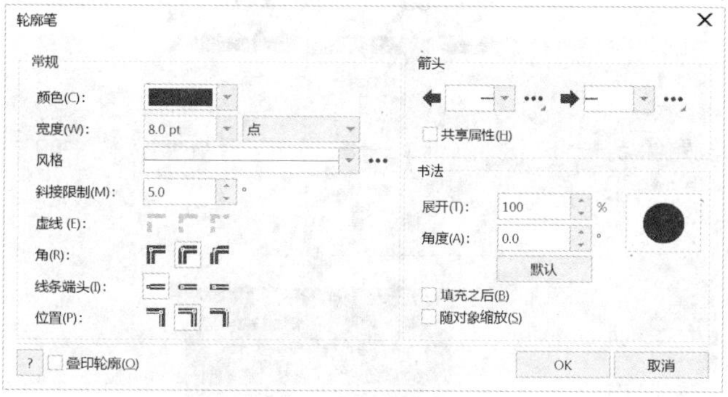

图 3-6    图 3-7

（5）在"调色板"中的"红"色块上单击鼠标左键，填充图形，效果如图 3-8 所示。选择"常见形状"工具，在属性栏中单击"常用形状"按钮，在弹出的面板中选择需要的基本形状，如图 3-9 所示，在适当的位置拖曳鼠标指针绘制形状，效果如图 3-10 所示。

图 3-8    图 3-9 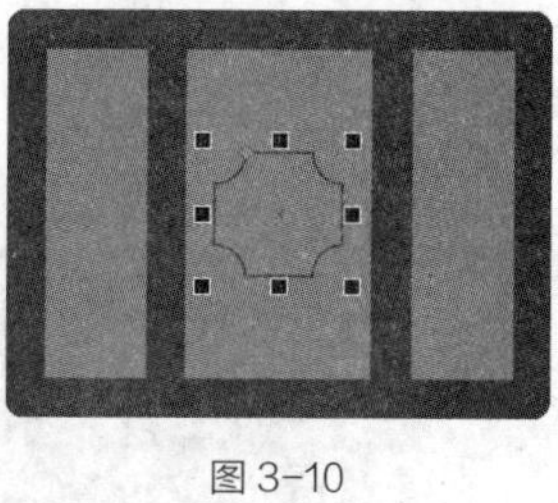   图 3-10

（6）选择"形状"工具，单击并拖曳绘制形状的节点，调整圆角大小，效果如图 3-11 所示。选择"选择"工具，按 F12 键，弹出"轮廓笔"对话框，在"颜色"选项中设置轮廓线颜色的 CMYK

值为 49、100、100、26，其他选项的设置如图 3-12 所示。单击"OK"按钮，效果如图 3-13 所示。设置绘制形状的填充颜色的 CMYK 值为 0、20、100、0，效果如图 3-14 所示。

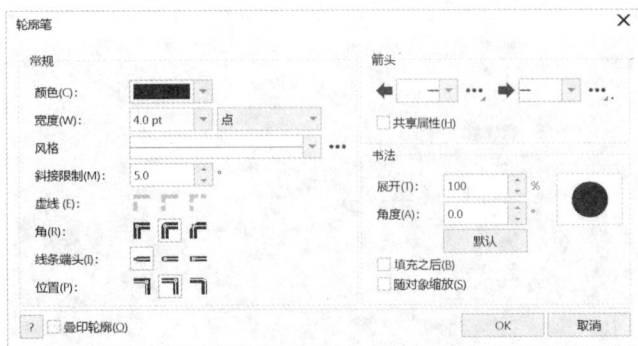

图 3-11　　　　　　　　　　　　　　　　　　　　　图 3-12

图 3-13　　　　　　　　　　　　　　　　　　　　图 3-14

（7）选择"矩形"工具 □，在适当的位置绘制一个矩形，如图 3-15 所示。单击属性栏中的"转换为曲线"按钮 ⊙，将矩形转换为曲线，如图 3-16 所示。

图 3-15　　　　　　　　　　　　　　　　　　　　图 3-16

（8）选择"形状"工具 ⟨，选取左上角的节点，按住 Shift 键的同时，水平向右拖曳选中的节点到适当的位置，效果如图 3-17 所示。用类似的方法调整右上角的节点到适当的位置，效果如图 3-18 所示。

图 3-17　　　　　　　　　　　　　　　　　　　　

图 3-18

（9）按 F12 键，弹出"轮廓笔"对话框，在"颜色"选项中设置轮廓线颜色的 CMYK 值为 49、100、100、26，其他选项的设置如图 3-19 所示。单击"OK"按钮，效果如图 3-20 所示。设置梯形的填充颜色的 CMYK 值为 0、20、100、0，效果如图 3-21 所示。

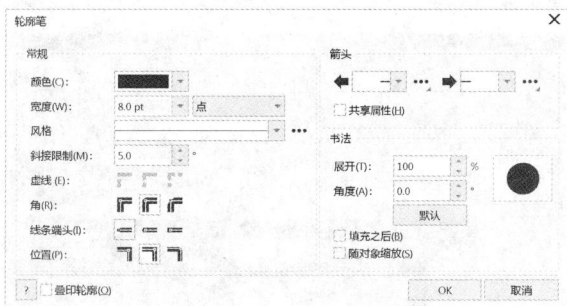

图 3-19

图 3-20

图 3-21

（10）选择"选择"工具 ，按数字键盘上的+键，复制图形。按住 Shift 键的同时，水平向右拖曳梯形左腰中间的控制手柄到适当的位置，效果如图 3-22 所示。用类似的方法绘制其他矩形，其他矩形轮廓线及填充颜色的设置与下方矩形相同，效果如图 3-23 所示。

图 3-22

图 3-23

（11）选择"选择"工具 ，用框选的方法将所绘制的图形同时选取，如图 3-24 所示。按数字键盘上的+键，复制图形。按住 Ctrl 键的同时，垂直向上拖曳复制的图形到适当的位置，效果如图 3-25 所示。单击属性栏中的"垂直镜像"按钮 ，垂直翻转图形，效果如图 3-26 所示。用类似的方法绘制其他图形，并填充相应的颜色，效果如图 3-27 所示。

图 3-24

图 3-25

图 3-26   图 3-27

（12）选择"椭圆形"工具○，按住 Ctrl 键的同时，在适当的位置绘制一个圆形，设置圆形填充颜色的 CMYK 值为 49、100、100、26，并去除圆形的轮廓线，效果如图 3-28 所示。

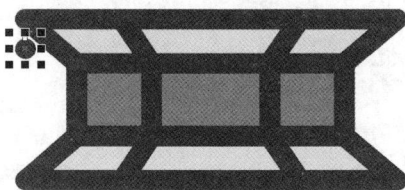

图 3-28

（13）选择"矩形"工具□，在适当的位置绘制一个矩形，如图 3-29 所示。在属性栏中将"圆角半径"选项均设为 1.4 mm，如图 3-30 所示。按 Enter 键，效果如图 3-31 所示。设置矩形填充颜色的 CMYK 值为 49、100、100、26，并去除矩形的轮廓线，效果如图 3-32 所示。

图 3-29

图 3-30

图 3-31   图 3-32

（14）选择"选择"工具▐，按住 Shift 键的同时，单击左上方的圆角矩形和圆形将二者同时选中，如图 3-33 所示。按数字键盘上的+键，复制图形。按住 Shift 键的同时，垂直向下拖曳复制的图形到适当的位置，效果如图 3-34 所示。

（15）选中下方圆角矩形，按住 Shift 键的同时，垂直向下拖曳下边中间的控制手柄到适当的位置，调整其大小，效果如图 3-35 所示。

（16）用框选的方法将所绘制的圆形和圆角矩形同时选取，如图 3-36 所示。按数字键盘上的+键，复制图形。按住 Ctrl 键的同时，水平向右拖曳复制的图形到适当的位置，效果如图 3-37 所示。用类似的方法分别绘制其他图形，并填充相应的颜色，效果如图 3-38 所示。

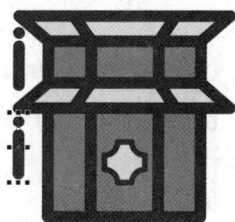

图 3-33
图 3-34
图 3-35

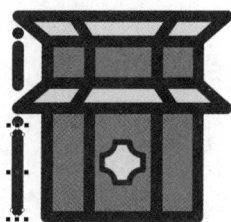

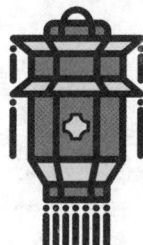

图 3-36
图 3-37
图 3-38

（17）选择"矩形"工具□，在适当的位置绘制一个矩形，如图 3-39 所示。在属性栏中将"圆角半径"选项均设为 5.2 mm，如图 3-40 所示。按 Enter 键，效果如图 3-41 所示。设置矩形填充颜色的 CMYK 值为 0、20、20、0，并去除矩形的轮廓线，效果如图 3-42 所示。

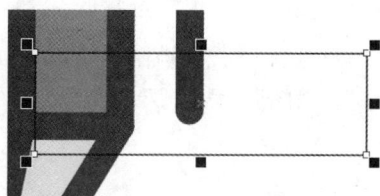

图 3-39

属性栏

| X: | 76.219 mm | | 33.683 mm | 100.0 % | | 0.0 |
| Y: | 39.67 mm | | 10.648 mm | 100.0 % | | |

| | | 5.2 mm | | 5.2 mm |
| | | 5.2 mm | | 5.2 mm |

0.567 pt

图 3-40

图 3-41

图 3-42

（18）选择"矩形"工具□，在适当的位置绘制一个矩形，如图 3-43 所示。设置矩形填充颜色的 CMYK 值为 0、20、20、0，并去除矩形的轮廓线，效果如图 3-44 所示。

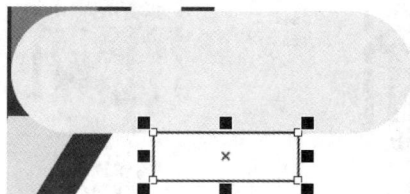

图 3-43

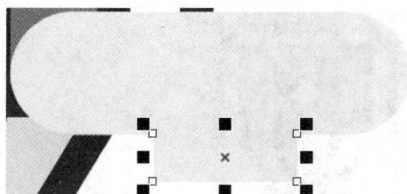

图 3-44

（19）选择"椭圆形"工具 ◯，按住 Ctrl 键的同时，在适当的位置绘制一个圆形，设置矩形填充颜色的 CMYK 值为 0、20、20、0，填充图形，并去除矩形的轮廓线，效果如图 3-45 所示。

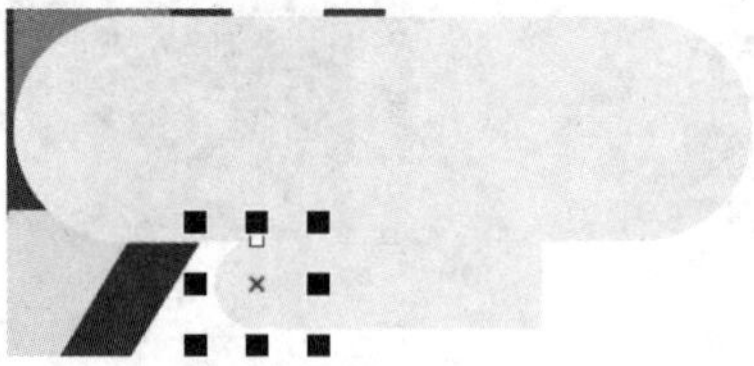

图 3-45

（20）按数字键盘上的+键，复制圆形。选择"选择"工具 ▸，按住 Ctrl 键的同时，水平向右拖曳复制的圆形到适当的位置，效果如图 3-46 所示。用框选的方法将所绘制的圆形和矩形同时选中，单击属性栏中的"移除前面对象"按钮 ☐，将三个图形剪切为一个图形，效果如图 3-47 所示。用类似的方法再绘制一个圆角矩形，并填充相应的颜色，效果如图 3-48 所示。

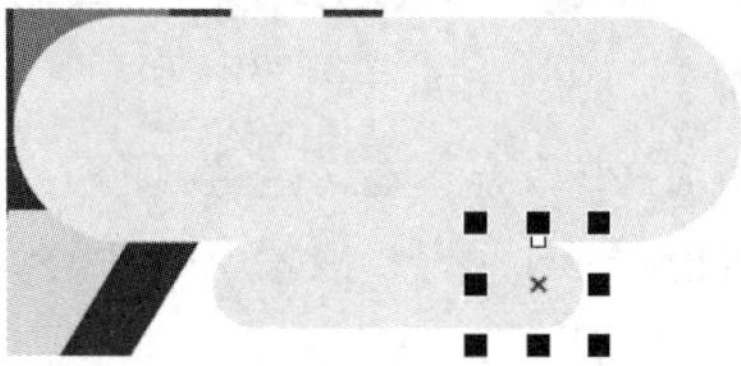

图 3-46 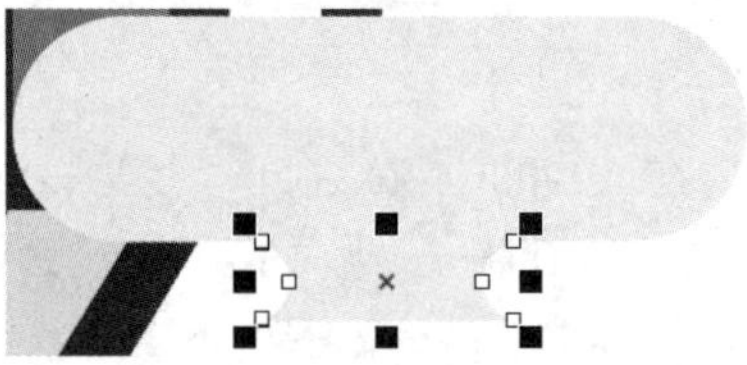   图 3-47   图 3-48

（21）选择"选择"工具 ▸，用框选的方法将图 3-48 中的肉粉色图形同时选中，如图 3-49 所示，按 Ctrl+G 组合键，将其群组。按 Shift+PageDown 组合键，将图形后移一层，效果如图 3-50 所示。

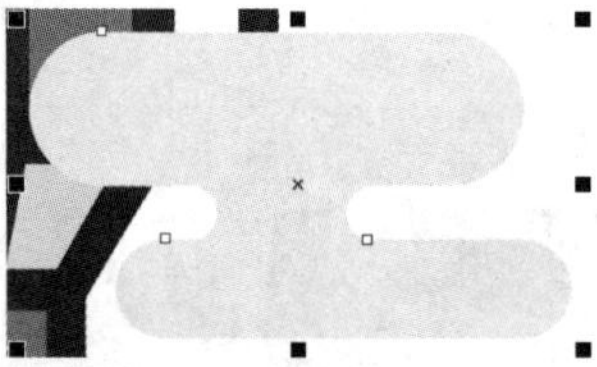

图 3-49 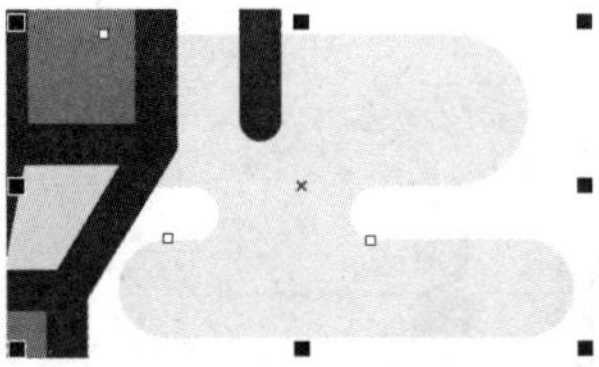   图 3-50

（22）按数字键盘上的+键，复制图形。向左上角拖曳群组图形到适当的位置，如图 3-51 所示。单击属性栏中的"垂直镜像"按钮 ☐，垂直翻转图形，效果如图 3-52 所示。花灯插画绘制完成，最终效果如图 3-53 所示。

图 3-51    图 3-52   图 3-53

3.1.2 绘制矩形

1. 绘制直角矩形

选择工具箱中的"矩形"工具□，在绘图页面中按住鼠标左键不放，拖曳鼠标指针到需要的位置后松开鼠标左键，完成绘制，如图 3-54 所示。"矩形"工具的属性栏如图 3-55 所示。

按 Esc 键，取消矩形的选中状态，效果如图 3-56 所示。选择"选择"工具 ，在矩形上单击鼠标左键，选中刚绘制好的矩形。

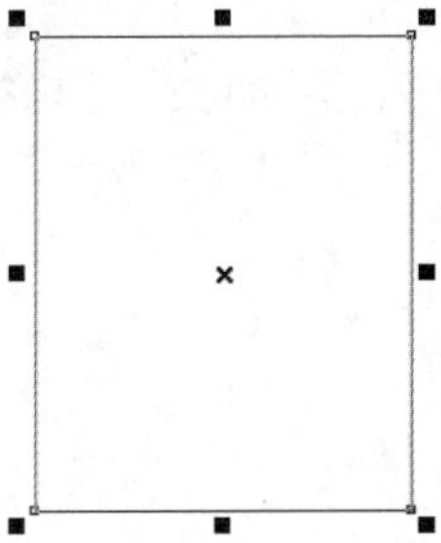

图 3-54

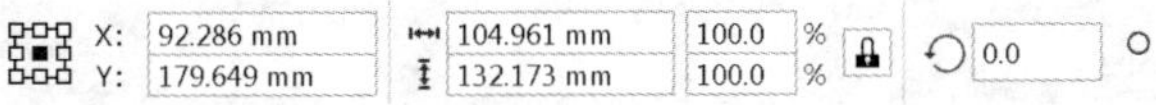

| X: | 92.286 mm | | 104.961 mm | 100.0 | % |
| Y: | 179.649 mm | | 132.173 mm | 100.0 | % | | 0.0 |

图 3-55

图 3-56

按 F6 键，快速选择"矩形"工具□，可在绘图页面中适当的位置绘制矩形。

按住 Ctrl 键，可在绘图页面中绘制正方形。

按住 Shift 键，可在绘图页面中以当前点为中心绘制矩形。

按住 Shift+Ctrl 组合键，可在绘图页面中以当前点为中心绘制正方形。

> **技巧** 双击工具箱中的"矩形"工具按钮□，可以绘制出一个和绘图页面大小一样的矩形。

2. 使用"矩形"工具绘制圆角矩形

在绘图页面中绘制一个矩形，如图 3-57 所示。在属性栏中，如果先将"圆角半径"后的小锁图标保持为锁定状态 ，则改变圆角半径时，4 个角的圆角半径值将进行相同的改变。输入"圆角半径"数值，属性栏如图 3-58 所示。按 Enter 键，效果如图 3-59 所示。

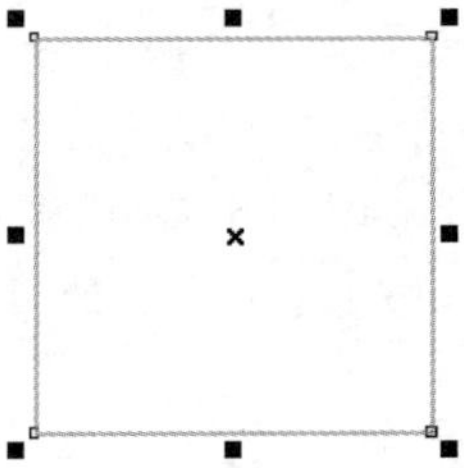

图 3-57

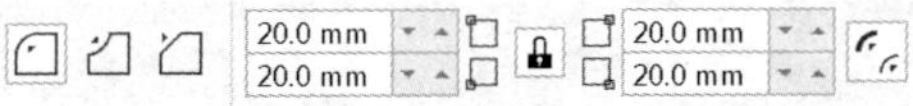

| | | | 20.0 mm | | | 20.0 mm | | |
| | | | 20.0 mm | | | 20.0 mm | | |

图 3-58

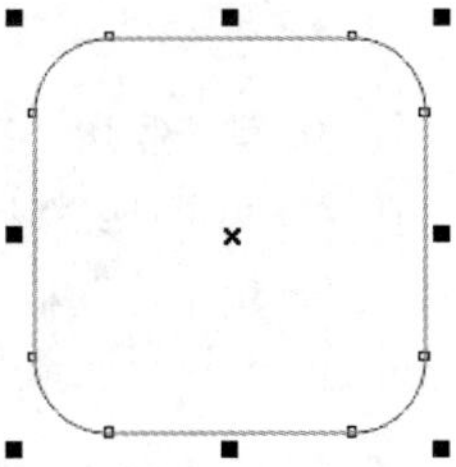

图 3-59

如果将小锁图标保持为解锁状态 ，则可以单独改变一个角的圆角半径。在属性栏中，分别设定四个角的圆角半径，如图 3-60 所示，按 Enter 键，效果如图 3-61 所示。如果要将圆角矩形还原为直角矩形，可以将圆角半径的数值设定为"0.0"。

图 3-60

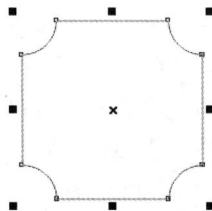

图 3-61

3. 使用鼠标拖曳矩形节点绘制圆角矩形

在绘图页面中绘制一个矩形。按 F10 键快速选择"形状"工具，上、下、左、右 4 个矩形边角的节点处于可编辑状态，如图 3-62 所示。按住鼠标左键，向内拖曳其中任意一个边角的节点，可以改变边角的圆滑程度，如图 3-63 所示。松开鼠标左键，圆角矩形的效果如图 3-64 所示。

图 3-62   图 3-63   图 3-64

4. 使用"矩形"工具绘制扇形角图形

在绘图页面中绘制一个矩形，如图 3-65 所示。在"矩形"工具属性栏中，单击"扇形角"按钮，在"圆角半径"框中设置值为 20.0mm，如图 3-66 所示，按 Enter 键，效果如图 3-67 所示。

图 3-65   图 3-66   图 3-67

5. 使用"矩形"工具绘制倒棱角图形

在绘图页面中绘制一个矩形，如图 3-68 所示。在"矩形"工具属性栏中，单击"倒棱角"按钮，在"圆角半径"框中设置值为 20.0mm，如图 3-69 所示，按 Enter 键，效果如图 3-70 所示。

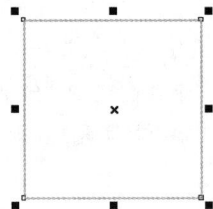

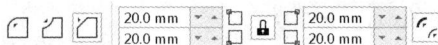

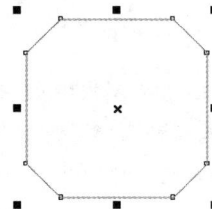

图 3-68   图 3-69   图 3-70

6. 使用"相对角缩放"按钮调整图形

在绘图页面中绘制一个圆角矩形，属性栏和效果如图 3-71 所示。在"矩形"工具属性栏中，单击"相对角缩放"按钮，拖曳控制手柄调整圆角矩形的大小，圆角半径根据图形的调整进行相应的改变，调整后的属性栏和效果如图 3-72 所示。

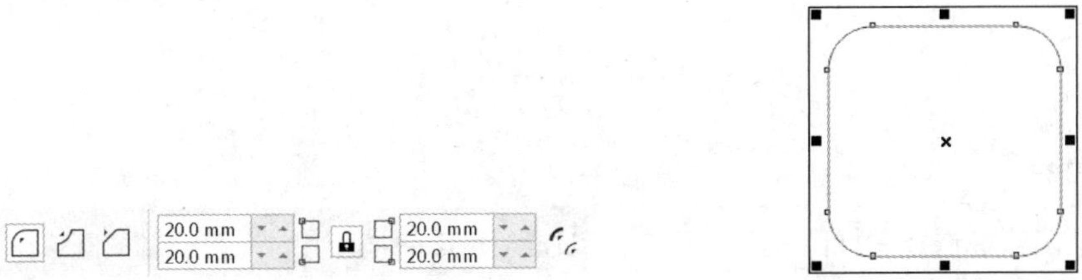

（a）　　　　　　　　　　　　（b）

图 3-71

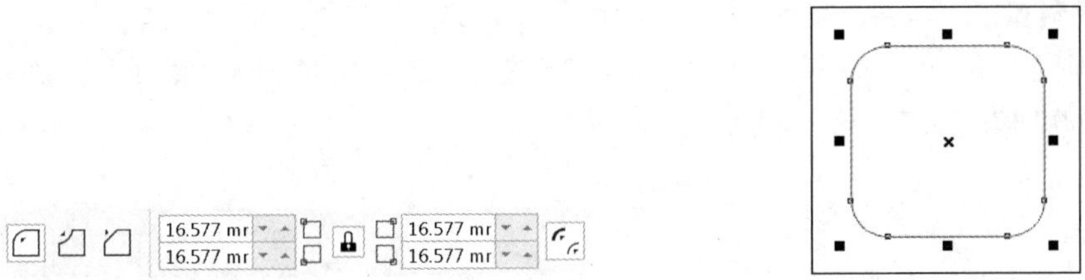

（a）　　　　　　　　　　　　（b）

图 3-72

7. 使用"3 点矩形"工具绘制任意角度放置的矩形

选择"矩形"工具□展开工具栏中的"3 点矩形"工具，在绘图页面中按住鼠标左键不放，拖曳鼠标指针到需要的位置，可绘制出一条任意方向的线段，这条线段就是矩形的一条边，如图 3-73 所示。松开鼠标左键，再移动鼠标指针到需要的位置，即可确定矩形的其他的边，如图 3-74 所示。单击鼠标左键，任意角度放置的矩形绘制完成，效果如图 3-75 所示。

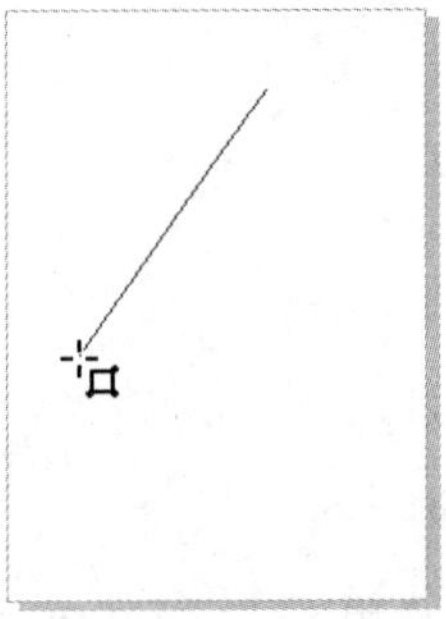

图 3-73 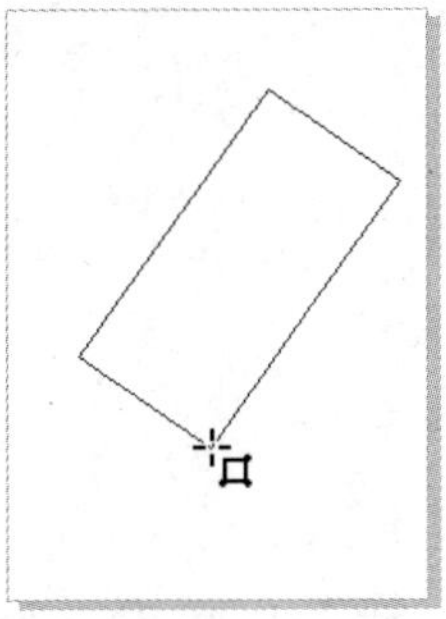　　　　　　　　图 3-74 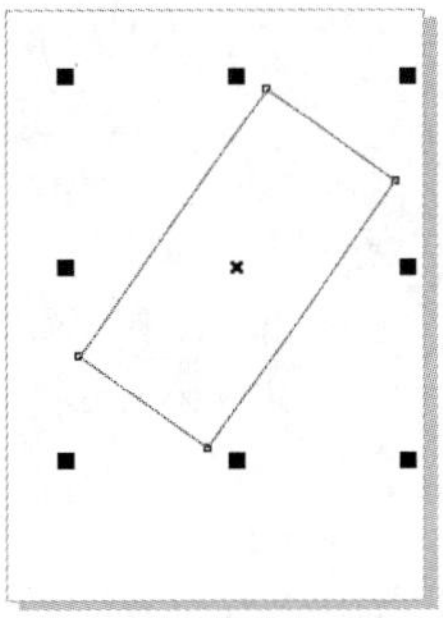　　　　　　　　图 3-75

3.1.3　绘制椭圆形和圆形

1. 绘制椭圆形

选择"椭圆形"工具○，在绘图页面中按住鼠标左键不放，拖曳鼠标指针到需要的位置，松开鼠标左键，椭圆形绘制完成，如图 3-76 所示；"椭圆形"工具的属性栏如图 3-77 所示。

按住 Ctrl 键，在绘图页面中可以绘制圆形，如图 3-78 所示。

图 3-76　　　　　　　　　　图 3-77　　　　　　　　　　图 3-78

按 F7 键，可快速选择"椭圆形"工具〇，可在绘图页面中适当的位置绘制椭圆形。

按住 Shift 键，可在绘图页面中以当前点为中心绘制椭圆形。

按住 Shift+Ctrl 组合键，可在绘图页面中以当前点为中心绘制圆形。

2. 使用"椭圆形"工具绘制饼形和弧形

绘制一个圆形，如图 3-79 所示。单击"椭圆形"工具属性栏（见图 3-80）中的"饼形"按钮◔，可将圆形转换为饼形，如图 3-81 所示。

图 3-79　　　　　　　　　　图 3-80　　　　　　　　　　图 3-81

单击"椭圆形"工具属性栏（见图 3-82）中的"弧形"按钮◜，可将圆形转换为弧形，如图 3-83 所示。

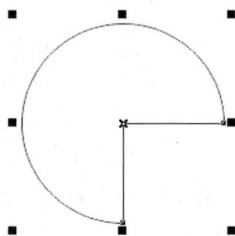

图 3-82　　　　　　　　　　　　　　　图 3-83

在"起始和结束角度"栏 中设置饼形和弧形的起始角度和终止角度，按 Enter 键，可以得到新的饼形和弧形，效果如图 3-84 所示。

> **技巧**
>
> 椭圆形在选中状态下，在"椭圆形"工具属性栏中，单击"饼形"按钮◔或"弧形"按钮◜，可以使椭圆形在饼形和弧形之间转换。单击属性栏中的"更改方向"按钮◷，可以将饼形或弧形进行镜像。

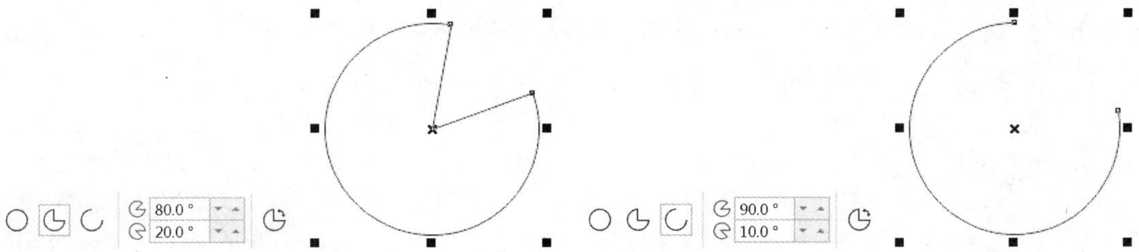

图 3-84

3. 拖曳圆形的节点来绘制饼形和弧形

选择"椭圆形"工具 ○，绘制一个圆形。按 F10 键快速选择"形状"工具 ，单击轮廓线上的节点并按住鼠标左键不放，如图 3-85 所示。

向圆形内拖曳节点，如图 3-86 所示。松开鼠标左键，圆形变成饼形，效果如图 3-87 所示。向圆形外拖曳轮廓线上的节点，可使圆形变成弧形。

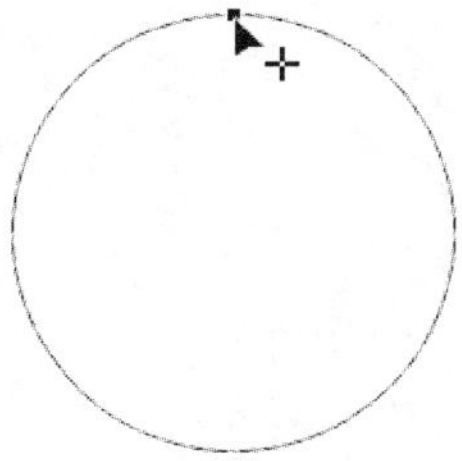

图 3-85 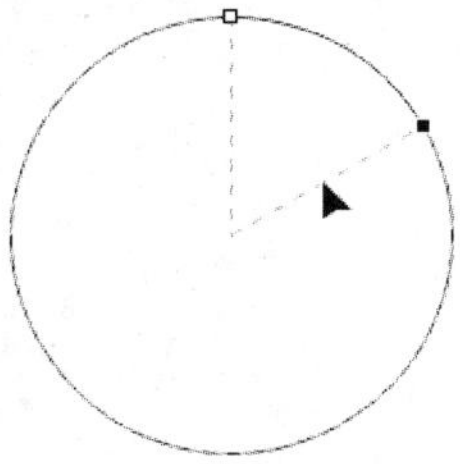　　　　　　　　图 3-86 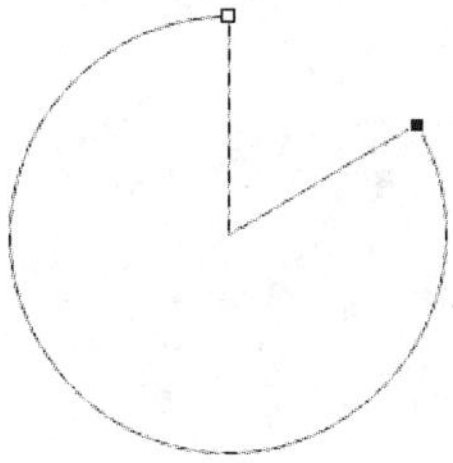　　　　　　　　图 3-87

4. 使用"3 点椭圆形"工具绘制任意角度放置的椭圆形

选择"椭圆形"工具 ○ 展开工具栏中的"3 点椭圆形"工具 ，在绘图页面中按住鼠标左键不放，拖曳鼠标指针到需要的位置，可绘制一条任意方向的线段，这条线段就是椭圆形的一个轴，如图 3-88 所示。松开鼠标左键，再移动鼠标指针到需要的位置，即可确定椭圆形的形状，如图 3-89 所示。单击鼠标左键，任意角度放置的椭圆形绘制完成，如图 3-90 所示。

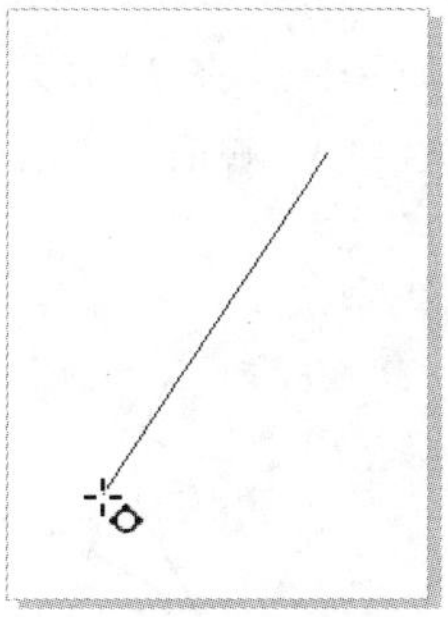

图 3-88 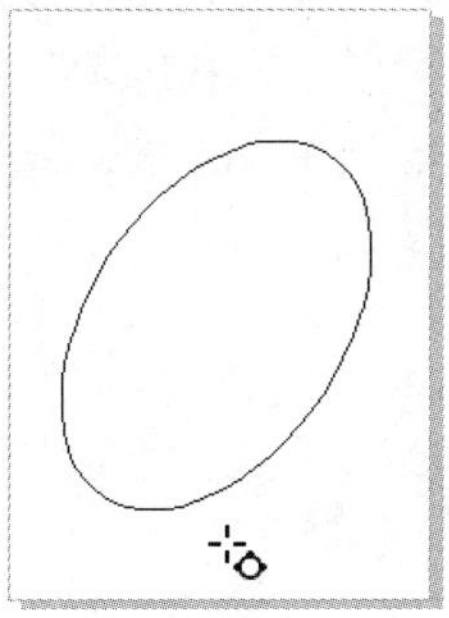　　　　　　　　图 3-89 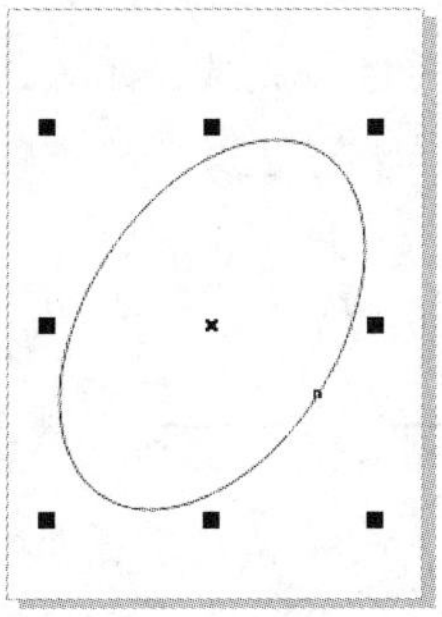　　　　　　　　图 3-90

3.1.4　绘制多边形

选择"多边形"工具 ○，在绘图页面中按住鼠标左键不放，拖曳鼠标指针到需要的位置，松开鼠标左键，多边形绘制完成，如图 3-91 所示。"多边形"工具属性栏如图 3-92 所示。

在"多边形"属性栏中的"点数或边数"栏○ 5 中输入 9，如图 3-93 所示，按 Enter 键，设置后的多边形效果如图 3-94 所示。

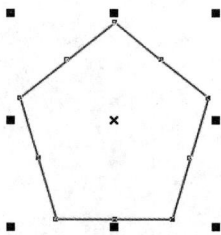

图 3-92

图 3-91

图 3-93

图 3-94

绘制一个多边形，如图 3-95 所示。选择"形状"工具 ，单击轮廓线上的节点并按住鼠标左键不放，如图 3-96 所示，向多边形外拖曳轮廓线上的节点，如图 3-97 所示，可以将多边形改变为新的多边形，效果如图 3-98 所示。

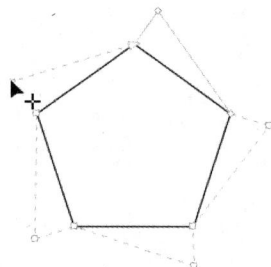

图 3-95   图 3-96   图 3-97   图 3-98

3.1.5 绘制星形

1. 绘制星形

选择"星形"工具 ☆，在绘图页面中按住鼠标左键不放，拖曳鼠标指针到需要的位置，松开鼠标左键，星形绘制完成，如图 3-99 所示。"星形"工具属性栏如图 3-100 所示。在"星形"工具属性栏中的"点数或边数"栏 ☆ 5 中输入 8，按 Enter 键，星形效果如图 3-101 所示。

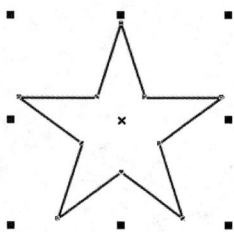

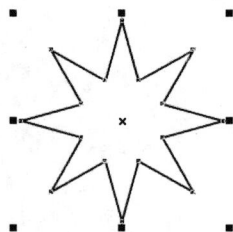

图 3-99   图 3-100   图 3-101

2. 绘制复杂星形

在"星形"工具属性栏中单击"复杂星形"按钮 ✿，在绘图页面中按住鼠标左键不放，拖曳鼠标指针到需要的位置，松开鼠标左键，复杂星形绘制完成，如图 3-102 所示。其属性栏如图 3-103 所

示。在"复杂星形"工具属性栏中的"点数或边数"栏 ✿ ⑨ 中输入 12，"锐度"栏 ▲② 中输入 3，
如图 3-104 所示，按 Enter 键，复杂星形效果如图 3-105 所示。

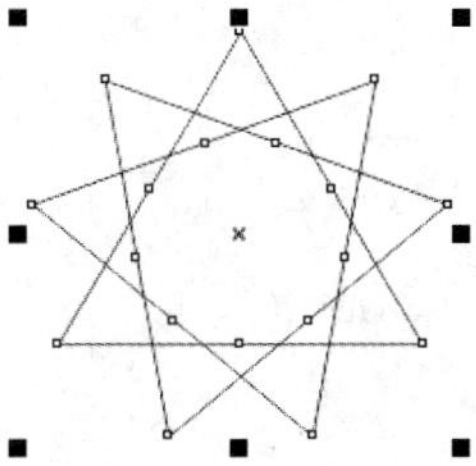

图 3-102

☆ ✿ ✿ 9 ▲ 2 ✎ 0.2 mm

图 3-103

☆ ✿ ✿ 12 ▲ 3 ✎ 0.2 mm

图 3-104

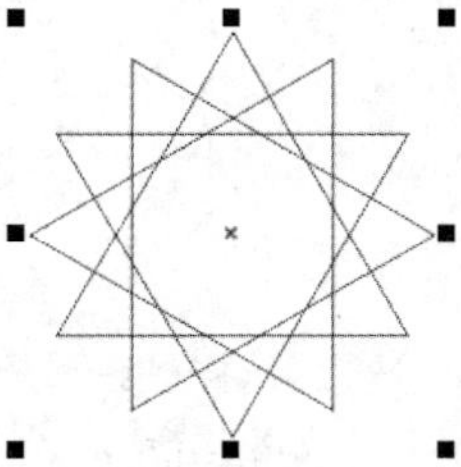

图 3-105

3.1.6 绘制螺纹

1. 绘制对称式螺纹

选择"螺纹"工具 ◎，在绘图页面中按住鼠标左键不放，从左上角向右下角拖曳鼠标指针到需要
的位置，松开鼠标左键，对称式螺纹绘制完成，如图 3-106 所示，属性栏如图 3-107 所示。

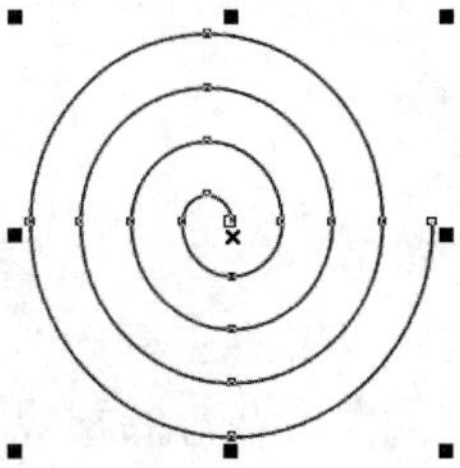

图 3-106

◎# 4 ◎ ◎ ◎ 100

图 3-107

如果从右下角向左上角拖曳鼠标指针到需要的位置，可以绘制出反向的对称式螺纹。在 ◎ 4
框中可以重新设置螺纹的圈数，修改螺纹效果。

2. 绘制对数螺纹

选择"螺纹"工具 ◎，在属性栏中单击"对数螺纹"按钮 ◎，在绘图页面中按住鼠标左键不放，
从左上角向右下角拖曳鼠标指针到需要的位置，松开鼠标左键，对数式螺纹绘制完成，如图 3-108
所示，属性栏如图 3-109 所示。

在 ◎ 100 框中可以重新设定螺纹的扩展参数，将数值从 80 改为 20 时，螺纹向外扩展的幅度
会变小，如图 3-110 所示。当数值为 1 时，绘制出的是对称式螺纹。

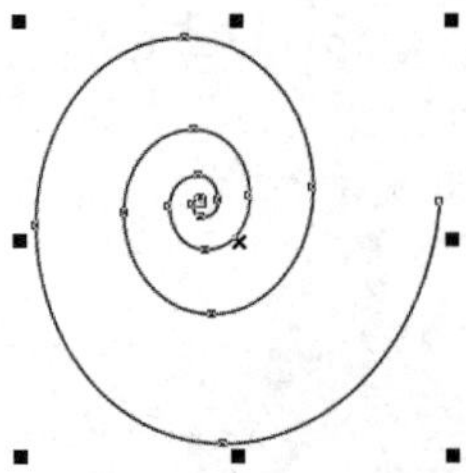

图 3-108

图 3-109

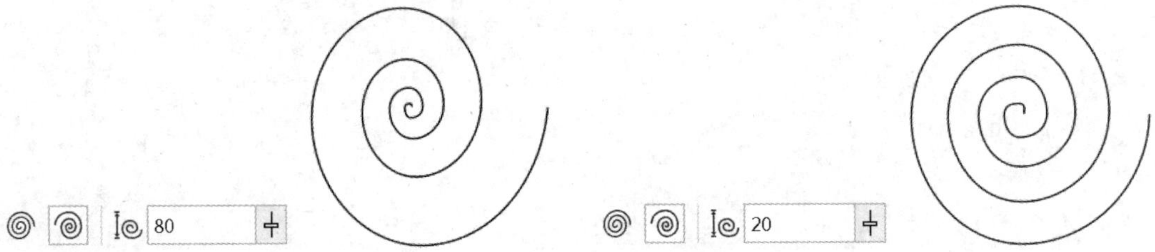

图 3-110

按 A 键，可快速选择"螺纹"工具◎。

按住 Ctrl 键，可在绘图页面中绘制正圆螺纹。

按住 Shift 键，可在绘图页面中以当前点为中心绘制螺纹。

按住 Shift+Ctrl 组合键，可在绘图页面中以当前点为中心绘制正圆螺纹。

3.1.7　课堂案例——绘制南天竹花卉插画

案例学习目标

学习使用"星形"工具、"多边形"工具和"常见形状"工具绘制南天竹花卉插画。

案例知识要点

使用"导入"命令导入素材图片；使用"多边形"工具、"旋转角度"选项、"透明度"工具、"常见形状"工具、"椭圆形"工具、"星形"工具绘制花盆；使用"2 点线"工具、"椭圆形"工具、"水平镜像"按钮绘制南天竹，使用"复杂星形"按钮绘制太阳。南天竹花卉插画效果如图 3-111 所示。

微课视频

扫码观看
本案例视频

图 3-111

效果所在位置

云盘\Ch03\效果\绘制南天竹花卉插画.cdr。

（1）按 Ctrl+N 组合键，弹出"创建新文档"对话框，设置文档的宽度为 200.0 mm，高度为 200.0 mm，取向为横向，原色模式为 CMYK，渲染分辨率为 300 dpi，单击"OK"按钮，创建一个文档。

（2）按 Ctrl+I 组合键，弹出"导入"对话框，选择云盘中的"Ch03\素材\绘制南天竹花卉插画\01"文件，单击"导入"按钮，在页面中单击，导入图片。选择"选择"工具，拖曳图片到适当的位置，并调整其大小，效果如图 3-112 所示。

（3）选择"多边形"工具○，属性栏中的设置如图 3-113 所示。按住 Ctrl 键的同时，在适当的位置绘制一个多边形，效果如图 3-114 所示。在属性栏中的"旋转角度"框中设置数值为 90.0；按 Enter 键，效果如图 3-115 所示。在"调色板"中的"青"色块上单击鼠标左键，填充多边形，并去除多边形的轮廓线，效果如图 3-116 所示。

图 3-112　　图 3-113　　图 3-114

图 3-115　　图 3-116

（4）选择"透明度"工具，在属性栏中单击"均匀透明度"按钮，其他选项的设置如图 3-117 所示，按 Enter 键，效果如图 3-118 所示。

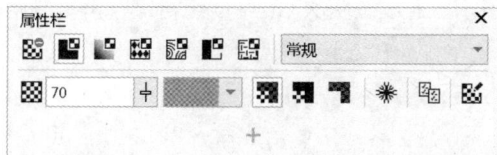

图 3-117　　图 3-118

（5）选择"常见形状"工具，在属性栏中单击按钮，在弹出的面板中选择需要的流程图形状，如图 3-119 所示，在适当的位置绘制流程图形状，效果如图 3-120 所示。在"调色板"中的"青"色块上单击鼠标左键，填充图形，并去除图形的轮廓线，效果如图 3-121 所示。

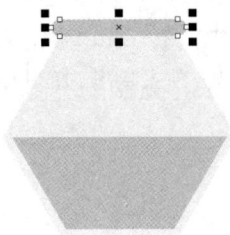

图 3-119   图 3-120   图 3-121

（6）选择"矩形"工具□，在适当的位置绘制一个矩形，在属性栏中将"圆角半径"选项均设为 2.2 mm，如图 3-122 所示。按 Enter 键，效果如图 3-123 所示。在"调色板"中的"青"色块上单击鼠标左键，填充圆角矩形，并去除圆角矩形的轮廓线，效果如图 3-124 所示。

图 3-122   图 3-123   图 3-124

（7）按数字键盘上的+键，复制圆角矩形。选择"选择"工具▶，按住 Ctrl 键的同时，垂直向下拖曳复制的圆角矩形到适当的位置，效果如图 3-125 所示。

（8）选择"椭圆形"工具○，按住 Ctrl 键的同时，在适当的位置绘制一个圆形，设置圆形填充颜色的 CMYK 值为 0、20、100、0，并去除圆形的轮廓线，效果如图 3-126 所示。

图 3-125   图 3-126

（9）按数字键盘上的+键，复制圆形。选择"选择"工具▶，按住 Ctrl 键的同时，水平向右拖曳复制的圆形到适当的位置，效果如图 3-127 所示。连续按两次 Ctrl+D 组合键，再复制两个圆形，效果如图 3-128 所示。

图 3-127   图 3-128

（10）选择"星形"工具☆，属性栏中的设置如图 3-129 所示。按住 Ctrl 键的同时，在适当的位置绘制一个星形，如图 3-130 所示。

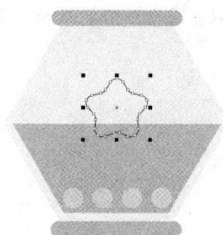

图 3-129

图 3-130

（11）选择"窗口 > 泊坞窗 > 角"命令，弹出"角"泊坞窗，选项的设置如图 3-131 所示，单击"应用"按钮，效果如图 3-132 所示。设置图形填充颜色的 CMYK 值为 0、20、100、0，并去除图形的轮廓线，效果如图 3-133 所示。选择"选择"工具 ，用框选的方法将页面中的图形同时选取，按 Ctrl+G 组合键，将其群组，效果如图 3-134 所示。

图 3-131

图 3-132

图 3-133

图 3-134

（12）选择"2 点线"工具，按住 Ctrl 键的同时，在适当的位置绘制一条线段，如图 3-135 所示。按 F12 键，弹出"轮廓笔"对话框，在"颜色"选项中设置轮廓线颜色的 CMYK 值为 46、2、76、0，其他选项的设置如图 3-136 所示。单击"OK"按钮，效果如图 3-137 所示。

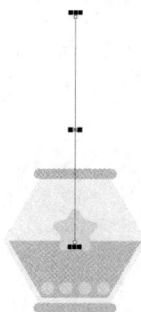

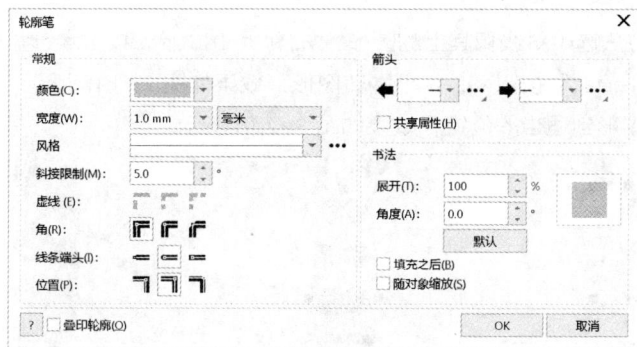

图 3-135

图 3-136

图 3-137

（13）选择"椭圆形"工具，按住 Ctrl 键的同时，在适当的位置绘制一个圆形。设置圆形填充颜色的 CMYK 值为 0、89、94、0，并去除圆形的轮廓线，效果如图 3-138 所示。

（14）选择"2 点线"工具，按住 Ctrl 键的同时，在适当的位置绘制一条斜线，如图 3-139 所示。按 F12 键，弹出"轮廓笔"对话框，在"颜色"选项中设置轮廓线颜色的 CMYK 值为 46、2、76、0，其他选项的设置如图 3-140 所示。单击"OK"按钮，效果如图 3-141 所示。

图 3-138

图 3-139

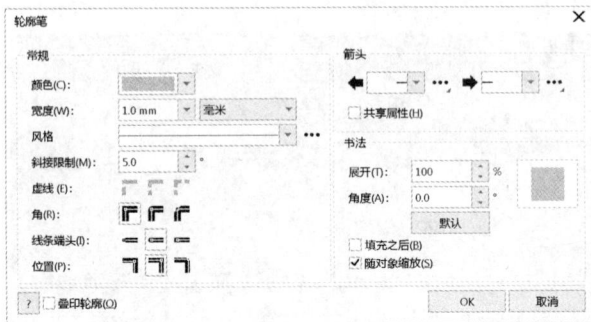
图 3-140

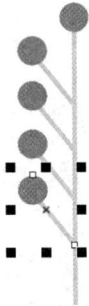
图 3-141

（15）选择"选择"工具，选中圆形，按数字键盘上的+键，复制圆形。拖曳复制的圆形到适当的位置，按 Shift+PageUp 组合键，将圆形置于上层，效果如图 3-142 所示。用框选的方法将复制的圆形和斜线同时选中，如图 3-143 所示，按数字键盘上的+键，复制图形。按住 Ctrl 键的同时，垂直向下拖曳复制的图形到适当的位置，效果如图 3-144 所示。连续按两次 Ctrl+D 组合键，再复制两个图形，效果如图 3-145 所示。

图 3-142　　　　　　图 3-143　　　　　　图 3-144　　　　　　图 3-145

（16）用框选的方法选中斜线和其上的圆形，如图 3-146 示。按数字键盘上的+键，复制图形。单击属性栏中的"水平镜像"按钮，水平翻转图形，效果如图 3-147 所示。按住 Ctrl 键的同时，水平向右拖曳复制的图形到适当的位置，效果如图 3-148 所示。

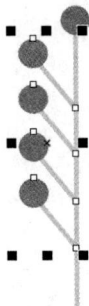
图 3-146

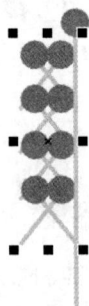
图 3-147

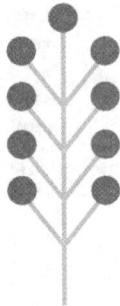
图 3-148

（17）用框选的方法将图 3-148 中的图形同时选中，按 Ctrl+G 组合键，将其群组，如图 3-149 所示。按 Shift+PageDown 组合键，将图形向后移，效果如图 3-150 所示。用类似的方法分别绘制其他图形，并填充相应的颜色，效果如图 3-151 所示。

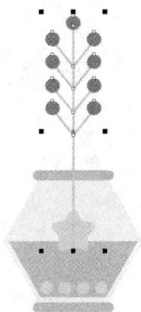

图 3-149　　　　　　　　　　　　图 3-150　　　　　　　　　　　　图 3-151

（18）用框选的方法将页面中所绘制的所有图形同时选取，按 Ctrl+G 组合键，将其群组，如图 3-152 所示。拖曳群组后的图形到页面中适当的位置，效果如图 3-153 所示。

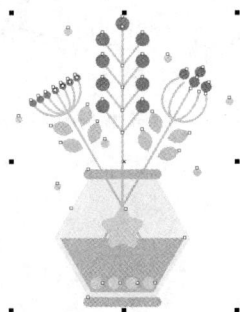

图 3-152　　　　　　　　　　　　　　　　图 3-153

（19）选择"星形"工具☆，在属性栏中单击"复杂星形"按钮✿，其他选项的设置如图 3-154 所示。按住 Ctrl 键的同时，在适当的位置绘制一个复杂星形，设置复杂星形填充颜色的 CMYK 值为 0、20、100、0，并去除复杂星形的轮廓线，效果如图 3-155 所示。南天竹花卉插画绘制完成，最终效果如图 3-156 所示。

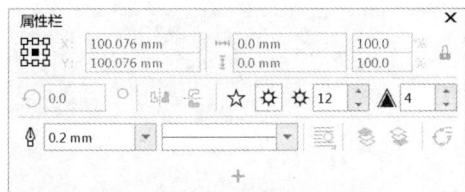
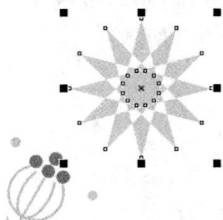

图 3-154　　　　　　　　　　　　图 3-155　　　　　　　　　　　　图 3-156

3.1.8　绘制常见的形状

1.　绘制基本形状

选择"常见形状"工具，在属性栏中单击"常用形状"按钮，在弹出的面板中选择需要的基本形状，如图 3-157 所示。

在绘图页面中按住鼠标左键不放，从左上角向右下角拖曳鼠标指针到需要的位置，松开鼠标左键，基本形状绘制完成，效果如图 3-158 所示。

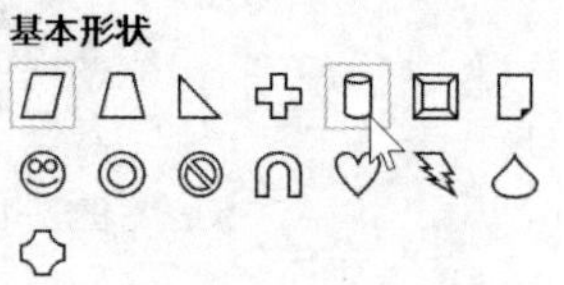

图 3-157

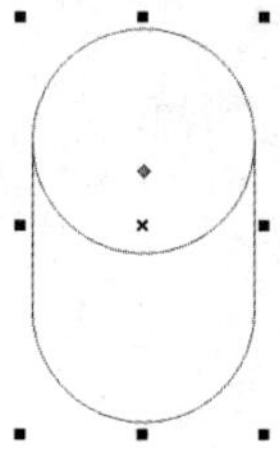

图 3-158

2.　绘制箭头形状

选择"常见形状"工具，在属性栏中单击"常用形状"按钮，在弹出的面板中选择需要的箭头形状，如图 3-159 所示。

在绘图页面中按住鼠标左键不放，从左上角向右下角拖曳鼠标指针到需要的位置，松开鼠标左键，箭头形状绘制完成，效果如图 3-160 所示。

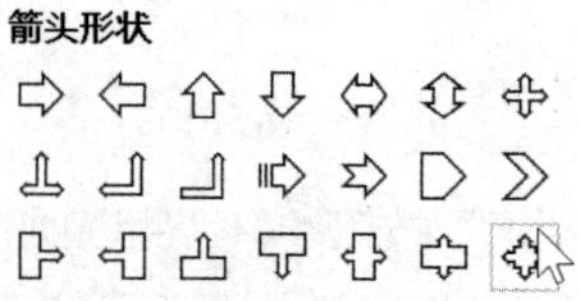

图 3-159

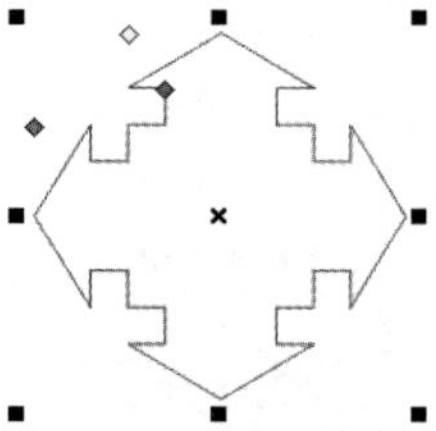

图 3-160

3.　绘制流程图形状

选择"常见形状"工具，在属性栏中单击"常用形状"按钮，在弹出的面板中选择需要的流程图形状，如图 3-161 所示。

在绘图页面中按住鼠标左键不放，从左上角向右下角拖曳鼠标指针到需要的位置，松开鼠标左键，流程图形状绘制完成，效果如图 3-162 所示。

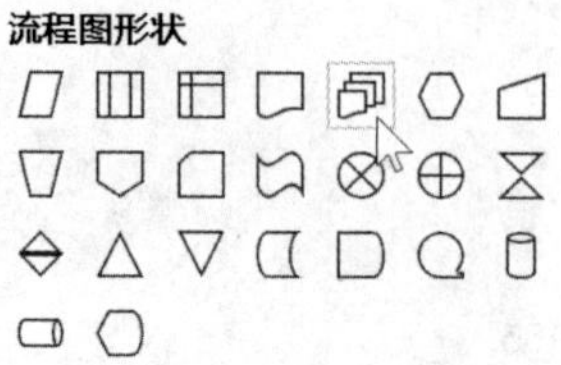

图 3-161

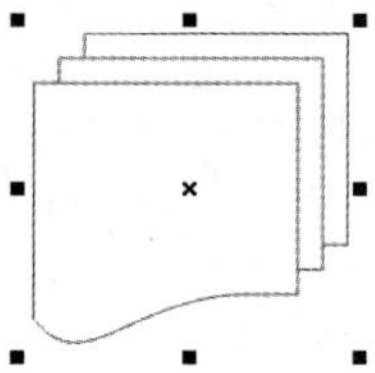

图 3-162

4. 绘制条幅形状

选择"常见形状"工具 🖼，在属性栏中单击"常用形状"按钮 🖵，在弹出的面板中选择需要的条幅形状，如图 3-163 所示。

在绘图页面中按住鼠标左键不放，从左上角向右下角拖曳鼠标指针到需要的位置，松开鼠标左键，条幅形状绘制完成，效果如图 3-164 所示。

条幅形状

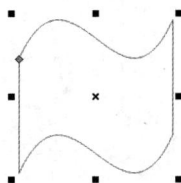

图 3-163

图 3-164

5. 绘制标注形状

选择"常见形状"工具 🖼，在属性栏中单击"常用形状"按钮 🖵，在弹出的面板中选择需要的标注形状，如图 3-165 所示。

在绘图页面中按住鼠标左键不放，从左上角向右下角拖曳鼠标指针到需要的位置，松开鼠标左键，标注形状绘制完成，效果如图 3-166 所示。

标注形状

图 3-165

图 3-166

6. 调整常见形状

绘制一个形状，如图 3-167 所示。单击要调整的形状的红色菱形节点，按住鼠标左键不放并将其拖曳到需要的位置，如图 3-168 所示。调整完成后松开鼠标左键，效果如图 3-169 所示。

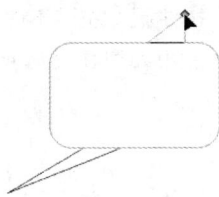

图 3-167

图 3-168

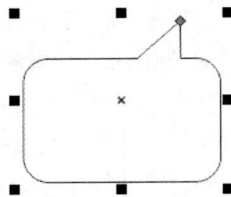

图 3-169

> **提示**
>
> 流程图形状没有红色菱形节点，所以不能对它进行调整。

3.1.9　绘制网格状图形

选择"图纸"工具 □，在绘图页面中按住鼠标左键不放，从左上角向右下角拖曳鼠标指针到需要的位置，松开鼠标左键，网格状图形绘制完成，效果如图 3-170 所示，属性栏如图 3-171 所示。在 ▦ ▦ 框中可以重新设定网格状图形的列和行，得到需要的网格状图形效果。

图 3-170

图 3-171

按住 Ctrl 键，在绘图页面中可以绘制外边框为正方形的网格状图形。

按住 Shift 键，在绘图页面中可以当前点为中心绘制网格状图形。

同时按下 Shift+Ctrl 组合键，在绘图页面中可以当前点为中心绘制外边框为正方形的网格状图形。

使用"选择"工具 ▶ 选中网格状图形，如图 3-172 所示。选择"对象 > 组合 > 取消组合对象"命令或按 Ctrl+U 组合键，可将绘制出的网格状图形取消群组。取消网格图形的选中状态后，再使用"选择"工具 ▶ 可以单选其中的单个网格，如图 3-173 所示。

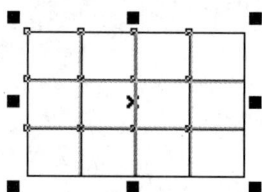

图 3-172

图 3-173

3.1.10　绘制表格

选择"表格"工具 ▦，在绘图页面中按住鼠标左键不放，从左上角向右下角拖曳鼠标指针到需要的位置，松开鼠标左键，表格绘制完成，效果如图 3-174 所示，属性栏如图 3-175 所示。

图 3-174

图 3-175

按住 Ctrl 键，在绘图页面中可以绘制外边框为正方形的表格。

按住 Shift 键，在绘图页面中可以当前点为中心绘制表格。

同时按下 Shift+Ctrl 组合键，在绘图页面中可以当前点为中心绘制外边框为正方形的表格。

"表格"工具属性栏中各选项的功能如下。

▦ 4 ▥ 3 ：可以重新设定表格的列和行。

▱ ▾ ：用于设置表格的填充色。单击"编辑填充"按钮 ▨，可在弹出的"编辑填充"对话框中更改填充色。

■ ▾ 0.2 mm ▾ ：用于选择并设置表格外边框线的颜色和粗细。

⊞ ：用于调整表格内部和外部的边框线的显示。

选项 ▾ ：用于设置是否在键入数据时自动调整单元格的大小以及在单元格间添加空格。

"文本换行"按钮 ▤：用于设置段落文本环绕对象的样式以及偏移的距离。

"到图层前面"按钮 ◈ 和"到图层后面"按钮 ◈：将表格移动至图层最上层或最底层。

3.2 编辑对象

在 CorelDRAW 2021 中，可以使用强大的图形对象编辑功能对图形进行编辑，其中包括对象的选取、缩放、移动、镜像、复制、删除以及调整等。本节主要讲解多种编辑图形对象的方法和技巧。

3.2.1 课堂案例——绘制风景插画

🎺 案例学习目标

学习使用对象编辑方法绘制风景插画。

🔒 案例知识要点

使用"选择"工具移动并缩放图形；使用"水平镜像"按钮翻转图形；使用"变换"泊坞窗复制并镜像图形。风景插画效果如图 3-176 所示。

图 3-176

◉ 效果所在位置

云盘\Ch03\效果\绘制风景插画.cdr。

（1）按 Ctrl+O 组合键，弹出"打开绘图"对话框，选择云盘中的"Ch03\素材\绘制风景插画\01"文件，单击"打开"按钮，打开文件，效果如图 3-177 所示。选择"选择"工具，选中云彩图形，如图 3-178 所示。

图 3-177

图 3-178

（2）按数字键盘上的+键，复制云彩图形。拖曳复制的云彩图形到适当的位置，效果如图 3-179 所示。按 Shift 键的同时，拖曳右上角的控制手柄等比例放大云彩图形，效果如图 3-180 所示。

图 3-179

图 3-180

（3）单击属性栏中的"水平镜像"按钮，水平翻转云彩图形，效果如图 3-181 所示。用类似的方法分别复制"云彩""树""老鹰"图形，并调整图形大小，效果如图 3-182 所示。

图 3-181

图 3-182

（4）使用"选择"工具，按住 Shift 键的同时，将需要的图形同时选取，如图 3-183 所示。按 Alt+F9 组合键，弹出"变换"泊坞窗，设置如图 3-184 所示，再单击"应用"按钮，复制出一个镜像图形，效果如图 3-185 所示。按 Ctrl 键的同时，垂直向上拖曳镜像图形到适当的位置，效果如图 3-186 所示。

图 3-183 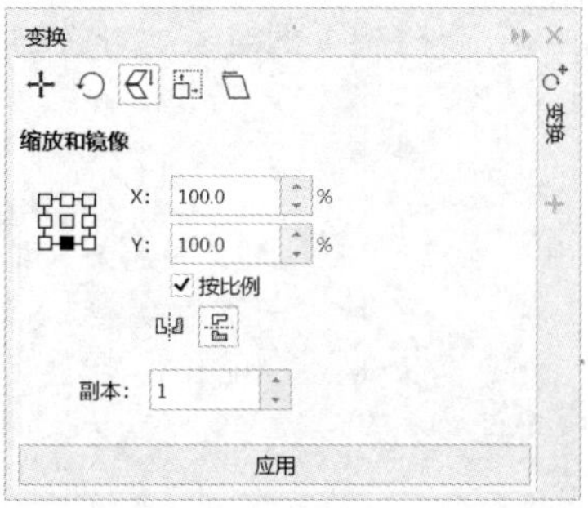　　　　　　　　　　　　图 3-184

图 3-185　　　　　　　　　　　　图 3-186

（5）选择"透明度"工具▨，在属性栏中单击"均匀透明度"按钮▨，设置如图 3-187 所示，按 Enter 键，透明度效果如图 3-188 所示。

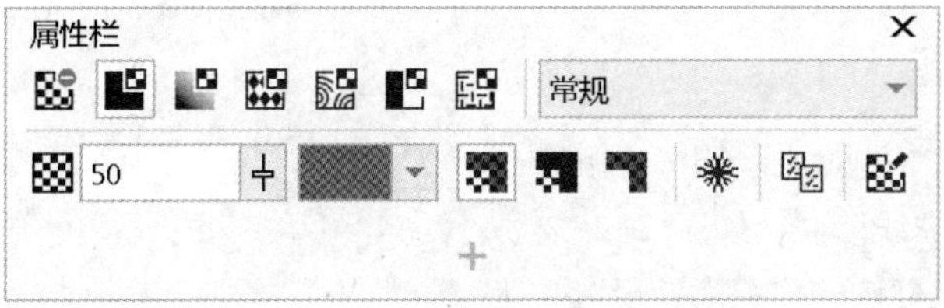

图 3-187 　　　　　　　　　　　　图 3-188

（6）按 Esc 键，取消图形选中状态，风景插画绘制完成，最终效果如图 3-189 所示。

图 3-189

3.2.2　选中对象

在 CorelDRAW 2021 中，新建图形对象后，图形对象呈选中状态，对象的周围出现圈选框，圈选框由 8 个控制手柄组成。对象的中心有一个"×"形的中心标记。对象的选中状态如图 3-190 所示。

中心标记

控制手柄

图 3-190

> **技巧**　在 CorelDRAW 2021 中，如果要编辑一个对象，首先要选中这个对象。当选中多个对象时，多个对象共有一个圈选框。要取消对象的选中状态，只要在绘图页面中选中对象以外的位置单击鼠标左键或直接按 Esc 键即可。

1. 用点选的方法选中对象

选择"选择"工具，在要选中的对象上单击鼠标左键，即可选中该对象。

如果想选中多个对象，则按住 Shift 键，依次单击想选中的对象即可。同时选中多个对象的效果如图 3-191 所示。

2. 用圈选的方法选中对象

选择"选择"工具，在绘图页面中要选中的对象外围按住鼠标左键并拖曳鼠标指针，拖曳后会出现一个蓝色的虚线选框，如图 3-192 所示。在选框完全框选住对象后松开鼠标左键，被框选的对象即处于选中状态，如图 3-193 所示。用框选的方法可以同时选取一个或多个对象。

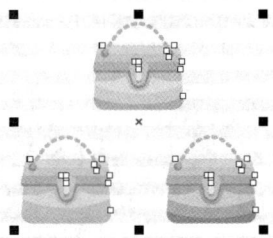

图 3-191

图 3-192

图 3-193

在框选的同时按住 Alt 键，蓝色的虚线选框如图 3-194 所示，选框接触到的对象都将被选中，如图 3-195 所示。

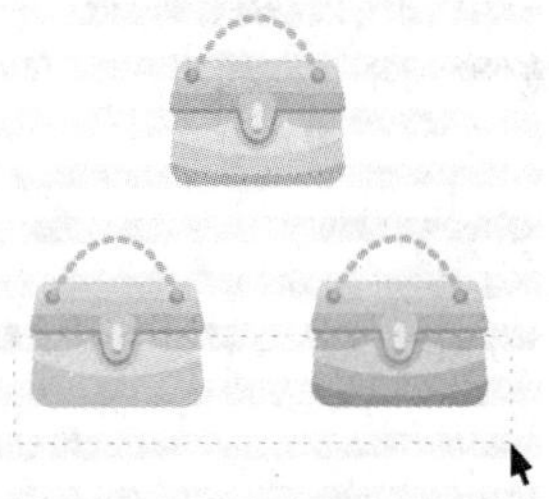

图 3-194

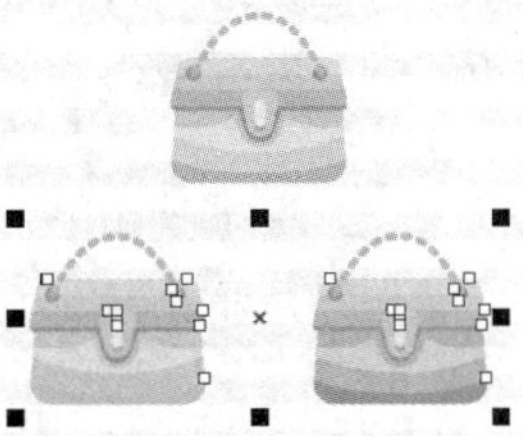

图 3-195

3. 使用命令选中对象

可以选择"编辑 > 全选"子菜单下的各个命令来选中对象。按 Ctrl+A 组合键,可以选中绘图页面中的全部对象。

> **技巧**　当绘图页面中有多个对象时,按空格键,快速选择"选择"工具 ▶,连续按 Tab 键,可以依次选中下一个对象。按住 Shift 键,再连续按 Tab 键,可以依次选中上一个对象。按住 Ctrl 键单击可以选取群组对象中的单个对象。

3.2.3 移动对象

1. 使用工具和方向键移动对象

使用"选择"工具 ▶ 选中要移动的对象,如图 3-196 所示。使用"选择"工具 ▶ 或其他的绘图工具,将鼠标指针移到对象的中心控制点,指针变为十字箭头形 ✛,如图 3-197 所示。按住鼠标左键不放,拖曳对象到需要的位置,松开鼠标左键,完成对象的移动,效果如图 3-198 所示。

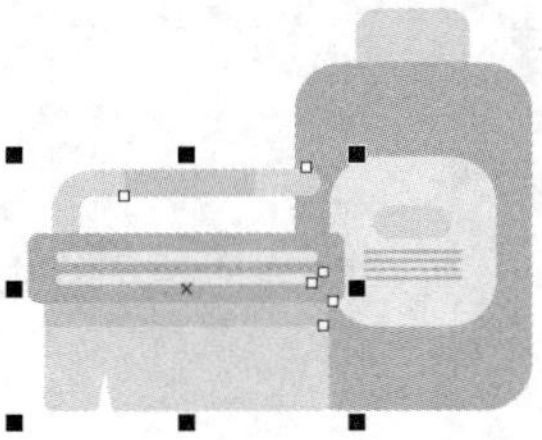

图 3-196

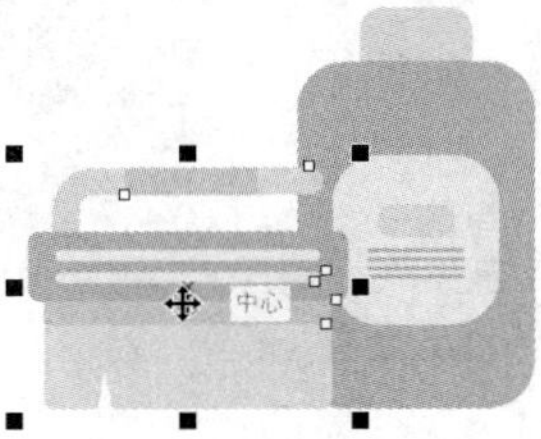

图 3-197

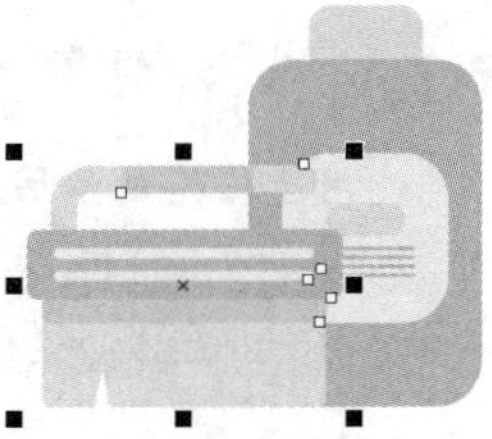

图 3-198

选中要移动的对象,用键盘上的方向键可以微调对象的位置。使用系统使用默认值时,对象每次移动 0.1 mm。选择"选择"工具 ▶ 后不选取任何对象,在属性栏中的"微调距离"框 ✛ 0.1 mm 中可以重新设定每次微调移动的距离。

2. 使用属性栏移动对象

选中要移动的对象,在属性栏的"对象位置"框 X: 82.349 mm Y: 80.112 mm 中输入对象要移动到的新位置的横坐标和纵坐标,即可移动对象。

3. 使用"变换"泊坞窗移动对象

选中要移动的对象,如图 3-199 所示。选择"窗口 > 泊坞窗 > 变换"命令,或按 Alt+F7 组合键,弹出"变换"泊坞窗,如图 3-200 所示。单击"位置"按钮 ✛,切换到相应的泊坞窗,"X"

表示对象所在位置的横坐标，"Y"表示对象所在位置的纵坐标。如果勾选"相对位置"复选框，对象将相对于原位置的中心进行移动。在"副本"选项中输入数值，可以在移动的新位置复制生成新的对象。

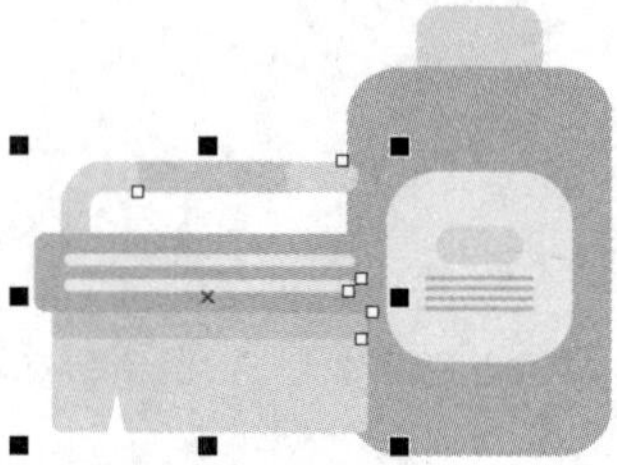

图 3-199

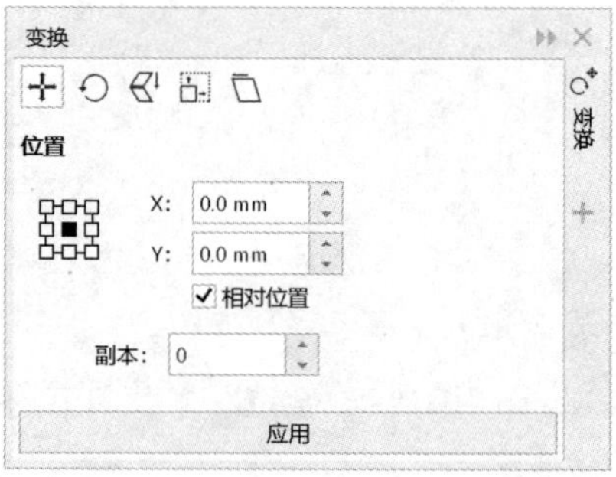

图 3-200

设置如图 3-201 所示，单击"应用"按钮，或按 Enter 键，完成对象的移动，如图 3-202 所示。

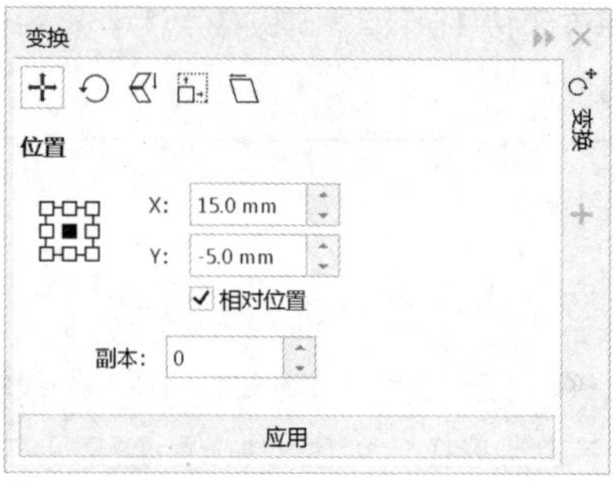

图 3-201

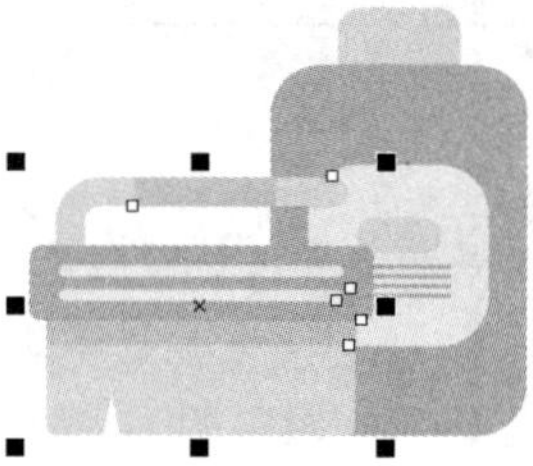

图 3-202

3.2.4　旋转对象

1. 使用旋转控制手柄旋转对象

使用"选择"工具 ▶ 选中要旋转的对象，对象的周围出现控制手柄。再次单击对象，这时对象的周围出现旋转控制手柄 ↗ 和倾斜控制手柄 ↔，如图 3-203 所示。

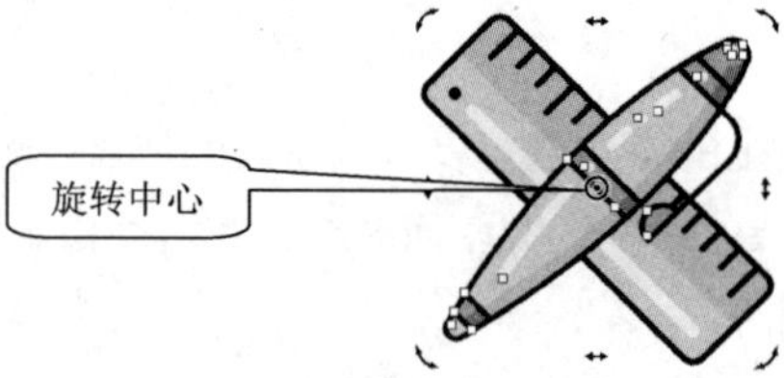

图 3-203

将鼠标指针移动到旋转控制手柄上，这时的指针变为旋转符号 ↻，如图 3-204 所示。按住鼠标左键，拖曳鼠标指针旋转对象，旋转时会出现一个蓝色线条组成的对象框架，它会跟随鼠标指针进行旋转，如图 3-205 所示。旋转到需要的角度后，松开鼠标左键，对象的旋转完成，效果如图 3-206 所示。

对象是围绕旋转中心⊙旋转的，默认的旋转中心⊙是对象的中心点。将鼠标指针移动到旋转中心上，按住鼠标左键拖曳旋转中心⊙到需要的位置，松开鼠标左键，完成对旋转中心的移动。

图 3-204　　　　　　　　　图 3-205　　　　　　　　　图 3-206

2. 使用属性栏旋转对象

选中要旋转的对象，效果如图 3-207 所示。选择"选择"工具，在属性栏中的"旋转角度"框⊙ 0.0 °中输入 30.0，如图 3-208 所示，按 Enter 键，效果如图 3-209 所示。

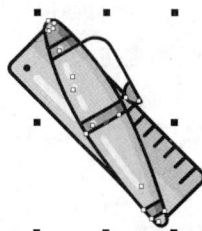

图 3-207　　　　　　　　　图 3-208　　　　　　　　　图 3-209

3. 使用"变换"泊坞窗旋转对象

选中要旋转的对象，如图 3-210 所示，在"变换"泊坞窗中，单击"旋转"按钮⊙，切换到相应的泊坞窗，如图 3-211 所示。

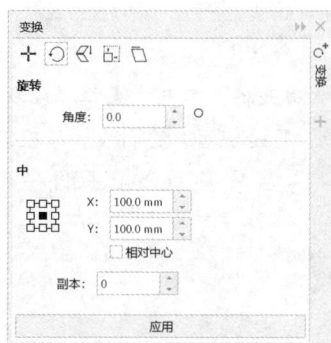

图 3-210　　　　　　　　　　　　　　　图 3-211

可以在"角度"选项框中直接输入旋转角度的数值，数值可以是正值也可以是负值。在"中"设置区中可以输入旋转中心的位置坐标。勾选"相对中心"复选框，旋转中心的坐标数值会相对于对象的中心点的坐标数值进行显示对象将以选中的点为旋转中心进行旋转。

设置完成后，如图 3-212 所示，单击"应用"按钮，对象旋转的效果如图 3-213 所示。

图 3-212

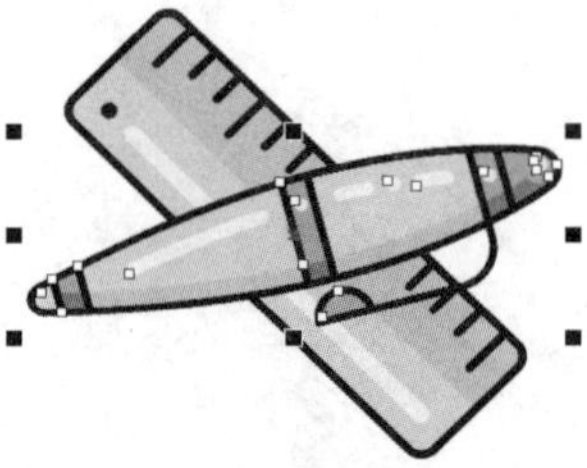

图 3-213

3.2.5　缩放对象

1．使用控制手柄缩放对象

使用"选择"工具 ▶ 选中要缩放的对象，对象的周围出现控制手柄。

拖曳控制手柄可以缩放对象。拖曳对角线上的控制手柄可以按比例缩放对象，如图 3-214 所示；拖曳中间的控制手柄可以不按比例缩放对象，如图 3-215 所示。

图 3-214

图 3-215

向外侧拖曳对角线上的控制手柄时，按住 Ctrl 键，对象会以原对象尺寸的倍数进行放大。同时按住 Shift+Ctrl 组合键，对象会以原对象尺寸的倍数从中心放大。

2．使用"自由变换"工具 ⚓ 属性栏缩放对象

使用"选择"工具 ▶ 选中要缩放的对象，对象的周围出现控制手柄。选择"选择"工具展开工具栏中的"自由变换"工具 ⚓，这时的属性栏如图 3-216 所示。

图 3-216

在"自由变换"属性栏中的"对象大小"栏 54.497 mm 115.744 mm 中，输入对象的宽度和高度。如果使"缩放因子" 100.0 % 🔒 中的"锁定比率"按钮 🔒 为锁定状态，则宽度和高度将按比例缩放，只要改变宽度和高度中的任意一个值，另一个值就会自动按比例调整。

在"自由变换"工具属性栏中，调整好宽度和高度后，按 Enter 键，完成对象的缩放。缩放的效果如图 3-217 所示。

图 3-217

3. 使用"变换"泊坞窗缩放对象

选中要缩放的对象，如图 3-218 所示。在"变换"泊坞窗中，单击"大小"按钮，切换到相应的泊坞窗，如图 3-219 所示。其中，"W"表示宽度，"H"表示高度。如果不勾选"按比例"复选框，就可以不按比例缩放对象。

图 3-218   图 3-219

图 3-220 所示的是代表圈选框控制手柄和中心点的位置按钮，单击一个任意一个按钮可以定义一个在缩放对象时保持固定不动的点，这个点可以决定缩放后的图形与原图形的相对位置，缩放的对象将基于这个点进行缩放。

设置完成后，如图 3-221 所示，单击"应用"按钮，对象的缩放完成，如图 3-222 所示。在"副本"选项中输入数值，可以复制生成多个缩放后的对象。

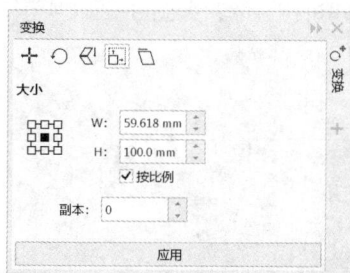

图 3-220   图 3-221   图 3-222

3.2.6 镜像对象

镜像效果经常被应用到设计作品中。在 CorelDRAW 2021 中，可以使用多种方法使对象沿水平、垂直或对角线的方向进行镜像翻转。

1. 使用控制手柄镜像对象

选中对象，如图 3-223 所示。按住鼠标左键并拖曳控制手柄到相对的边，直到完全显示对象的蓝色线框，如图 3-224 所示，松开鼠标左键，就可以得到不规则的镜像对象，如图 3-225 所示。

图 3-223　　　　　　　　　　图 3-224　　　　　　　　　　图 3-225

　　按住 Ctrl 键，直接拖曳左边或右边中间的控制手柄到相对的边，可以在保持镜像对象比例与原对象相同的情况下进行水平镜像，如图 3-226 所示。按住 Ctrl 键，直接拖曳上边或下边中间的控制手柄到相对的边，可以在保持镜像对象比例与原对象相同的情况下进行垂直镜像，如图 3-227 所示。按住 Ctrl 键，直接拖曳边角上的控制手柄到相对的边角，可以在保持镜像对象比例与原对象相同的情况下沿对角线方向进行镜像，如图 3-228 所示。

图 3-226　　　　　　　　　图 3-227　　　　　　　　　图 3-228

　　技巧　　在镜像的过程中，只能使对象本身产生镜像。如果想保留原图形对象，就要在镜像的位置生成一个复制对象。方法很简单，在松开鼠标左键之前单击鼠标右键，就可以在镜像的位置生成一个复制对象的同时保留原图形对象。

2. 使用属性栏镜像对象

　　使用"选择"工具选中要镜像的对象，如图 3-229 所示，这时的属性栏如图 3-230 所示。
　　单击属性栏中的"水平镜像"按钮，可以使对象沿水平方向进行镜像翻转，单击"垂直镜像"按钮，可以使对象沿垂直方向进行镜像翻转。

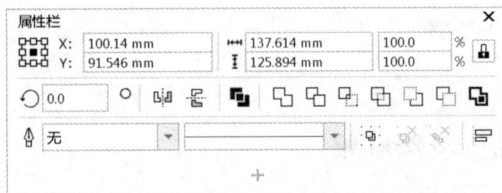

图 3-229　　　　　　　　　　　　　　　　图 3-230

3. 使用"变换"泊坞窗镜像对象

　　选中要镜像的对象，在"变换"泊坞窗中，单击"缩放和镜像"按钮，切换到相应的泊坞窗。单击"水平镜像"按钮，可以使对象沿水平方向镜像翻转；单击"垂直镜像"按钮，可以使对象沿垂直方向镜像翻转。设置完成后单击"应用"按钮,即可看到镜像效果。

还可以通过设置不同的水平和垂直缩放系数产生一个变形的镜像对象。在"变换"泊坞窗中按图 3-231 所示进行选项设置,设置完成后,单击"应用"按钮,生成一个变形的镜像对象,效果如图 3-232 所示。

图 3-231

图 3-232

3.2.7 倾斜对象

1. 使用控制手柄使对象倾斜

选中要倾斜变形的对象,对象的周围出现控制手柄。再次单击对象,这时对象的周围出现旋转控制手柄 ↗ 和倾斜控制手柄 ↔,如图 3-233 所示。

将鼠标指针移动到上方倾斜控制手柄上,鼠标指针变为倾斜符号 ⇄,如图 3-234 所示。按住鼠标左键并拖曳鼠标指针,此时会出现一个蓝色线条组成的对象框架,它会跟随鼠标指针发生倾斜,如图 3-235 所示。倾斜到需要的角度后,松开鼠标左键,效果如图 3-236 所示。

图 3-233   图 3-234   图 3-235   图 3-236

2. 使用"变换"泊坞窗使对象倾斜

选取要倾斜的对象,如图 3-237 所示。在"变换"泊坞窗中,单击"倾斜"按钮 □,切换到相应的泊坞窗,如图 3-238 所示。

图 3-237

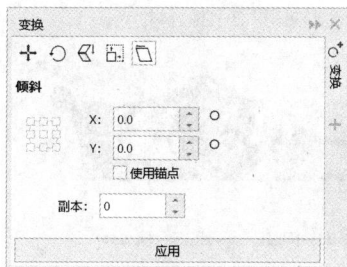

图 3-238

设定倾斜的参数，如图 3-239 所示，单击"应用"按钮，对象产生倾斜，效果如图 3-240 所示。

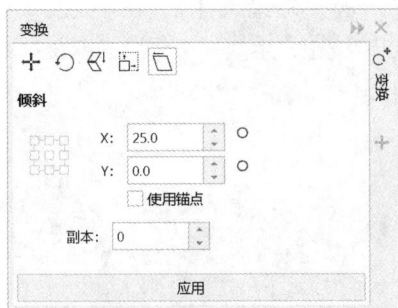

图 3-239   图 3-240

3.2.8　复制对象

1. 使用命令复制对象

选中要复制的对象，如图 3-241 所示。选择"编辑 > 复制"命令，或按 Ctrl+C 组合键，复制对象。选择"编辑 > 粘贴"命令，或按 Ctrl+V 组合键，粘贴对象，粘贴的位置和原对象的位置是相同的。用鼠标移动对象，可以分别显示出原对象和复制的对象，如图 3-242 所示。

图 3-241   图 3-242

> **技巧**　选择"编辑 > 剪切"命令，或按 Ctrl+X 组合键，对象将从绘图页面中被删除并被放置在剪贴板上。

2. 使用鼠标和数字键复制对象

选中要复制的对象，如图 3-243 所示。将鼠标指针移动到对象的中心点上，指针变为十字箭头✛，如图 3-244 所示。按住鼠标左键，拖曳对象到需要的位置，如图 3-245 所示。单击鼠标右键，完成对象的复制，效果如图 3-246 所示。

图 3-243   图 3-244

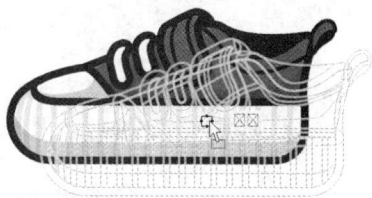

图 3-245   图 3-246

选中要复制的对象，在对象上按住鼠标右键并拖曳对象到需要的位置，松开鼠标右键后弹出图 3-247 所示的快捷菜单，选择"复制"命令，完成对象的复制，如图 3-248 所示。

使用"选择"工具 ，选取对象，按数字键盘上的+键可以快速复制对象。

图 3-247   图 3-248

技巧 可以在两个不同的绘图页面中复制对象，按住鼠标左键拖曳其中一个绘图页面中的对象到另一个绘图页面中，在松开鼠标左键前单击鼠标右键即可复制对象。

3. 使用命令复制对象属性

选中要复制属性的对象，如图 3-249 所示。选择"编辑 > 复制属性自"命令，弹出"复制属性"对话框，在对话框中勾选"填充"复选框，如图 3-250 所示，单击"OK"按钮，鼠标指针显示为黑色箭头，在要复制其属性的对象上单击，如图 3-251 所示，完成对象的属性复制，效果如图 3-252 所示。

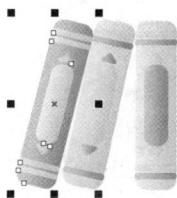

图 3-249

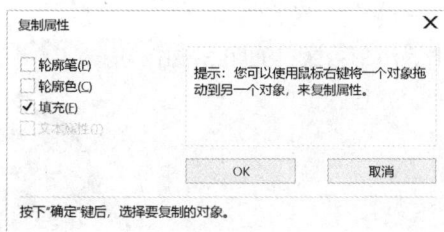

复制属性   ✕

☐ 轮廓笔(P)
☐ 轮廓色(C)   提示：您可以使用鼠标右键将一个对象拖
✔ 填充(F)   动到另一个对象，来复制属性。
☐ 文本属性(T)

                OK   取消

按下"确定"键后，选择要复制的对象。

图 3-250

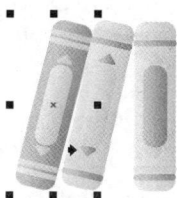

图 3-251

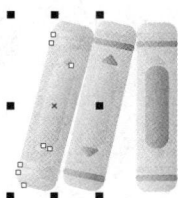

图 3-252

3.2.9 删除对象

在 CorelDRAW 2021 中，可以方便、快捷地删除不需要的对象。下面介绍删除对象的方法。

选中要删除的对象，选择"编辑 > 删除"命令，如图 3-253 所示，或按 Delete 键，可以将选中的对象删除。

↺	撤消复制属性(U)	Ctrl+Z
↻	重做删除(E)	Ctrl+Shift+Z
↻	重复复制属性(R)	Ctrl+R
✂	剪切(T)	Ctrl+X
⎘	复制(C)	Ctrl+C
⎙	复制属性自(M)...	
⎗	粘贴(P)	Ctrl+V
⎘	粘贴到视图中(V)	Ctrl+Shift+V
⎘	选择性粘贴(S)...	
🗑	删除(L)	删除
⎘	再制(D)	Ctrl+D
↕↕	克隆(N)	
	全选(A)	▶
	查找并替换(F)	Ctrl+F
	步长和重复(T)	Ctrl+Shift+D

图 3-253

> **技巧** 如果想删除多个或全部的对象，首先要选中这些对象，再执行"删除"命令或按 Delete 键。

课堂练习——绘制卡通汽车

🔗 练习知识要点

使用"矩形"工具、"椭圆形"工具、"变换"泊坞窗、"PowerClip"命令和"水平镜像"按钮绘制卡通汽车；效果如图 3-254 所示。

图 3-254

微课视频

扫码观看
本案例视频

◎ 效果所在位置

云盘\Ch03\效果\绘制卡通汽车.cdr。

课后习题——绘制卡通手表

习题知识要点

使用"椭圆形"工具和"矩形"工具绘制表盘和表带;使用"矩形"工具和"简化"按钮制作表扣;效果如图 3-255 所示。

图 3-255

微课视频

扫码观看
本案例视频

效果所在位置

云盘\Ch03\效果\绘制卡通手表.cdr。

04

第 4 章
绘制和编辑曲线

本章介绍

  CorelDRAW 2021 提供了多种绘制和编辑曲线的方法。绘制曲线是进行图形作品绘制的基础，应用编辑和修整功能可以制作出复杂多变的图形效果。通过对本章的学习，读者可以更好地掌握绘制、编辑曲线和修整图形的方法，为绘制出更复杂、更绚丽的作品打好基础。

学习目标

- ✔ 掌握绘制和编辑曲线的方法。
- ✔ 掌握修整图形的技巧。
- ✔ 掌握对象的造型方法。

技能目标

- ✔ 掌握"环境保护 App 引导页"的制作方法。
- ✔ 掌握"计算器图标"的绘制方法。

素养目标

- ✔ 培养耐心、细致的工作态度。

4.1 绘制曲线

在 CorelDRAW 2021 中，绘制出的作品都是由几何对象构成的，而几何对象的构成元素中经常涉及曲线。通过学习绘制曲线，可以进一步掌握 CorelDRAW 2021 强大的绘图功能。

4.1.1 课堂案例——制作环境保护 App 引导页

案例学习目标

学习使用手绘图形工具制作环境保护 App 引导页。

案例知识要点

使用"艺术笔"工具、"旋转角度"选项绘制狐狸、树和树叶的图形；使用"椭圆形"工具绘制阴影。环境保护 App 引导页效果如图 4-1 所示。

图 4-1

微课视频

扫码观看
本案例视频

效果所在位置

云盘\Ch04\效果\制作环境保护 App 引导页.cdr。

（1）按 Ctrl+O 组合键，弹出"打开绘图"对话框，选择云盘中的"Ch04\素材\制作环境保护 App 引导页\01"文件，单击"打开"按钮，打开文件，效果如图 4-2 所示。

（2）选择"艺术笔"工具，单击属性栏中的"喷涂"按钮，在"类别"下拉列表中选择"其它"选项，如图 4-3 所示，在"喷射图样"下拉列表中选择需要的图形，如图 4-4 所示，在页面外拖曳鼠标指针绘制图样，效果如图 4-5 所示。

（3）按 Ctrl+K 组合键，拆分艺术笔群组，如图 4-6 所示。按 Ctrl+U 组合键，取消图形群组。选择"选择"工具，用框选的方法选中不需要的图形，如图 4-7 所示，按 Delete 键，将其删除，效果如图 4-8 所示。

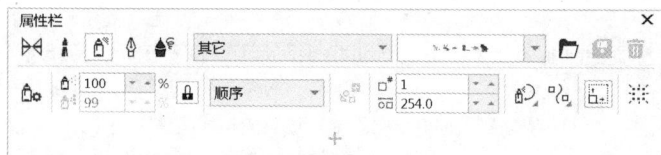

图 4-2   图 4-3

图 4-4   图 4-5

图 4-6   图 4-7   图 4-8

（4）选择"选择"工具 ，选中并拖曳狐狸图形到页面中适当的位置，并调整其大小，效果如图 4-9 所示。单击属性栏中的"水平镜像"按钮 ，水平翻转狐狸图形，效果如图 4-10 所示。

（5）选择"椭圆形"工具 ，在适当的位置绘制一个椭圆形，设置椭圆形填充颜色的 RGB 值为226、220、169，并去除椭圆形的轮廓线，效果如图 4-11 所示。按 Ctrl+PageDown 组合键，将椭圆形向后移一层，效果如图 4-12 所示。

图 4-9   图 4-10   图 4-11   图 4-12

（6）选择"艺术笔"工具 ，在属性栏的"类别"下拉列表中选择"植物"选项，在"喷射图样"下拉列表中选择需要的图形选项，如图 4-13 所示，在页面外拖曳鼠标指针绘制图样，效果如图 4-14 所示。

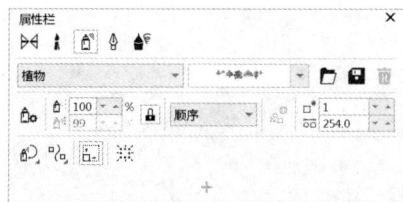

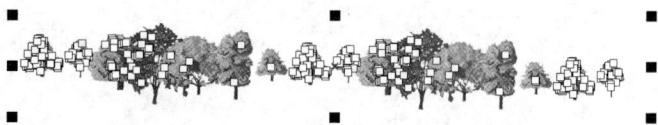

图 4-13

图 4-14

（7）按 Ctrl+K 组合键，拆分艺术笔群组，如图 4-15 所示。按 Ctrl+U 组合键，取消图形群组。选择"选择"工具 ，选取需要的图形，如图 4-16 所示。

图 4-15

图 4-16

（8）选择"选择"工具 ，拖曳图形到页面中适当的位置，并调整其大小，效果如图 4-17 所示。用类似的方法拖曳其他图形到页面中适当的位置，并调整其大小，效果如图 4-18 所示。

图 4-17

图 4-18

（9）选择"椭圆形"工具 ，在适当的位置绘制两个椭圆形，如图 4-19 所示。选择"选择"工具 ，按住 Shift 键将绘制的椭圆形同时选取，设置椭圆形填充颜色的 RGB 值为 226、220、169，并去除椭圆形的轮廓线，效果如图 4-20 所示。连续按 Ctrl+PageDown 组合键，将椭圆形向后移至适当的位置，效果如图 4-21 所示。

图 4-19

图 4-20

图 4-21

（10）选择"艺术笔"工具 🖋，在属性栏的"喷射图样"下拉列表中选择需要的图形选项，如图 4-22 所示，在页面外拖曳鼠标指针绘制图形，效果如图 4-23 所示。

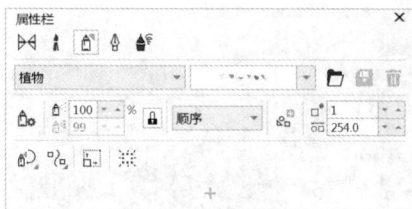

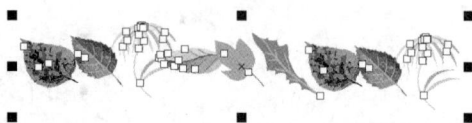

图 4-22

图 4-23

（11）按 Ctrl+K 组合键，拆分艺术笔群组，如图 4-24 所示。按 Ctrl+U 组合键，取消图形群组。选择"选择"工具 ▶，选取需要的图形，如图 4-25 所示。

图 4-24

图 4-25

（12）选择"选择"工具 ▶，拖曳图形到页面中适当的位置，并调整其大小，效果如图 4-26 所示。在属性栏中的"旋转角度" ↺ 0.0 °框中设置数值为 34.0。按 Enter 键，效果如图 4-27 所示。

图 4-26

图 4-27

（13）用类似的方法拖曳其他图形到页面中适当的位置，并调整其大小，效果如图 4-28 所示。环境保护 App 引导页制作完成，最终效果如图 4-29 所示。

图 4-28

图 4-29

4.1.2 认识曲线

曲线是矢量图形的组成部分。在 CorelDRAW 2021 中，可以使用绘图工具绘制曲线，也可以将多边形、椭圆以及文本对象转换成曲线。下面对曲线的节点、线段、控制线和控制点等概念进行讲解。

节点：构成曲线的基本要素。可以通过定位、调整节点，以及调整节点上的控制点来绘制和改变曲线的形状。通过在曲线上增加或删除节点可以使曲线的绘制更加简便。通过转换节点的性质，可以将直线和曲线的节点相互转换，使直线段转换为曲线段或使曲线段转换为直线段。

线段：两个节点之间的部分。线段包括直线段和曲线段，直线段转换成曲线段后，可以进行曲线特性的操作，如图 4-30 所示。

控制线：在绘制曲线的过程中，节点的两端会出现蓝色的虚线。选择"形状"工具，在已经绘制好的曲线的节点上单击鼠标左键，节点的两端会出现控制线。

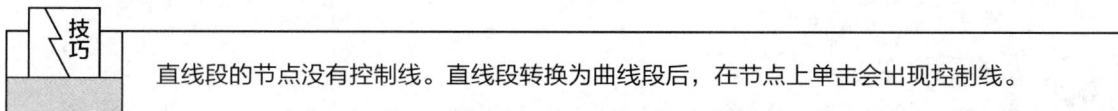

> **技巧** 直线段的节点没有控制线。直线段转换为曲线段后，在节点上单击会出现控制线。

控制点：控制线的两端是控制点。通过拖曳或移动控制点可以调整曲线的弯曲程度，如图 4-31 所示。

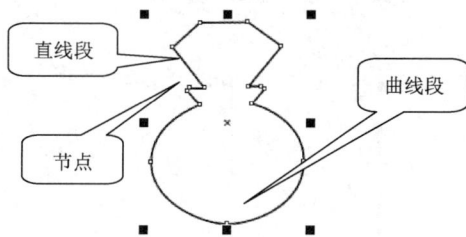

图 4-30

图 4-31

4.1.3 使用"手绘"工具

1. 绘制直线

选择"手绘"工具，在绘图页面中单击鼠标左键以确定直线的起点，鼠标指针变为十字形，如图 4-32 所示。松开鼠标左键，移动鼠标指针到直线的终点位置后单击鼠标左键，一条直线绘制完成，如图 4-33 所示。

选择"手绘"工具，在绘图页面中单击鼠标左键以确定直线的起点，在绘制过程中，确定其他节点时都要双击鼠标左键，在要闭合的终点上单击鼠标左键，完成直线式闭合图形的绘制，效果如图 4-34 所示。

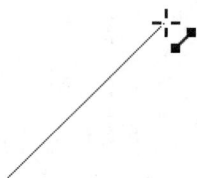

图 4-32　　　　　图 4-33　　　　　图 4-34

2. 绘制曲线

选择"手绘"工具 🖊，在绘图页面中单击鼠标左键以确定曲线的起点，然后按住鼠标左键并拖曳鼠标指针，绘制需要的曲线，松开鼠标左键，一条曲线绘制完成，效果如图 4-35 所示。拖曳鼠标指针，使曲线的起点和终点位置重合，一条闭合的曲线绘制完成，如图 4-36 所示。

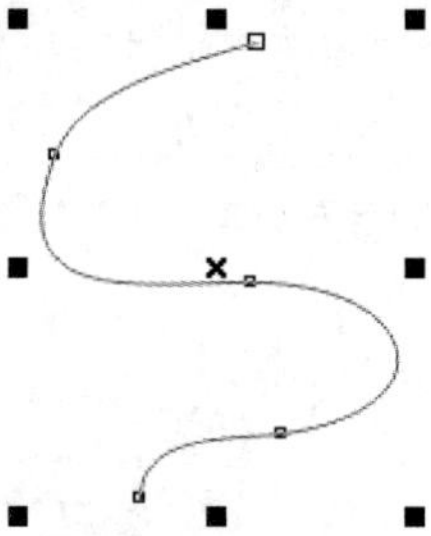

图 4-35

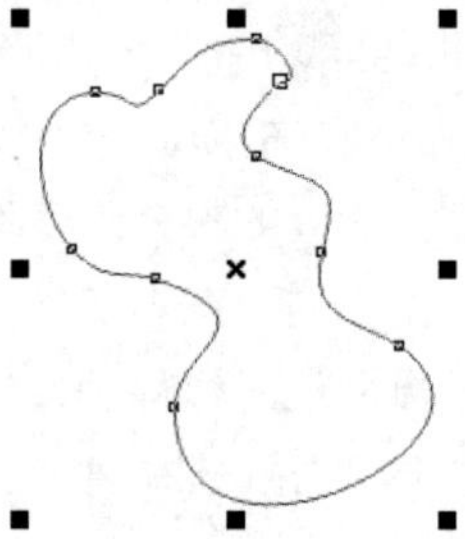

图 4-36

3. 绘制直线和曲线的混合图形

使用"手绘"工具 🖊，在绘图页面中可以绘制出直线和曲线的混合图形，具体操作步骤如下。

选择"手绘"工具 🖊，在绘图页面中单击鼠标左键确定曲线的起点，同时按住鼠标左键并拖曳鼠标指针，绘制需要的曲线，松开鼠标左键，一条曲线绘制完成，如图 4-37 所示。

在要继续绘制直线的节点上单击鼠标左键，如图 4-38 所示。再拖曳鼠标指针并在需要的位置单击鼠标左键，绘制出一条直线，效果如图 4-39 所示。

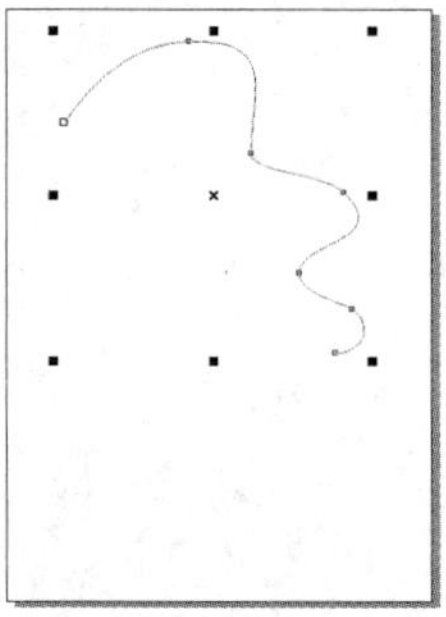

图 4-37

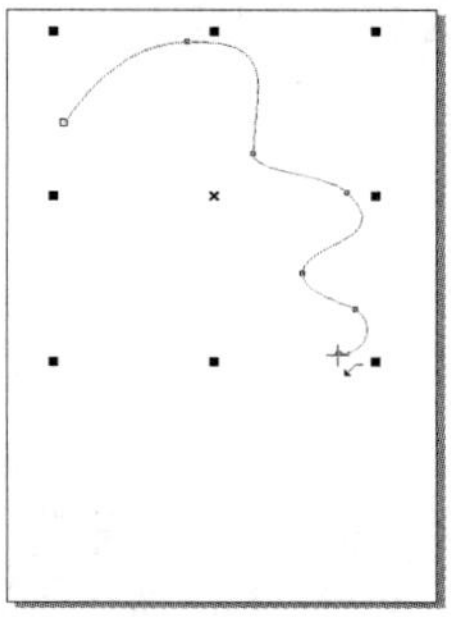

图 4-38

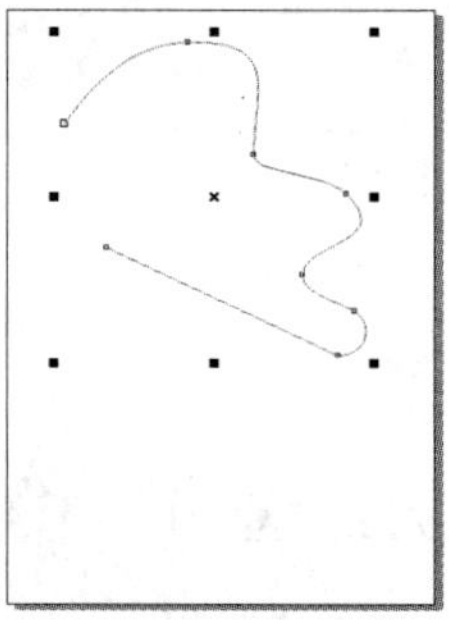

图 4-39

将鼠标指针放在要继续绘制的曲线的节点上，如图 4-40 所示。按住鼠标左键不放，拖曳鼠标指针，绘制需要的曲线，松开鼠标左键后完成图形的绘制，效果如图 4-41 所示。

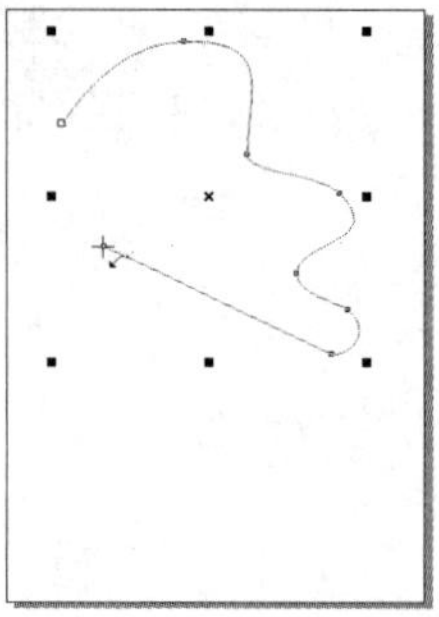

图 4-40

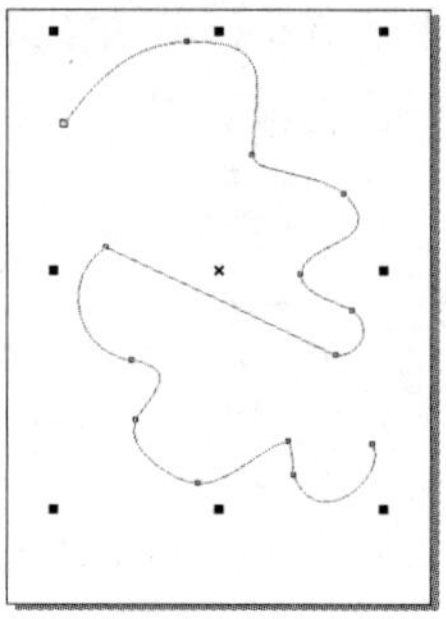

图 4-41

4. 设置"手绘"工具属性

在 CorelDRAW 2021 中，可以根据不同的情况来设置"手绘"工具的属性以提高工作效率。下面介绍"手绘"工具属性的设置方法。

双击"手绘"工具 的图标，弹出图 4-42 所示的"选项"对话框。

图 4-42

在对话框中的"手绘/贝塞尔曲线"设置区中可以设置"手绘"工具的属性。

"手绘平滑"选项用于设置手绘过程中曲线的平滑程度，它决定了绘制出的曲线和鼠标指针移动轨迹的匹配程度。设置的数值范围是 0～100，不同的数值会有不同的绘制效果。数值越小，平滑的程度越高；数值越大，平滑的程度越低。

"边角阈值"选项用于设置边角节点的平滑度。数值越大，节点越尖；数值越小，节点越平滑。

"直线阈值"选项用于设置手绘曲线相对于直线路径的偏移量。

"边角阈值""直线阈值"的数值越大，绘制的曲线越接近直线。

"自动连结"选项用于设置绘图时两个端点自动连结的接近程度。当鼠标指针接近设置的半径范围内时，曲线将自动连结成封闭的曲线。

4.1.4 使用"贝塞尔"工具

使用"贝塞尔"工具 可以绘制平滑、精确的曲线。可以通过确定节点和改变控制点的位置来控制曲线的弯曲程度。可以使用节点和控制点对绘制完的直线或曲线进行精确的调整。

1. 绘制直线和折线

选择"贝塞尔"工具 ，在绘图页面中单击鼠标左键以确定直线的起点，移动鼠标指针到需要的位置，再单击鼠标左键以确定直线的终点，绘制一段直线。如果想绘制出具有多个折角的折线，只要依次确定多个节点即可，如图 4-43 所示。

使用"形状"工具 ，双击折线上的节点，将删除这个节点，这个节点相邻的两个节点将自动连接，效果如图 4-44 所示。

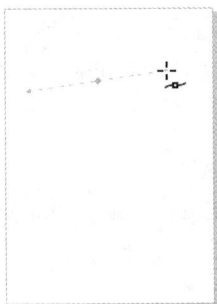

图 4-43

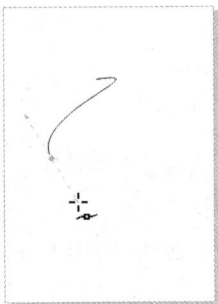

图 4-44

2. 绘制曲线

选择"贝塞尔"工具 ，在绘图页面中按住鼠标左键以确定曲线的起点，拖曳鼠标指针到适当的位置后松开鼠标左键，这时起点的两边出现控制线和控制点，如图 4-45 所示。

将鼠标指针移动到需要的位置单击并按住鼠标左键，两个节点间出现一条曲线段，拖曳鼠标指针，第 2 个节点的两边出现控制线和控制点，控制线和控制点会随着鼠标指针的移动而发生变化，曲线的形状也会随之发生变化，调整到需要的效果后松开鼠标左键，如图 4-46 所示。

在下一个需要的位置单击鼠标左键，绘制出一条连续的平滑曲线，如图 4-47 所示。选择"形状"工具 ，在第 2 个节点处单击鼠标左键，曲线出现控制线和控制点，效果如图 4-48 所示。

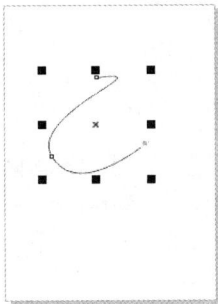

| 图 4-45 | 图 4-46 | 图 4-47 | 图 4-48 |

技巧 当确定一个节点后，在这个节点上双击鼠标左键，再在下一个节点位置单击，绘制出直线；当确定一个节点后，在这个节点上双击鼠标左键，在下一个节点的位置单击并拖曳鼠标指针，可绘制出曲线。

4.1.5 使用"艺术笔"工具

在 CorelDRAW 2021 中，使用"艺术笔"工具 可以绘制出多种精美的线条和图形，可以模仿画笔的真实效果，在画面中产生丰富的变化，从而绘制出不同风格的设计作品。

选择"艺术笔"工具 ，其属性栏如图 4-49 所示。属性栏中包含了 5 种模式 ，分别是"预设"模式、"笔刷"模式、"喷涂"模式、"书法"模式和"表达式"模式。下面具体介绍这5 种模式。

图 4-49

1．"预设"模式

"预设"模式提供了多种笔触类型，并且可以改变笔触的宽度。单击属性栏的"预设笔触"下拉按钮，弹出其下拉列表，如图 4-50 所示。在笔触列表框中选择需要的笔触类型。

在"手绘平滑"框中输入数值或拖曳滑动条可以调节绘图时笔触的平滑程度。在"笔触宽度"框中输入数值可以设置笔触的宽度。选择"预设"模式和笔触类型后，鼠标指针变为形状，按住鼠标左键并在绘图页面中拖曳鼠标指针，可以绘制出线条图形。

2．"笔刷"模式

"笔刷"模式提供了多种样式的画笔，将画笔运用在绘制的曲线上，可以绘制出漂亮的效果。

在属性栏中单击"笔刷"模式按钮，单击"笔刷笔触"下拉按钮，弹出其下拉列表，如图 4-51 所示。在列表框中选择需要的笔刷类型，按住鼠标左键并在绘图页面中拖曳鼠标指针，可以绘制出需要的图形。

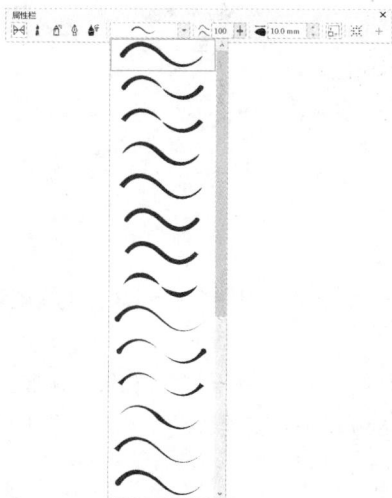

图 4-50

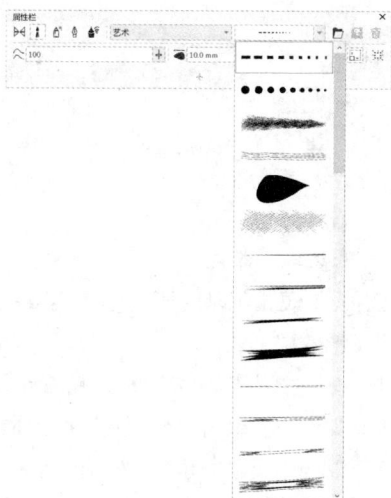

图 4-51

3．"喷涂"模式

"喷涂"模式提供了多种有趣的图形对象，这些图形对象可以应用在绘制的曲线上。可以在属性栏的"喷射图样"下拉列表中选择喷射图样来绘制需要的图形。

在属性栏中单击"喷涂"模式按钮，单击"喷射图样"下拉按钮，弹出其下拉列表，如图 4-52 所示。在下拉列表中选择需要的喷射图样。单击属性栏中的"喷涂顺序"下拉列表，如图 4-53 所示，可以选择喷出图形的顺序。选择"随机"选项，喷出的图形将会随机分布。选择"顺序"选项，喷出的图形将会以方形区域分布。选择"按方向"选项，喷出的图形将会随鼠标指针拖曳的路径分布。按住鼠标左键并在页面中拖曳鼠标指针，绘制出需要的图形。

4．"书法"模式

"书法"模式可以绘制出类似书法笔的效果。

在属性栏中单击"书法"模式按钮，其属性栏如图 4-54 所示。在属性栏的"书法角度"选项中，可以设置笔触的角度。如果角度设为 0°，书法笔垂直方向画出的线条最粗；如果角度设置为 90°，书法笔水平方向画出的线条最粗。

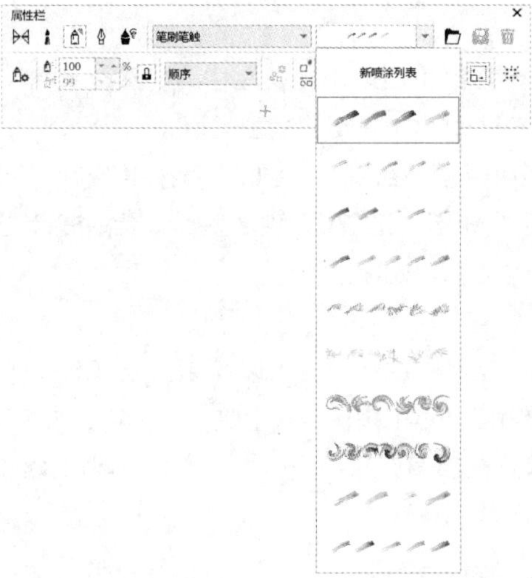

图 4-52    图 4-53

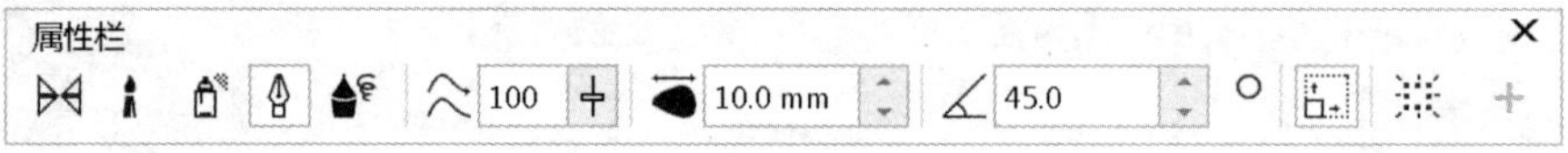

图 4-54

5. "表达式"模式

"表达式"模式可以用压力感应笔或键盘输入的方式改变线条的粗细，应用好这个功能可以绘制出特殊的图形效果。

单击"表达式"模式按钮，其属性栏如图 4-55 所示。单击"笔压"按钮，可以使用笔触压力来改变笔尖大小。单击"笔倾斜"按钮，可以通过笔触倾斜来改变笔尖的平滑度。单击"笔方位"按钮，可以使用笔触方位来改变笔尖的旋转。

图 4-55

4.1.6 使用"钢笔"工具

使用"钢笔"工具可以绘制出多种精美的曲线和图形，还可以对已绘制的曲线和图形进行编辑和修改。CorelDRAW 2021 中的各种复杂图形都可以通过"钢笔"工具来完成。

1. 绘制直线和折线

选择"钢笔"工具，在绘图页面中单击鼠标左键以确定直线的起点，移动鼠标指针到需要的位置，再单击鼠标左键以确定直线的终点，绘制出一段直线，效果如图 4-56 所示。再继续单击鼠标左键确定下一个节点，就可以绘制出折线。如果想绘制出具有多个折角的折线，只要继续单击鼠标左键，不断增加节点即可，折线的效果如图 4-57 所示。要结束绘制，按 Esc 键或在最后一个节点上双击即可。

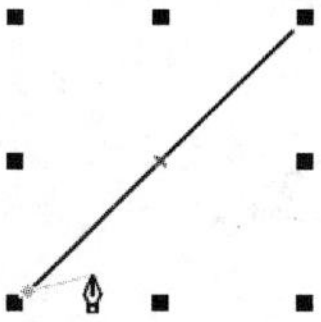

图 4-56 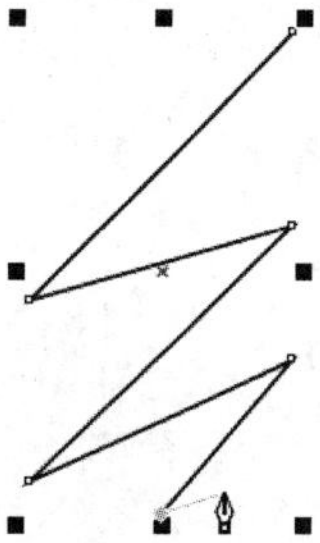   图 4-57

2．绘制曲线

选择"钢笔"工具 ，在绘图页面中单击鼠标左键以确定曲线的起点。将鼠标指针移动到需要的位置并单击，两个节点间出现一条直线段，如图 4-58 所示。拖曳鼠标指针，第 2 个节点的两边出现控制线和控制点，控制线和控制点会随着鼠标指针的移动而发生变化，直线段会变为曲线段，如图 4-59 所示。调整到需要的效果后松开鼠标左键，曲线的效果如图 4-60 所示。

图 4-58 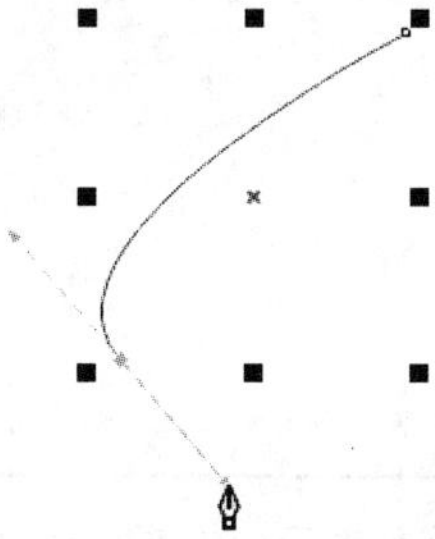   图 4-59 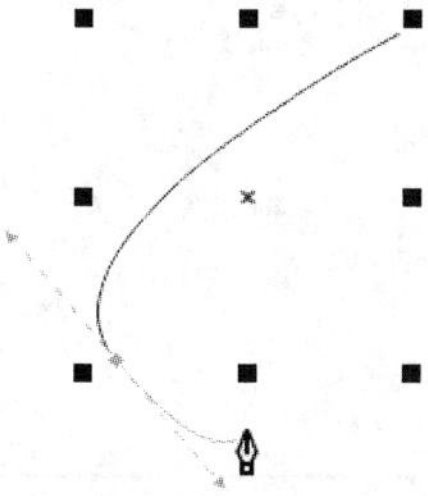   图 4-60

使用类似的方法可以继续绘制曲线，效果如图 4-61 和图 4-62 所示。

如果想在曲线终点继续绘制直线，按住 C 键，在曲线终点上按住鼠标左键并拖曳鼠标指针，这时曲线上出现节点的控制点。松开 C 键，拖曳鼠标指针到下一个节点的位置，如图 4-63 所示。松开鼠标左键后再单击，可以绘制出一段直线，效果如图 4-64 所示。

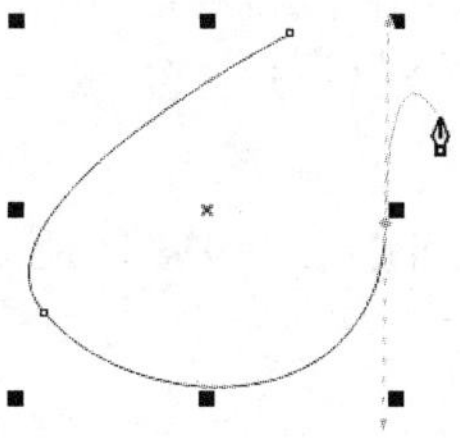

图 4-61 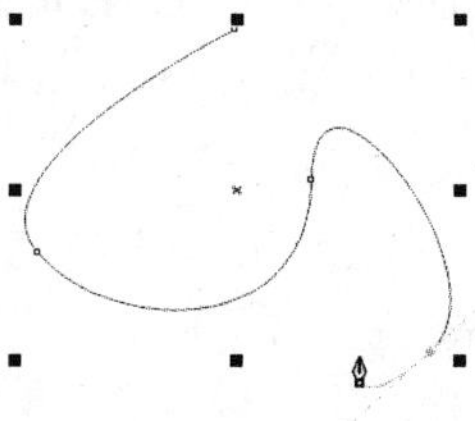   图 4-62 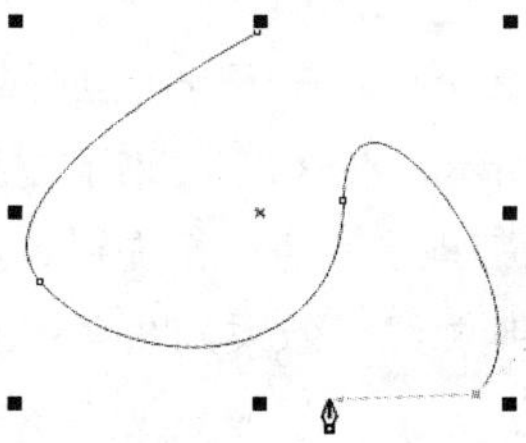   图 4-63 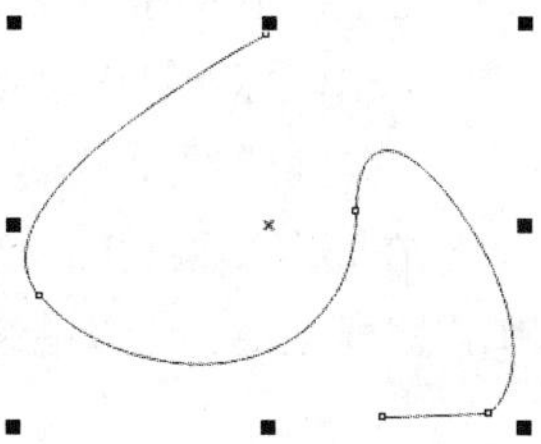   图 4-64

3．编辑曲线

在"钢笔"工具的属性栏中单击"自动添加或删除节点"按钮 ，曲线绘制的过程变为自动添加或删除节点模式。

将鼠标指针移动到节点上，鼠标指针变为删除节点图标 ，如图 4-65 所示。单击鼠标左键可以删除节点，效果如图 4-66 所示。

将鼠标指针移动到曲线上，鼠标指针变为添加节点图标 ，如图 4-67 所示。单击鼠标左键可以添加节点，效果如图 4-68 所示。

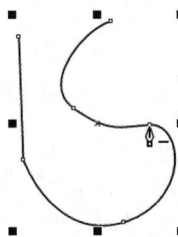

图 4-65

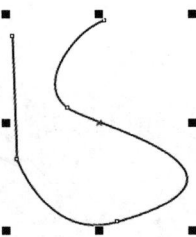

图 4-66

图 4-67

图 4-68

将鼠标指针移动到曲线的起始点，鼠标指针变为闭合曲线图标 ，如图 4-69 所示。单击鼠标左键可以闭合曲线，效果如图 4-70 所示。

图 4-69

图 4-70

> 技巧
>
> 绘制曲线的过程中，按住 Alt 键可以编辑曲线段，进行节点的转换、移动和调整等操作；松开 Alt 键可以继续进行绘制。

4.1.7 使用"B 样条"工具

使用"B 样条"工具 可以通过设置不同的分割段以绘制曲线。

选择"B 样条"工具 ，在绘图页面中单击鼠标左键以确定起点，移动鼠标指针到需要的位置，然后单击鼠标左键以确定第 2 个点，在下一个位置继续单击鼠标左键确定下一个节点，这样就可以绘制出一条曲线，如图 4-71 所示，在终点上双击鼠标左键，绘制完成。

在要继续绘制出曲线的节点上单击鼠标左键，如图 4-72 所示。再移动鼠标指针并在需要的位置单击鼠标左键，可以继续绘制曲线，效果如图 4-73 所示。

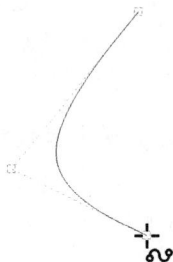

图 4-71

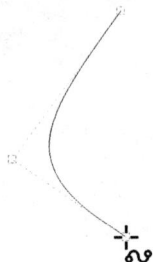

图 4-72

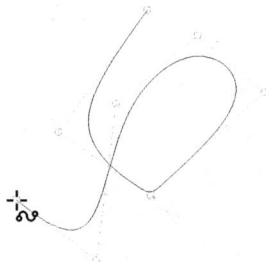

图 4-73

4.1.8　使用"折线"工具

使用"折线"工具 可以绘制出简单的直线图形和曲线图形。

选择"折线"工具 ，在绘图页面中单击鼠标左键以确定直线的起点，移动鼠标指针到需要的位置，然后单击鼠标左键以确定直线的终点，绘制出一段直线。继续在下一个位置单击鼠标左键以确定下一个节点，就可以绘制出折线的效果，如图 4-74 所示。

如果在上一节点处按住鼠标左键不放并拖曳鼠标指针，可以继续绘制出手绘效果的曲线，如图 4-75 所示。在终点上双击鼠标左键，可以结束绘制。直线和曲线组合的效果如图 4-76 所示。

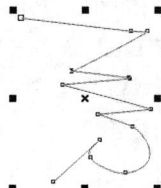

图 4-74　　　　　　　图 4-75　　　　　　　图 4-76

使用"折线"工具可以绘制闭合的曲线，将鼠标指针移动到曲线的起点，鼠标指针变为闭合曲线图标" "，如图 4-77 所示。单击鼠标左键可以闭合曲线，效果如图 4-78 所示。

图 4-77　　　　　　　　　　　图 4-78

4.1.9　使用"3 点曲线"工具

选择"3 点曲线"工具 ，在绘图页面中按住鼠标左键不放，拖曳鼠标指针到需要的位置，绘制出一条任意方向的线段，将其作为曲线的一个轴，如图 4-79 所示。

松开鼠标左键，再移动鼠标指针到需要的位置，即可确定曲线的形状，如图 4-80 所示。单击鼠标左键，曲线绘制完成，效果如图 4-81 所示。

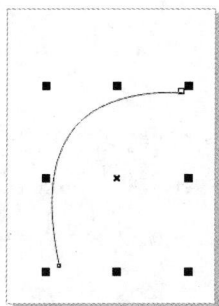

图 4-79　　　　　　　图 4-80　　　　　　　图 4-81

4.1.10 使用"智能绘图"工具

使用"智能绘图"工具⚟可以快速而准确地绘制出所需的基本图形。"智能绘图"工具特别适合绘制简单的规划图和流程图。"智能绘图"工具⚟可以自动识别许多形状，包括直线、曲线、圆形、椭圆形、矩形、箭头和平行四边形等，还可以自动修饰曲线以及使曲线变得平滑，能够对自由手绘的线条重新组织优化，使图形更加流畅、规整和完美。使用"智能绘图"工具可以有效地节约时间。下面介绍使用"智能绘图"工具⚟绘制图形的方法和技巧。

1. 绘制直线和曲线

选择工具箱中的"智能绘图"工具⚟或按 Shift+S 组合键，在绘图页面中单击鼠标左键以确定直线的起点，按住鼠标左键并拖曳鼠标指针到直线的终点位置，如图 4-82 所示。松开鼠标左键，"智能绘图"工具⚟将绘制的线条自动识别为一条直线，效果如图 4-83 所示。

选择"智能绘图"工具⚟，在绘图页面中单击鼠标左键以确定曲线的起点，按住鼠标左键并拖曳鼠标指针绘制曲线，如图 4-84 所示。松开鼠标左键，"智能绘图"工具⚟将其自动识别为一条平滑的曲线，效果如图 4-85 所示。

图 4-82　　　　　　图 4-83　　　　　　图 4-84　　　　　　图 4-85

2. 绘制椭圆形和平行四边形

选择"智能绘图"工具⚟，按住鼠标左键，拖曳鼠标指针绘制一个椭圆形，如图 4-86 所示。松开鼠标左键，"智能绘图"工具⚟将其自动识别为平滑的椭圆形，效果如图 4-87 所示。

选择"智能绘图"工具⚟，按住鼠标左键，拖曳鼠标指针绘制一个平行四边形，如图 4-88 所示。松开鼠标左键，"智能绘图"工具⚟将其自动识别为标准的平行四边形，效果如图 4-89 所示。

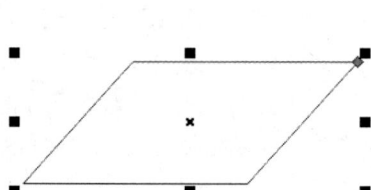

图 4-86　　　　　图 4-87　　　　　　图 4-88　　　　　　　　图 4-89

3. 绘制箭头

选择"智能绘图"工具⚟，绘制一个箭头图形，如图 4-90 所示。松开鼠标左键，"智能绘图"工具⚟将其自动识别为规范的箭头图形，效果如图 4-91 所示。

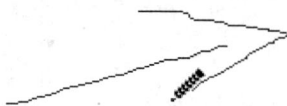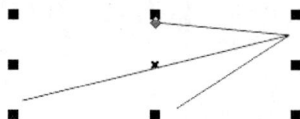

图 4-90　　　　　　　　　　　　图 4-91

4. "智能绘图工具"属性栏

选择"智能绘图"工具 ⚃，"智能绘图"工具属性栏如图 4-92 所示。

图 4-92

在"形状识别等级"下拉列表中可以选择无、最低、低、中、高和最高这 6 个级别的选项，选择不同级别的选项，可以控制形状识别的程度。

在"智能平滑等级"下拉列表中可以选择无、最低、低、中、高和最高这 6 个级别的选项，选择不同级别的选项，可以控制线条平滑的程度。

在"轮廓宽度"下拉列表中，可以选择绘制线条的宽度。

4.2 编辑曲线

在 CorelDRAW 2021 中，完成曲线的绘制后，可能还需要进一步地调整曲线来达到设计要求，这时就需要使用 CorelDRAW 2021 的编辑曲线功能来编辑曲线。

4.2.1 编辑曲线的节点

节点是构成图形对象的基本要素，用"形状"工具 ⚄ 选择曲线后，曲线上会显示全部节点。通过移动节点和节点的控制点、控制线可以编辑曲线的形状，还可以通过增加或删除节点来进一步编辑曲线或图形。

绘制一条曲线，如图 4-93 所示。使用"形状"工具 ⚄，单击选中曲线上的节点，如图 4-94 所示，属性栏如图 4-95 所示。

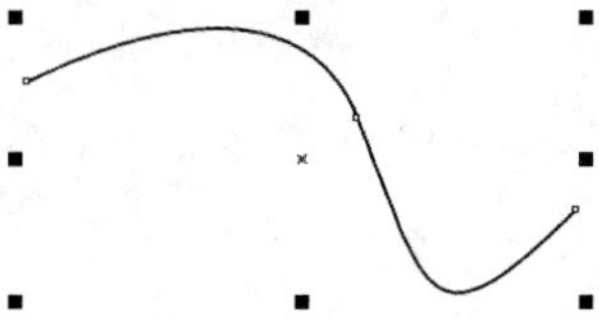

图 4-93

图 4-94

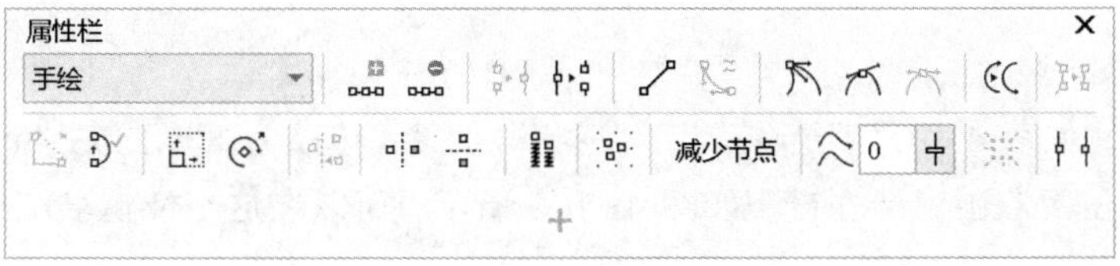

图 4-95

属性栏中有 3 种节点类型：尖突节点、平滑节点和对称节点。节点类型决定了节点控制点的属性，单击属性栏中的按钮可以进行节点类型的转换。

"尖突节点"按钮：尖突节点的控制点是独立的，当移动一个控制点时，另外一个控制点不动，从而使得通过尖突节点的曲线能够尖突弯曲。

"平滑节点"按钮：平滑节点的控制点之间是相关的，当移动一个控制点时，另外一个控制点也会随之移动，通过平滑节点连接的曲线将产生平滑的过渡。

"对称节点"按钮：对称节点不仅控制点是相关的，而且两端控制点到节点的控制线的长度是相等的，从而使得对称节点两边曲线的曲率也是相等的。

1. 选中并移动节点

绘制一个图形，如图 4-96 所示。选择"形状"工具，单击鼠标左键，选中节点，如图 4-97 所示，按住鼠标左键并拖曳鼠标指针，节点被移动，如图 4-98 所示。松开鼠标左键，图形调整后的效果如图 4-99 所示。

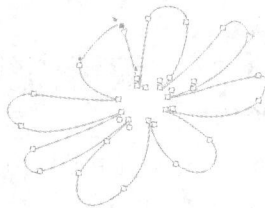

| 图 4-96 | 图 4-97 | 图 4-98 | 图 4-99 |

使用"形状"工具选中并拖曳节点上的控制点，如图 4-100 所示。松开鼠标左键，图形调整后的效果如图 4-101 所示。

使用"形状"工具框选图形上的部分节点，如图 4-102 所示。松开鼠标左键，图形中被选中的部分节点如图 4-103 所示。拖曳任意一个被选中的节点，其他被选中的节点也会随之移动。

> **技巧**　移动不同类型节点上的控制点时，图形的形状也会有不同形式的变化。

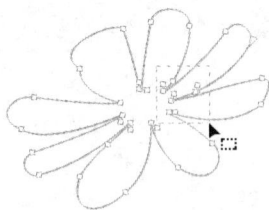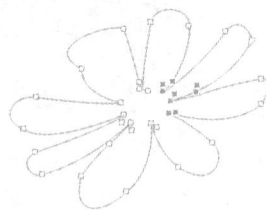

| 图 4-100 | 图 4-101 | 图 4-102 | 图 4-103 |

2. 增加或删除节点

绘制一个图形，如图 4-104 所示。使用"形状"工具选择需要增加或删除节点的曲线，在曲线上要增加节点的位置双击鼠标左键，如图 4-105 所示，可以在这个位置增加一个节点，效果如图 4-106 所示。

单击属性栏中的"添加节点"按钮▣，也可以在曲线上增加节点。

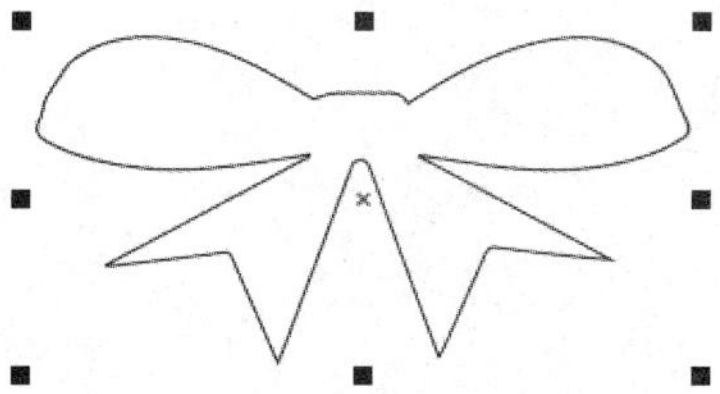

图 4-104 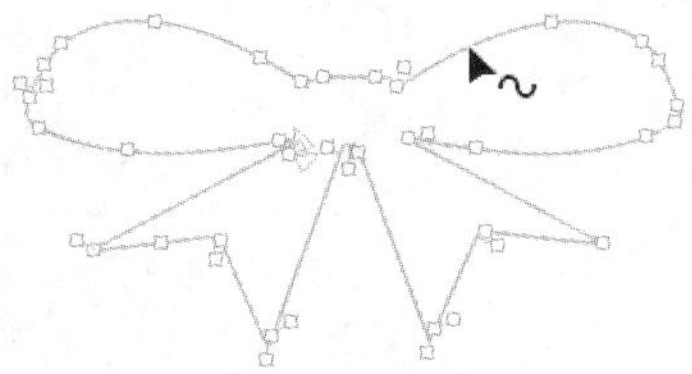　　　　　　　　图 4-105 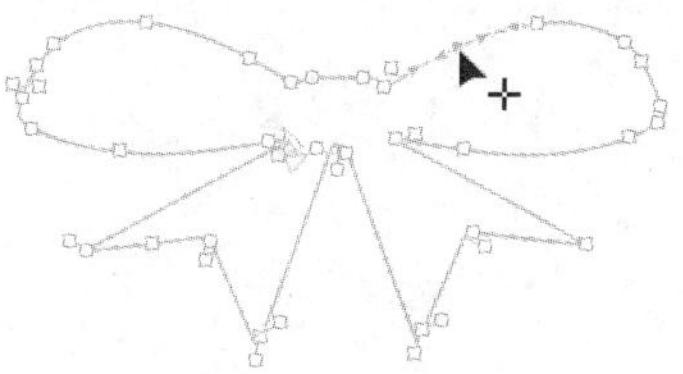　　　　　　　　图 4-106

将鼠标指针放在要删除的节点上，如图 4-107 所示，双击鼠标左键可以删除这个节点，效果如图 4-108 所示。

选中要删除的节点，单击属性栏中的"删除节点"按钮▣，也可以删除曲线上选中的节点。

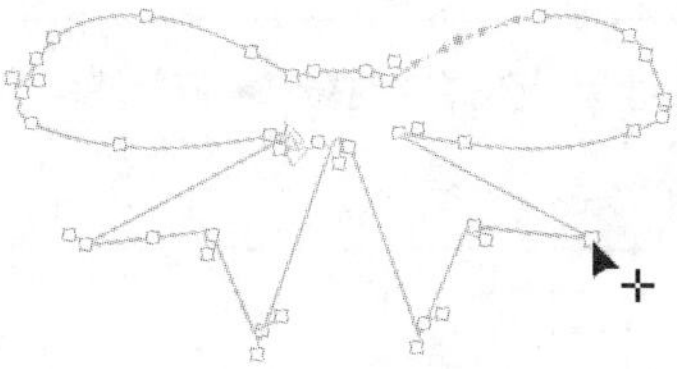

图 4-107 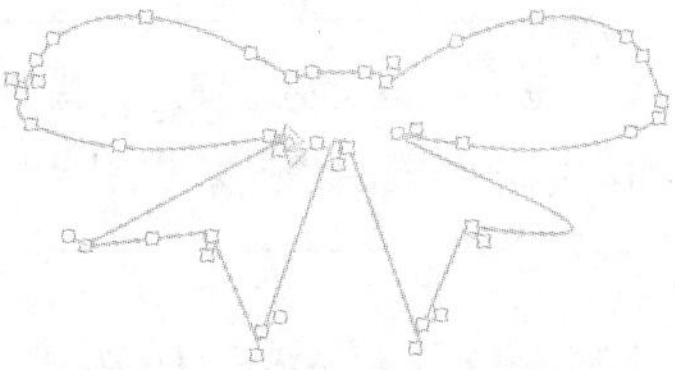　　　　　　　　　　　　　图 4-108

> **技巧**　如果需要在曲线和图形中删除多个节点，可以先按住 Shift 键，再用鼠标选择要删除的多个节点，选择好后按 Delete 键即可删除。也可以使用框选的方法选择需要删除的多个节点，选择好后按 Delete 键即可。

3. 合并和连接节点

绘制一个图形，如图 4-109 所示。使用"形状"工具 ▚，按住 Ctrl 键，选中两个需要合并的节点，如图 4-110 所示。单击属性栏中的"连接两个节点"按钮▣，将节点合并，原来开口的图形成为闭合图形，如图 4-111 所示。

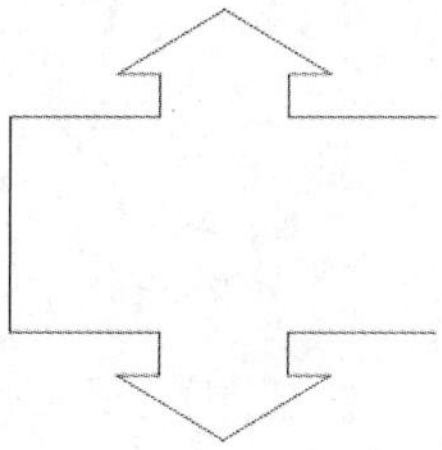

图 4-109 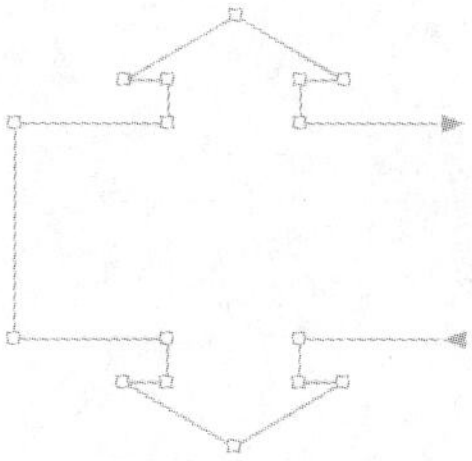　　　　　　　　图 4-110 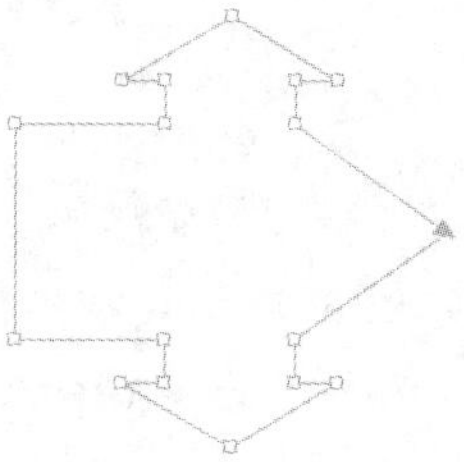　　　　　　　　图 4-111

使用"形状"工具 ▚，框选两个需要连接的节点，单击属性栏中的"闭合曲线"按钮 ▣，可以将两个节点以直线连接，使曲线闭合。

4. 断开节点

在曲线上要断开的节点上单击鼠标左键，选中该节点，如图 4-112 所示。单击属性栏中的"断开曲线"按钮 可以断开节点，曲线效果如图 4-113 所示。再使用"形状"工具 选择并移动节点，效果如图 4-114 所示。

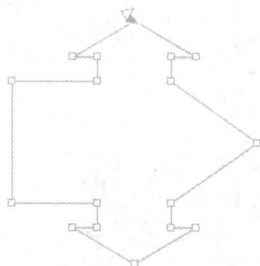

图 4-112   图 4-113   图 4-114

技
巧

在绘制图形的过程中，有时需要将开放的路径闭合。选择"对象 > 连接曲线"命令，可以以直线或曲线的方式闭合路径。

4.2.2 编辑曲线的端点和轮廓

在属性栏中，可以设置曲线的端点和轮廓的样式，这项功能可以帮助用户制作出非常实用的效果。

绘制一条曲线，使用"选择"工具 选择这条曲线，如图 4-115 所示，属性栏如图 4-116 所示。在属性栏中单击"轮廓宽度" 下拉按钮，弹出轮廓宽度的下拉列表，如图 4-117 所示。在下拉列表中选择合适的选项，效果如图 4-118 所示。也可以在"轮廓宽度"框中输入数值后按 Enter 键，设置曲线宽度。

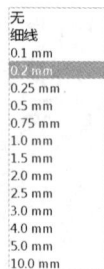

图 4-115   图 4-116   图 4-117   图 4-118

属性栏中有 3 个可供选择的下拉列表 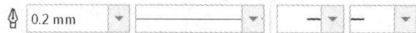，按从左到右的顺序分别是"线条样式"、"起始箭头"和"终止箭头"。单击"起始箭头"下拉按钮，弹出"起始箭头"下拉列表，如图 4-119 所示。选择需要的箭头样式，曲线的起点会出现选择的箭头，效果如图 4-120 所示。单击"线条样式"下拉按钮，弹出"线条样式"下拉列表，如图 4-121 所示。选择需要的线条样式，线条的样式变成选择的样式，效果如图 4-122 所示。单击"终止箭头"下拉按钮，弹出"终止箭头"下拉列表，如图 4-123 所示。选择需要的箭头样式，曲线的终点会出现选择的箭头，如图 4-124 所示。

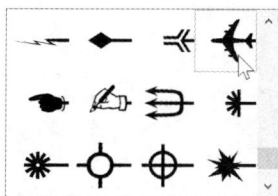

图 4-119

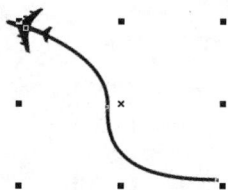

图 4-120

图 4-121

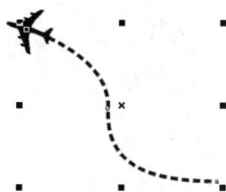

图 4-122

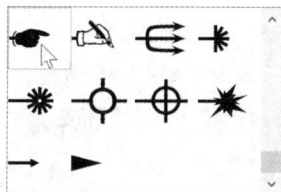

图 4-123

图 4-124

4.2.3 编辑和修改几何图形

使用"矩形"工具、"椭圆形"工具和"多边形"工具直接绘制的图形都是简单的几何图形。这类图形上的节点比较少,只能对其进行简单的编辑。如果想对其进行更复杂的编辑,就需要将简单的几何图形转换为曲线。

1. 转换曲线图形为曲线

使用"椭圆形"工具○绘制一个椭圆形,效果如图 4-125 所示。在属性栏中单击"转换为曲线"按钮⟳,将椭圆形转换成曲线,曲线上增加了多个节点,如图 4-126 所示。使用"形状"工具⟨拖曳曲线上的节点,如图 4-127 所示。松开鼠标左键,调整后的图形效果如图 4-128 所示。

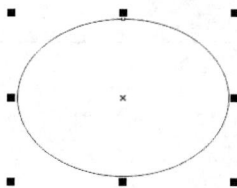

图 4-125

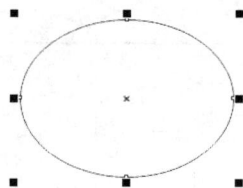

图 4-126

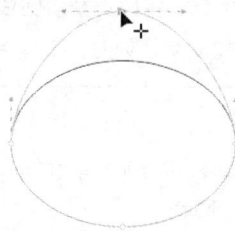

图 4-127

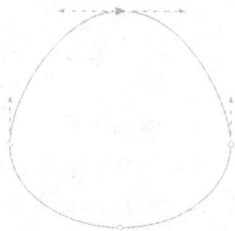

图 4-128

2. 转换直线图形为曲线

使用"多边形"工具○绘制一个多边形,如图 4-129 所示。选择"形状"工具⟨,单击需要选中的节点,如图 4-130 所示。单击属性栏中的"转换为曲线"按钮⟳,将直线转换为曲线,在曲线上出现节点,图形依旧保持对称,如图 4-131 所示。使用"形状"工具⟨拖曳节点,调整图形,如图 4-132 所示。松开鼠标左键,图形效果如图 4-133 所示。

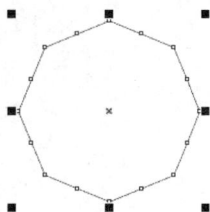

| 图 4-129 | 图 4-130 | 图 4-131 | 图 4-132 | 图 4-133 |

3. 裁切图形

使用"刻刀"工具可以对单一的图形进行裁切，使一个图形被裁切成两个部分。

选择"刻刀"工具🔪，鼠标指针变为刻刀形状。将鼠标指针移动到图形上准备裁切的起点位置并单击，如图 4-134 所示。按住鼠标左键并拖曳鼠标指针会出现一条裁切线，拖曳鼠标指针至裁切的终点位置后单击鼠标左键，如图 4-135 所示。图形裁切完成的效果如图 4-136 所示。使用"选择"工具👆拖曳裁切后的图形，如图 4-137 所示。图形被分成了两部分。

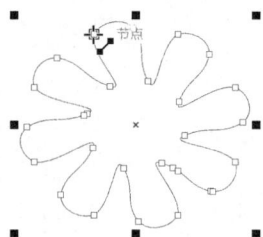
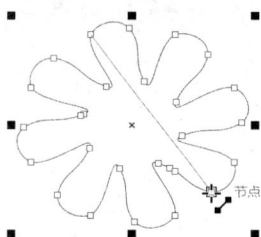
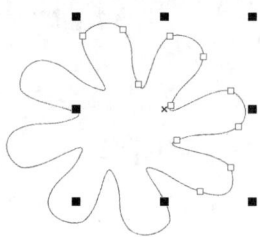

| 图 4-134 | 图 4-135 | 图 4-136 | 图 4-137 |

单击"剪切时自动闭合"按钮🔲，在图形被裁切后，裁切的两部分将自动生成闭合图形，并保留其填充的属性；若不单击此按钮，在图形被裁切后，裁切的两部分将不会自动闭合，同时图形会失去填充属性。

> **技巧**
>
> 　　按住 Shift 键，将以贝塞尔曲线的方式裁切图形。已经经过渐变、群组及特殊效果处理的图形都不能使用"刻刀"工具来裁切。

4. 擦除图形

使用"橡皮擦"工具可以擦除部分或全部图形，擦除后图形的剩余部分会自动闭合。"橡皮擦"工具只能对单一的图形进行擦除。

绘制一个图形，如图 4-138 所示。选择"橡皮擦"工具🖊，鼠标指针变为擦除工具图标，在图形上单击并按住鼠标左键，拖曳鼠标指针可以擦除图形，如图 4-139 所示。擦除后的图形效果如图 4-140 所示。

"橡皮擦"工具的属性栏如图 4-141 所示。在"橡皮擦厚度"栏 ⊖ 15.0 mm ⊡ 中可以设置橡皮擦的大小；单击"减少节点"按钮🔲，可以在擦除时自动平滑边缘；单击 ○/□ 按钮可以转换橡皮擦的形状为圆形和方形。

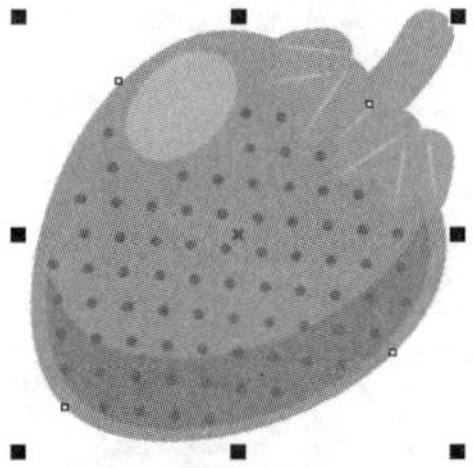

图 4-138 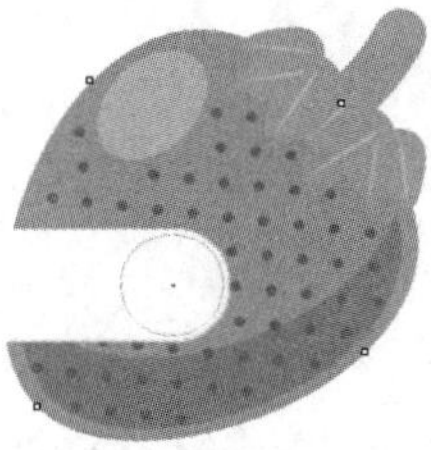　　　　　　　　　　图 4-139 　　　　　　　　　　图 4-140

属性栏　　　　　　　　　　　　　　　　　　　　　　　　　×
形状: ◯ ▢ ⊖ 15.0 mm ⬆️ 🖋️ 🖋️ ⌒ 90.0° 🖋️ ⟋ 0.0° 🔗 ＋

图 4-141

5. 修饰图形

"沾染"工具 🖉 和"粗糙"工具 🖌️ 可以修饰绘制的矢量图形。

绘制一个图形,如图 4-142 所示。选择"沾染"工具 🖉,其属性栏如图 4-143 所示。在图上拖曳鼠标指针,制作出需要的沾染效果,如图 4-144 所示。

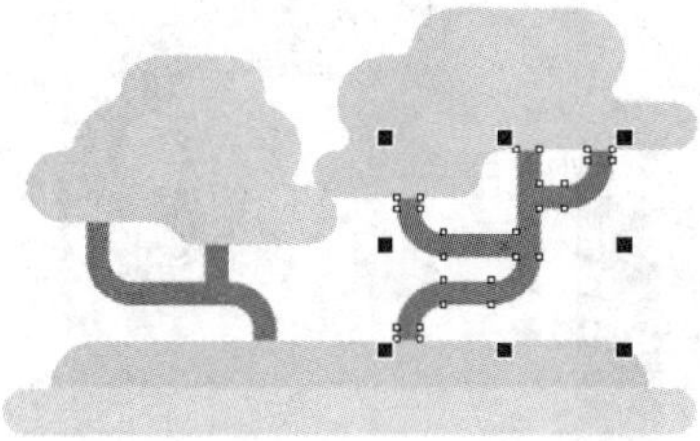

属性栏　　　　　　　　　×
⊖ 10.0 mm ⬆️ 🖋️ 0
🖋️ ⌒ 45.0° 🖋️ ⟋ 0.0°
＋

图 4-142 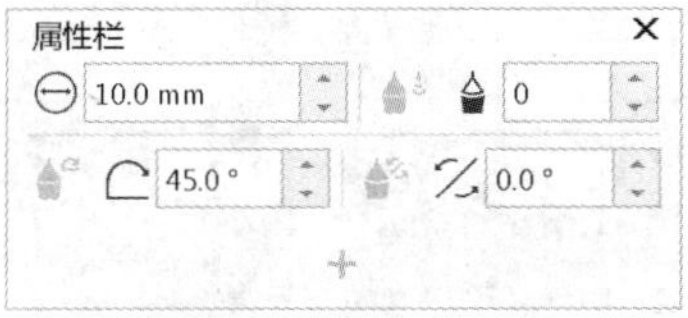　　　　　　　　　图 4-143 　　　　　　　　　图 4-144

绘制一个图形,如图 4-145 所示。选择"粗糙"工具 🖌️,其属性栏如图 4-146 所示。在图形边缘拖曳鼠标指针,制作出需要的粗糙效果,如图 4-147 所示。

属性栏　　　　　　　　　　　×
⊖ 10.0 mm ⬆️ 〰️ 1 🖋️ 0
🖋️ ⌒ 45.0° 自动 ⟋ 0.0°
＋

图 4-145 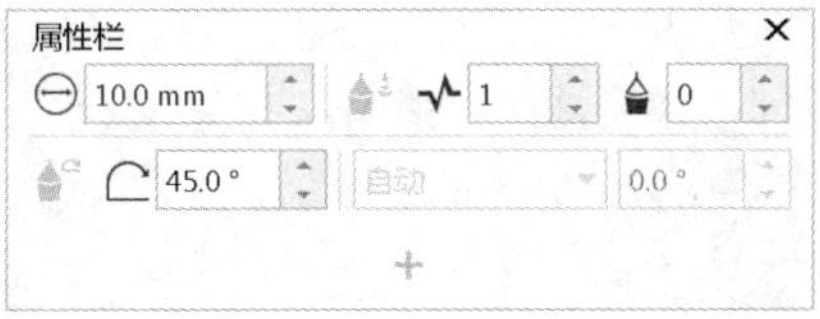　　　　　　　　　图 4-146 　　　　　　　　　图 4-147

技巧

"沾染"工具 🖉 和"粗糙"工具 🖌️ 可以应用的矢量对象包括开放/闭合的路径、纯色对象和交互式渐变填充、交互式透明、交互式阴影效果的对象,不可以应用的矢量对象包括交互式调和、立体化的对象。

4.3 对象的造型

在 CorelDRAW 2021 中，对象的造型对于编辑图形对象非常重要。使用形状功能中的"焊接""修剪""相交""简化"等造型命令可以创建出复杂的全新图形。

4.3.1 课堂案例——绘制计算器图标

案例学习目标

学习使用图形绘制工具、"形状"泊坞窗绘制计算器图标。

案例知识要点

使用"矩形"工具、"圆角半径"选项、"移除前面对象"按钮、"水平镜像"按钮、"垂直镜像"按钮、"文本"工具和"透明度"工具绘制计算器的机身、显示屏和按钮；使用"阴影"工具为按钮添加投影效果。计算器图标的效果如图 4-148 所示。

图 4-148

效果所在位置

云盘\Ch04\效果\绘制计算器图标.cdr。

1. 绘制计算器显示屏

（1）按 Ctrl+N 组合键，弹出"创建新文档"对话框，设置文档的宽度为 1024 px，高度为 1024 px，取向为纵向，原色模式为 RGB，分辨率为 72 dpi，单击"OK"按钮，创建一个文档。

（2）双击"矩形"工具图标□，绘制一个与绘图页面大小相等的矩形，如图 4-149 所示。设置矩形填充颜色的 RGB 值为 95、42、119，并去除矩形的轮廓线，效果如图 4-150 所示。

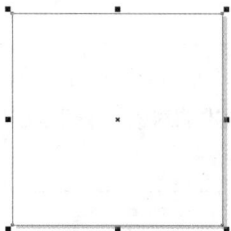

图 4-149

图 4-150

（3）使用"矩形"工具□再绘制一个矩形，如图 4-151 所示。在属性栏中将"圆角半径"选项均设为 50.0 px，如图 4-152 所示。按 Enter 键，效果如图 4-153 所示。

图 4-151　　　　　　　图 4-152　　　　　　　图 4-153

（4）按 F12 键，弹出"轮廓笔"对话框，在"颜色"选项中设置矩形轮廓线颜色的 RGB 值为81、28、99，其他选项的设置如图 4-154 所示。单击"OK"按钮，效果如图 4-155 所示。

图 4-154　　　　　　　　　　　　图 4-155

（5）设置矩形填充颜色的 RGB 值为 240、82、29，效果如图 4-156 所示。选择"阴影"工具□，在属性栏中单击"预设列表"下拉列表，在弹出的选项中选择"平面左下"，其他选项的设置如图 4-157所示。按 Enter 键，效果如图 4-158 所示。

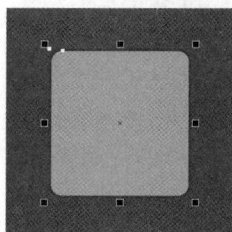

图 4-156　　　　　　　图 4-157　　　　　　　图 4-158

（6）选择"选择"工具▶，选择圆角矩形，按数字键盘上的+键，复制圆角矩形。按住 Ctrl 键的同时，垂直向上拖曳复制的圆角矩形到适当的位置，效果如图 4-159 所示。设置复制的圆角矩形填充颜色的 RGB 值为 251、161、46，效果如图 4-160 所示。

（7）按数字键盘上的+键，复制圆角矩形。按住 Ctrl 键垂直向下微调复制的圆角矩形到适当的位置，效果如图 4-161 所示。设置新复制的圆角矩形填充颜色的 RGB 值为 252、114、68，并去除图形的轮廓线，效果如图 4-162 所示。按 Ctrl+PageDown 组合键，将图形向后移一层，效果如图 4-163所示。

图 4-159

图 4-160

图 4-161

图 4-162

图 4-163

（8）选择"选择"工具 ，选择最上层的圆角矩形，按数字键盘上的+键，复制圆角矩形，如图 4-164 所示。设置圆角矩形填充颜色的 RGB 值为 251、148、53，并去除圆角矩形的轮廓线，效果如图 4-165 所示。

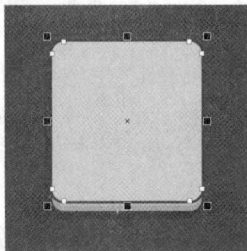

图 4-164

图 4-165

（9）按数字键盘上的+键，复制圆角矩形。按住 Ctrl 键水平向右微调复制的圆角矩形到适当的位置，填充复制的圆角矩形为白色，效果如图 4-166 所示。按住 Shift 键的同时，单击左侧原圆角矩形将二者同时选取，如图 4-167 所示，单击属性栏中的"移除前面对象"按钮 ，将两个图形剪切为一个图形，效果如图 4-168 所示。

图 4-166

图 4-167

图 4-168

（10）按数字键盘上的+键，复制图形。单击属性栏中的"水平镜像"按钮，水平翻转图形，效果如图 4-169 所示。选择"选择"工具，按住 Ctrl 键的同时，水平向右拖曳翻转的图形到适当的位置，效果如图 4-170 所示。设置图形填充颜色的 RGB 值为 255、180、48，效果如图 4-171 所示。

图 4-169　　　　　　　　　　图 4-170　　　　　　　　　　图 4-171

（11）选择"矩形"工具，在适当的位置绘制一个矩形，如图 4-172 所示。在属性栏中将"圆角半径"选项均设为 10.0 px。按 Enter 键，效果如图 4-173 所示。

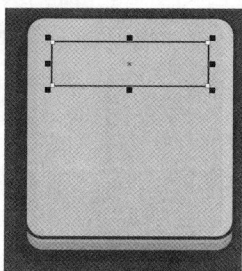

图 4-172　　　　　　　　　　　　　　　图 4-173

（12）按 F12 键，弹出"轮廓笔"对话框，在"颜色"选项中设置轮廓线颜色的 RGB 值为 81、28、99，其他选项的设置如图 4-174 所示。单击"OK"按钮，效果如图 4-175 所示。设置矩形填充颜色的 RGB 值为 165、243、255，效果如图 4-176 所示。

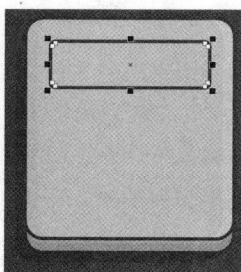

图 4-174　　　　　　　　图 4-175　　　　　　　　图 4-176

（13）选择"文本"工具，在适当的位置输入需要的文字。选择"选择"工具，在属性栏中选择适当的字体并设置文字大小，效果如图 4-177 所示。设置文字填充颜色的 RGB 值为 143、203、224，效果如图 4-178 所示。选择"形状"工具，向右拖曳文字下方的图标，调整文字的间距，效果如图 4-179 所示。

图 4-177   图 4-178   图 4-179

（14）选择"选择"工具 ，按 Ctrl+Q 组合键，将文字转换为曲线，如图 4-180 所示。按 Ctrl+K 组合键，拆分曲线。按住 Shift 键的同时，依次单击最后两个数字"8"，将其同时选取，如图 4-181 所示。设置文字填充颜色的 RGB 值为 81、28、99，效果如图 4-182 所示。

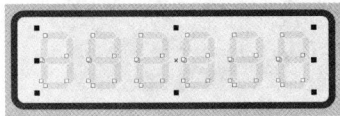

图 4-180   图 4-181   图 4-182

（15）选取下方圆角矩形，按 Ctrl+C 组合键复制圆角矩形，按 Ctrl+V 组合键，将复制的圆角矩形原位粘贴，效果如图 4-183 所示。填充圆角矩形为白色，并去除圆角矩形的轮廓线，效果如图 4-184 所示。向上拖曳圆角矩形下边中间的控制手柄到适当的位置，调整其大小，效果如图 4-185 所示。

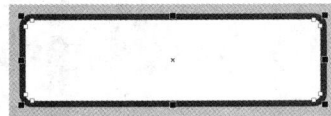

图 4-183   图 4-184   图 4-185

（16）保持图形选中状态。在属性栏中将"圆角半径"选项设为 10.0 px 和 0.0 px，如图 4-186 所示。按 Enter 键，效果如图 4-187 所示。

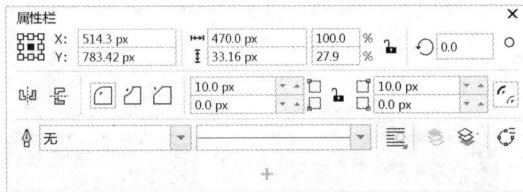

图 4-186   图 4-187

（17）选择"透明度"工具 ，在属性栏中单击"均匀透明度"按钮 ，其他选项的设置如图 4-188 所示。按 Enter 键，效果如图 4-189 所示。

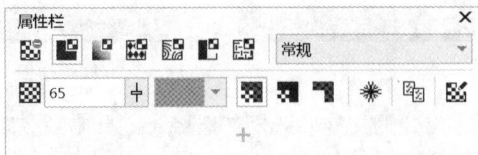

图 4-188   图 4-189

2. 绘制计算器按钮

（1）选择"矩形"工具 ，在适当的位置绘制一个矩形，如图 4-190 所示。在属性栏中将"圆角半径"选项均设为 10.0 px。按 Enter 键,圆角矩形的效果如图 4-191 所示。

图 4-190   图 4-191

(2)按 F12 键,弹出"轮廓笔"对话框,在"颜色"选项中设置轮廓线颜色的 RGB 值为 81、28、99,其他选项的设置如图 4-192 所示。单击"OK"按钮,效果如图 4-193 所示。设置圆角矩形填充颜色的 RGB 值为 141、45、237,效果如图 4-194 所示。

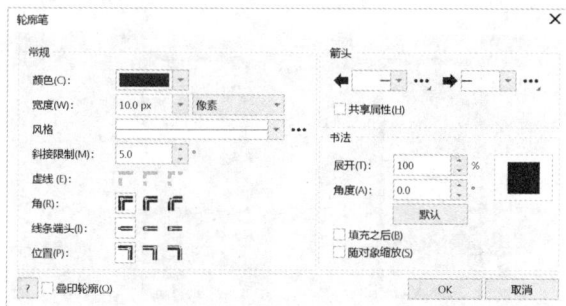

图 4-192

图 4-193   图 4-194

(3)选择"阴影"工具□,在属性栏中单击"预设列表"下拉列表,在弹出的列表中选择"平面左下"选项,其他选项的设置如图 4-195 所示。按 Enter 键,效果如图 4-196 所示。

图 4-195

图 4-196

(4)选择"选择"工具▶,选中圆角矩形,按数字键盘上的+键,复制圆角矩形,如图 4-197 所示。设置圆角矩形填充颜色的 RGB 值为 122、24、219,并去除圆角矩形的轮廓线,效果如图 4-198 所示。

(5)按数字键盘上的+键,复制圆角矩形。按住 Ctrl 键,水平向右微调复制的圆角矩形到适当的位置,填充图形为白色,效果如图 4-199 所示。按住 Shift 键的同时,单击左侧原圆角矩形将二者同时选取,如图 4-200 所示,单击属性栏中的"移除前面对象"按钮□,将两个图形剪切为一个图形,效果如图 4-201 所示。

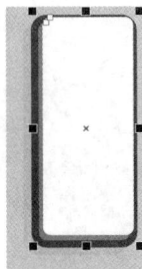

图 4-197   图 4-198   图 4-199   图 4-200   图 4-201

（6）按数字键盘上的+键，复制剪切后的图形。在属性栏中分别单击"水平镜像"按钮🔲和"垂直镜像"按钮🔲，翻转图形，效果如图 4-202 所示。填充图形为白色，效果如图 4-203 所示。

（7）选择"形状"工具🔧，编辑状态如图 4-204 所示，在适当的位置分别双击鼠标左键，添加四个节点，如图 4-205 所示。

图 4-202   图 4-203   图 4-204   图 4-205

（8）按住 Ctrl 键的同时，依次单击不需要的节点，将其同时选中，如图 4-206 所示。按 Delete 键，删除选中的节点，如图 4-207 所示。按住 Ctrl 键的同时，依次单击选中刚刚添加的四个节点，如图 4-208 所示。在属性栏中单击"转换为线条"按钮✏，将曲线段转换为直线段，如图 4-209 所示。选择"选择"工具🔧，拖曳图形到适当的位置，效果如图 4-210 所示。

图 4-206   图 4-207   图 4-208   图 4-209   图 4-210

（9）选择"文本"工具**字**，在适当的位置输入需要的文字。选择"选择"工具🔧，在属性栏中选择适当的字体并设置文字大小，效果如图 4-211 所示。设置文字填充颜色的 RGB 值为 81、28、99，效果如图 4-212 所示。用类似的方法分别制作"＋""－""×""÷"按钮，效果如图 4-213 所示。

图 4-211 　　　　　　　　　　　　图 4-212 　　　　　　　　　　　　图 4-213

（10）计算器图标绘制完成，效果如图 4-214 所示。圆角矩形背景的计算器图标的效果如图 4-215 所示。

图 4-214　　　　　　　　　　　　　　　　　　图 4-215

4.3.2　焊接

"焊接"功能可以将几个图形组合成一个图形，新的图形轮廓由被焊接图形的边界组成，被焊接图形的重叠部分的线条都将消失。

使用"选择"工具 选中要焊接的图形，如图 4-216 所示。选择"窗口 > 泊坞窗 > 形状"命令，弹出如图 4-217 所示的"形状"泊坞窗。在"形状"泊坞窗中选择"焊接"选项，再单击"焊接到"按钮，将鼠标指针放到目标对象上单击，如图 4-218 所示。焊接后的效果如图 4-219 所示，新生成图形对象的边框和填充颜色与目标对象完全相同。

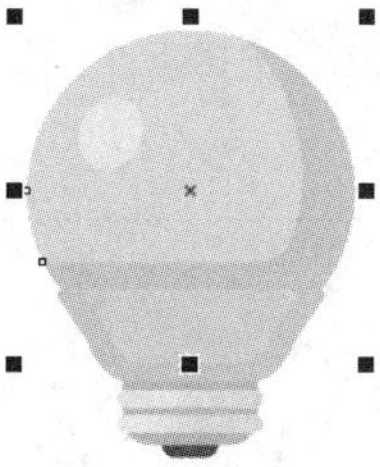

图 4-216 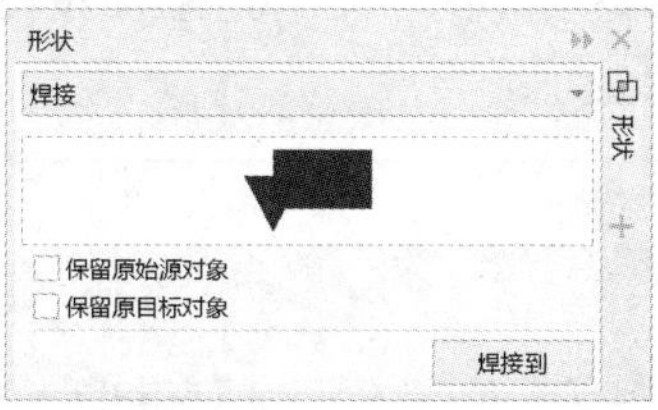　　　　　　　图 4-217 　　　　　　　图 4-218 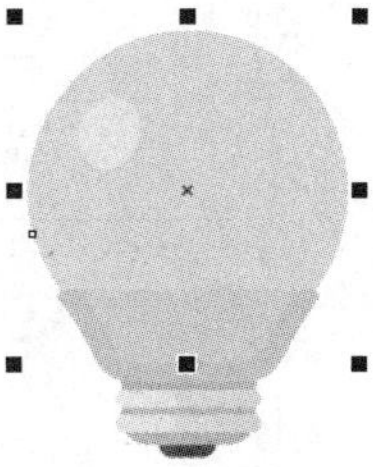　　　　图 4-219

在进行焊接操作之前，可以在"形状"泊坞窗中设置是否保留原始源对象和原目标对象。勾选"保留原始源对象""保留原目标对象"复选框，如图 4-220 所示。再焊接图形对象时，原始源对象和原目标对象都被保留，效果如图 4-221 所示。

图 4-220　　　　　　　　　　　　　　图 4-221

选择几个要焊接的图形后，选择"对象 ＞ 造型 ＞ 合并"命令，或单击属性栏中的"焊接"按钮，可以完成多个对象的焊接。

4.3.3　修剪

"修剪"功能可以将原目标对象与原始源对象的相交部分裁掉，使原目标对象的形状被更改。修剪后的目标对象保留其填充和轮廓属性。

使用"选择"工具选择原始源对象，如图 4-222 所示。在"形状"泊坞窗中选择"修剪"选项，如图 4-223 所示。单击"修剪"按钮，将鼠标指针放到原目标对象上单击，如图 4-224 所示。修剪后的效果如图 4-225 所示，修剪后的原目标对象保留其填充和轮廓属性。

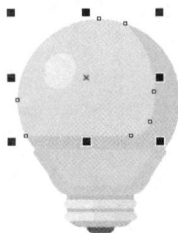　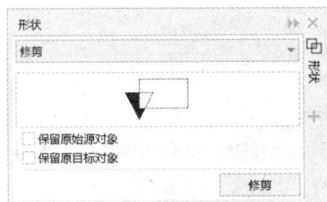　　

图 4-222　　　　　　图 4-223　　　　　　图 4-224　　　　　　图 4-225

选择"对象 ＞ 造型 ＞ 修剪"命令，或单击属性栏中的"修剪"按钮，也可以完成修剪操作，原始源对象和被修剪的原目标对象会同时存在于绘图页面中。

> **提示**
> 圈选多个图形时，最底层的图形对象就是"原目标对象"。按住 Shift 键选择多个图形时，最后选中的图形就是"原目标对象"。

4.3.4　相交

"相交"功能可以将两个或两个以上对象的相交部分保留，使相交的部分成为一个新的图形对象。新图形对象的填充和轮廓属性将与原目标对象相同。

使用"选择"工具选择原始源对象，如图 4-226 所示。在"形状"泊坞窗中选择"相交"选项，如图 4-227 所示。单击"相交对象"按钮，将鼠标指针移动到原目标对象上单击，如图 4-228 所示。相交后的效果如图 4-229 所示，相交后生成的图形对象将保留原目标对象的填充和轮廓属性。

图 4-226　　　　　　　　图 4-227　　　　　　　　图 4-228　　　　　　　　图 4-229

选择"对象 > 造型 > 相交"命令，或单击属性栏中的"相交"按钮，也可以完成相交操作。

4.3.5　简化

"简化"功能可以减去下层图形中和上层图形的重叠部分，并保留上层图形的状态不变。

使用"选择"工具 选中两个相交的图形对象，如图 4-230 所示。在"形状"泊坞窗中选择"简化"选项，如图 4-231 所示。单击"应用"按钮，图形的简化效果如图 4-232 所示。

图 4-230　　　　　　　　　图 4-231　　　　　　　　　图 4-232

选择"对象 > 造型 > 简化"命令，或单击属性栏中的"简化"按钮，也可以完成图形的简化操作。

4.3.6　移除后面对象

"移除后面对象"功能会减去下层图形和上、下层图形的重叠部分，只保留上层图形的剩余部分。

使用"选择"工具 选中两个相交的图形对象，如图 4-233 所示。在"形状"泊坞窗中选择"移除后面对象"选项，如图 4-234 所示，单击"应用"按钮，移除后的效果如图 4-235 所示。

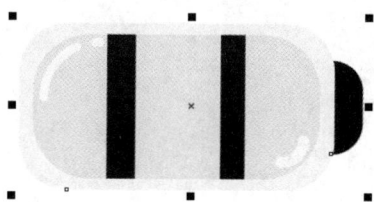
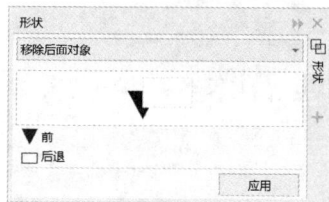
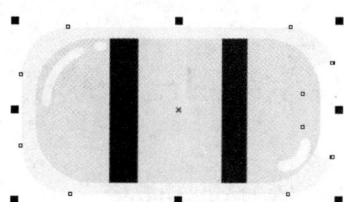

图 4-233　　　　　　　　图 4-234　　　　　　　　图 4-235

选择"对象 > 造型 > 移除后面对象"命令，或单击属性栏中的"移除后面对象"按钮，也可以完成移除后面的对象操作。

4.3.7　移除前面对象

"移除前面对象"功能会减去上层图形和上、下层图形的重叠部分，只保留下层图形的剩余部分。

使用"选择"工具 ▶ 选中两个相交的图形对象，如图 4-236 所示。在"形状"泊坞窗中选择"移除前面对象"选项，如图 4-237 所示。单击"应用"按钮，移除前面对象效果如图 4-238 所示。

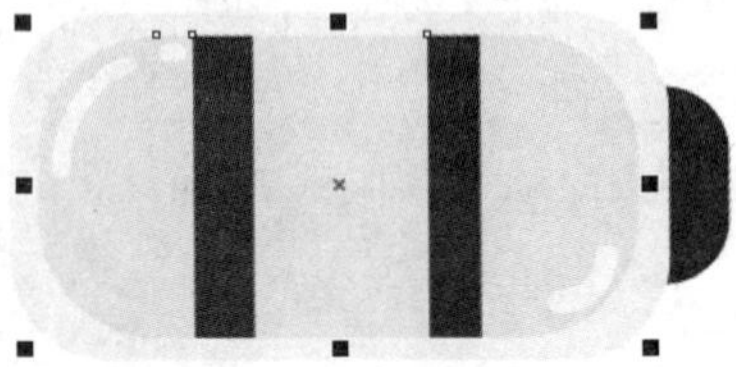

图 4-236 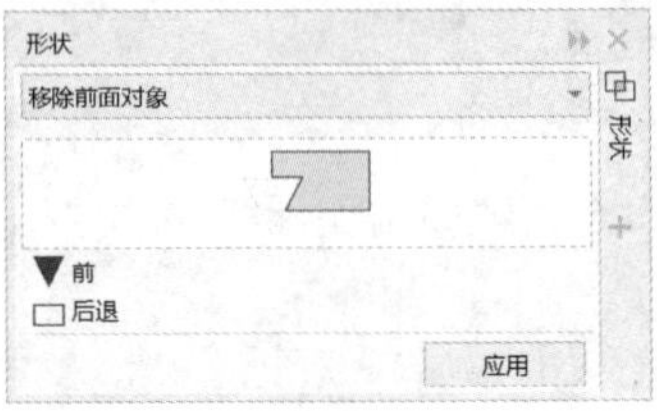　　　　　　　　　图 4-237 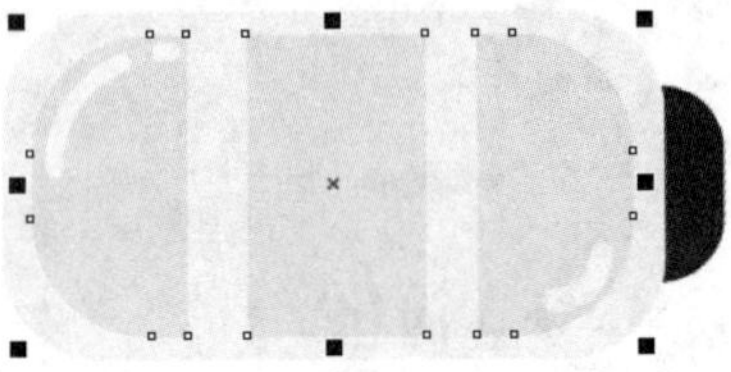　　　　　　　　　图 4-238

选择"对象 > 造型 > 移除前面对象"命令，或单击属性栏中的"移除前面对象"按钮 ，也可以完成移除前面的对象操作。

4.3.8　边界

"边界"功能可以快速创建一个所选图形的共同边界。

使用"选择"工具 ▶ 选中要创建边界的图形对象，如图 4-239 所示。在"造型"泊坞窗中选择"边界"选项，如图 4-240 所示。单击"应用"按钮，边界效果如图 4-241 所示。

图 4-239 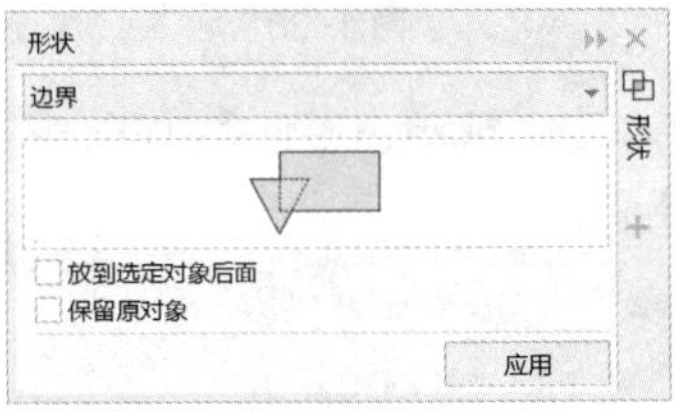　　　　　　　　　图 4-240 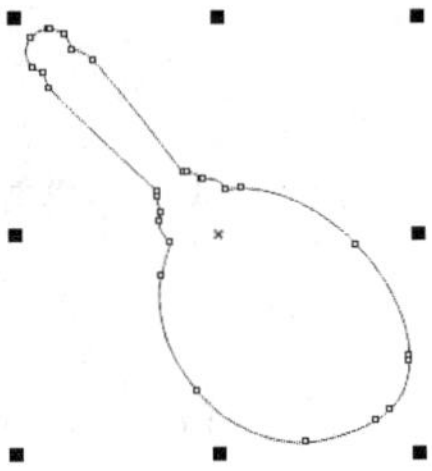　　　　　　　　　图 4-241

选择"对象 > 造型 > 边界"命令，或单击属性栏中的"边界"按钮 ，也可以完成图形的共同边界的创建。

课堂练习——绘制卡通猫咪

练习知识要点

使用"椭圆形"工具、"矩形"工具、"3 点矩形"工具、"移除前面对象"按钮、"合并"按钮和"贝塞尔"工具绘制猫咪的头部；使用"3 点椭圆形"工具、"移除前面对象"按钮、"折线"工具和"形状"工具绘制猫咪的五官、腿和尾巴。效果如图 4-242 所示。

图 4-242

效果所在位置

云盘\Ch04\效果\绘制卡通猫咪.cdr。

课后习题——绘制校车

习题知识要点

使用"矩形"工具、"合并"命令和"移除前面对象"按钮绘制车身;使用"椭圆形"工具和"贝塞尔"工具绘制车轮。效果如图 4-243 所示。

图 4-243

效果所在位置

云盘\Ch04\效果\绘制校车.cdr。

05

第 5 章
编辑轮廓线与填充颜色

本章介绍

  在 CorelDRAW 2021 中，绘制图形时需要先绘制出该图形的轮廓线，并按设计的需求对轮廓线进行编辑。编辑完成后，就可以使用色彩进行渲染。在优秀的设计作品中，色彩的运用非常重要。通过学习本章的内容，读者可以制作出不同效果的图形轮廓线，了解并掌握各种颜色的填充方式和填充技巧。

学习目标

- 掌握轮廓线的编辑技巧。
- 掌握均匀填充的使用方法。
- 掌握渐变填充和图样填充的设置方法。
- 掌握底纹填充和网状填充的设置方法。
- 掌握滴管工具的使用方法。

技能目标

- 掌握"送餐车图标"的绘制方法。
- 掌握"卡通小狐狸"的绘制方法。
- 掌握"手机设置图标"的绘制方法。

素养目标

- 培养审美感知力和创意思维。

5.1 编辑轮廓线和均匀填充

CorelDRAW 2021 提供了丰富的轮廓线和填充设置，用户可以用这些设置制作出精美的轮廓线和填充效果。下面具体介绍编辑轮廓线和均匀填充的方法和技巧。

5.1.1 课堂案例——绘制送餐车图标

案例学习目标

学习使用图形绘制工具、"轮廓笔"工具、"编辑样式"按钮和"均匀填充"按钮绘制送餐车图标。

案例知识要点

使用图形绘制工具、"焊接"按钮、"形状"工具、"移除前面对象"按钮和"轮廓笔"工具绘制车身和车轮；使用"手绘"工具、"编辑样式"按钮、"矩形"工具绘制车头和大灯。送餐车图标效果如图 5-1 所示。

图 5-1

效果所在位置

云盘\Ch05\效果\绘制送餐车图标.cdr。

（1）按 Ctrl+N 组合键，弹出"创建新文档"对话框，设置文档的宽度为 1024 px，高度为 1024 px，取向为纵向，原色模式为 RGB，分辨率为 72 dpi，单击"OK"按钮，创建一个文档。

（2）选择"矩形"工具□，在绘图页面中分别绘制两个矩形，如图 5-2 所示。选择"选择"工具▶，用框选的方法将所绘制的矩形同时选取，单击属性栏中的"焊接"按钮⬚，合并图形，如图 5-3 所示。

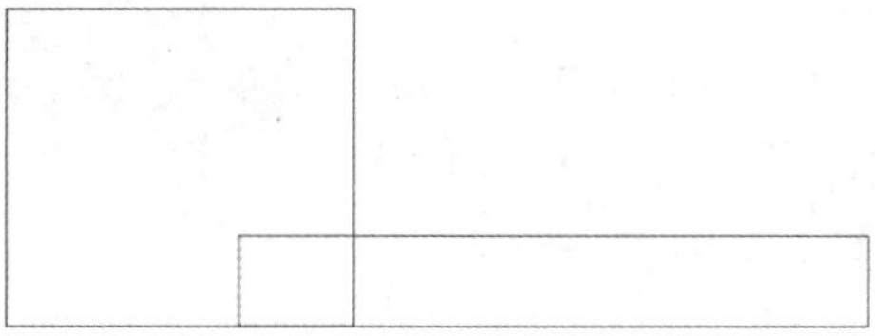

图 5-2

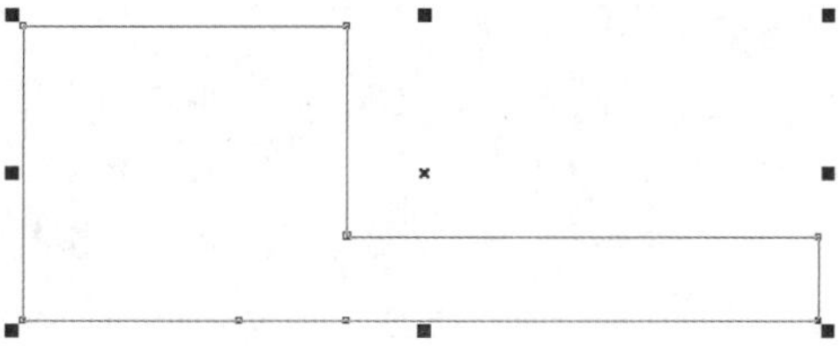

图 5-3

（3）选择"形状"工具⟨⟩，选中并向左拖曳合并图形左下角的节点到适当的位置，效果如图 5-4 所示。选择"选择"工具⟨⟩，设置合并图形填充颜色的 RGB 值为 230、34、41，效果如图 5-5 所示。

图 5-4　　　　　　　　　　　　　　　　　图 5-5

（4）按 F12 键，弹出"轮廓笔"对话框，在"颜色"选项中设置轮廓线颜色为黑色，其他选项的设置如图 5-6 所示。单击"OK"按钮，效果如图 5-7 所示。

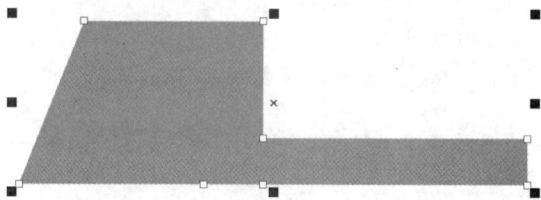

图 5-6　　　　　　　　　　　　　　　　　图 5-7

（5）选择"椭圆形"工具○，按住 Ctrl 键的同时，在适当的位置绘制一个圆形，如图 5-8 所示。选择"属性滴管"工具✐，将鼠标指针放置在红色图形上，鼠标指针变为✐图标，如图 5-9 所示。在红色图形上单击鼠标左键吸取属性，鼠标指针变为◇图标，在圆形上单击鼠标左键进行填充，效果如图 5-10 所示。

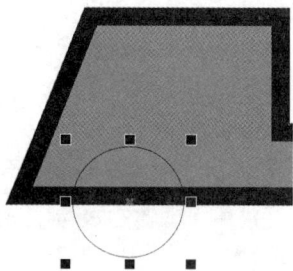

图 5-8　　　　　　　　　图 5-9　　　　　　　　　图 5-10

（6）选择"选择"工具⟨⟩，在"调色板"中的"70%黑"色块上单击鼠标左键，填充圆形，效果如图 5-11 所示。按 Ctrl+PageDown 组合键，将图形向下移一层，效果如图 5-12 所示。

（7）按数字键盘上的+键，复制圆形。按住 Ctrl 键的同时，水平向右拖曳复制的圆形到适当的位置，效果如图 5-13 所示。

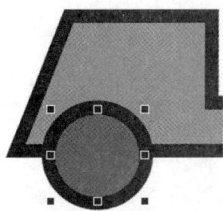
图 5-11

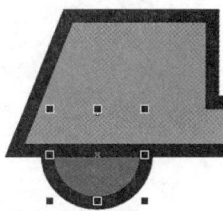
图 5-12

图 5-13

（8）分别选择"椭圆形"工具○和"矩形"工具囗，在适当的位置分别绘制一个椭圆形和一个矩形，如图 5-14 所示。选择"选择"工具▶，按住 Shift 键的同时，单击矩形和椭圆形将其同时选取，如图 5-15 所示，单击属性栏中的"移除前面对象"按钮，将两个图形剪切为一个图形，效果如图 5-16 所示。（为了方便读者观看，椭圆形和矩形以黄色显示）

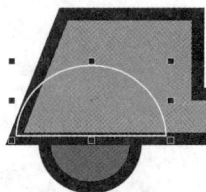
图 5-14

图 5-15

图 5-16

（9）选择"属性滴管"工具，将鼠标指针放置在红色图形上，鼠标指针变为图标，如图 5-17 所示。在红色图形上单击鼠标左键吸取属性，鼠标指针变为图标，在剪切后的图形上单击鼠标左键，填充图形，效果如图 5-18 所示。

图 5-17

图 5-18

（10）选择"选择"工具▶，按 Alt+F9 组合键，弹出"变换"泊坞窗，选项的设置如图 5-19 所示，单击"应用"按钮，效果如图 5-20 所示。按住 Ctrl 键的同时，水平向右拖曳复制的图形到适当的位置，效果如图 5-21 所示。

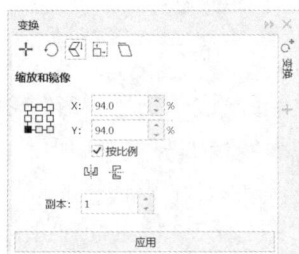
图 5-19

图 5-20

图 5-21

（11）选择"手绘"工具 ↳，按住 Ctrl 键的同时，在适当的位置绘制一条线段，并在属性栏中的"轮廓宽度"框 ⬡ 1.0 px ⯆ 中设置数值为 30.0 px。按 Enter 键，效果如图 5-22 所示。

（12）选择"选择"工具 ▶，按数字键盘上的+键，复制线段。按住 Ctrl 键的同时，垂直向下拖曳复制的线段到适当的位置，效果如图 5-23 所示。向右拖曳复制的线段末端中间的控制手柄到适当的位置，调整线段长度，效果如图 5-24 所示。

图 5-22 图 5-23 图 5-24

（13）选中绘制的第一条线段，如图 5-25 所示，按数字键盘上的+键，复制线段。向右拖曳复制的线段到适当的位置，效果如图 5-26 所示。

图 5-25 图 5-26

（14）选择"矩形"工具 ☐，在适当的位置绘制一个矩形，如图 5-27 所示。单击属性栏中的"转换为曲线"按钮 ⟳，将矩形转换为曲线，如图 5-28 所示。选择"形状"工具 ↰，选中并向左拖曳矩形右上角的节点到适当的位置形成一个梯形，效果如图 5-29 所示。

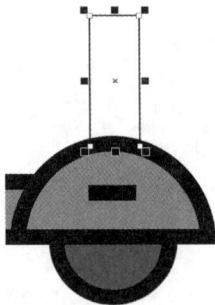
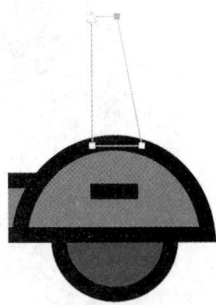

图 5-27 图 5-28 图 5-29

（15）选择"选择"工具 ▶，设置梯形填充颜色的 RGB 值为 230、34、41，并去除梯形的轮廓线，效果如图 5-30 所示。按 Shift+PageDown 组合键，将梯形后移一层，效果如图 5-31 所示。

（16）选择"手绘"工具 ↳，在适当的位置绘制一条斜线，如图 5-32 所示。在属性栏中的"轮廓宽度"框 ⬡ 1.0 px ⯆ 中，设置数值为 30.0 px。按 Enter 键，效果如图 5-33 所示。按住 Ctrl 键的同时，在适当的位置再绘制一条竖线，如图 5-34 所示。

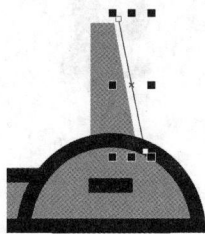

图 5-30

图 5-31

图 5-32

图 5-33

图 5-34

（17）按 F12 键，弹出"轮廓笔"对话框，在"风格"选项组中单击"设置"按钮⋯，弹出"编辑线条样式"对话框，选项的设置如图 5-35 所示，单击"添加"按钮，返回到"轮廓笔"对话框，其他选项的设置如图 5-36 所示。单击"OK"按钮，效果如图 5-37 所示。

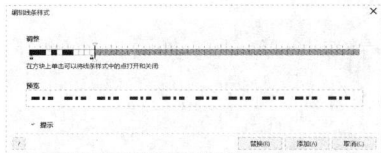

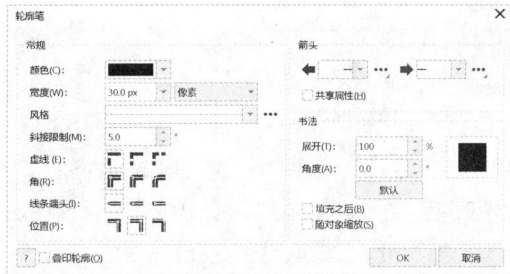

图 5-35

图 5-36

图 5-37

（18）选择"矩形"工具□，在适当的位置绘制一个矩形，如图 5-38 所示。选择"属性滴管"工具🖊，将鼠标指针放置在红色图形上，鼠标指针变为🖊图标，如图 5-39 所示。在红色图形上单击鼠标左键吸取属性，鼠标指针变为◆图标，在新绘制的矩形上单击鼠标左键进行填充，效果如图 5-40 所示。

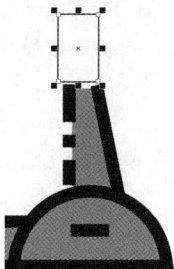

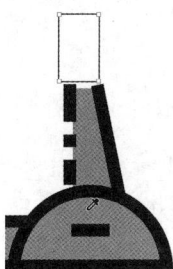

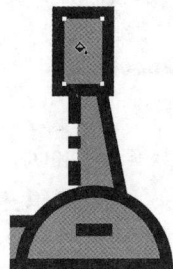

图 5-38

图 5-39

图 5-40

（19）选择"选择"工具 ，按数字键盘上的+键，复制矩形。按住 Ctrl 键的同时，水平向右拖曳复制的矩形到适当的位置，效果如图 5-41 所示。向左拖曳复制的矩形右侧中间的控制手柄到适当的位置，调整其大小，效果如图 5-42 所示。填充复制的矩形为白色，效果如图 5-43 所示。

图 5-41   图 5-42   图 5-43

（20）选取左侧红色矩形，在属性栏中将"圆角半径"选项设为 50.0 px 和 0.0 px，如图 5-44 所示。按 Enter 键，效果如图 5-45 所示。

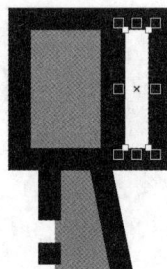

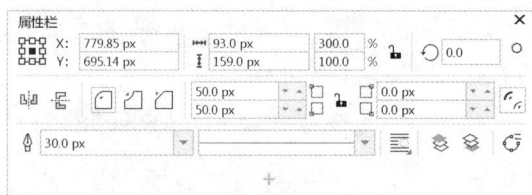

图 5-44   图 5-45

（21）选择"手绘"工具 ，按住 Ctrl 键的同时，在适当的位置绘制一条线段，如图 5-46 所示。按 F12 键，弹出"轮廓笔"对话框，在"线条端头"选项中单击"圆形端头"按钮 ，其他选项的设置如图 5-47 所示。单击"OK"按钮，效果如图 5-48 所示。

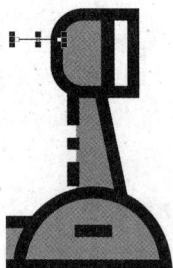
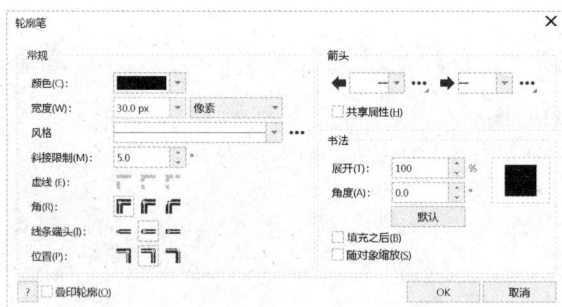

图 5-46   图 5-47   图 5-48

（22）用类似的方法分别绘制坐垫和餐箱等，效果如图 5-49 所示。送餐车图标绘制完成，效果如图 5-50 所示。圆角矩形外框的图标效果如图 5-51 所示。

图 5-49　　　　　　图 5-50　　　　　　图 5-51

5.1.2　使用轮廓笔工具

单击"轮廓笔"工具按钮，弹出"轮廓笔"工具的展开工具栏，如图 5-52 所示。

展开工具栏中的"轮廓笔"工具，可以编辑图形对象的轮廓线；"轮廓颜色"工具可以编辑图形对象的轮廓线颜色；下方的 11 个选项可用来设置图形对象的轮廓宽度，分别是无轮廓、细线轮廓、0.1mm、0.2mm、0.25mm、0.5mm、0.75mm、1mm、1.5mm、2mm 和 2.5mm；选择"颜色"选项，会弹出"颜色"泊坞窗，可以利用此泊坞窗对图形的轮廓线颜色进行编辑。

图 5-52

5.1.3　设置轮廓线的颜色

绘制一个图形对象并将其选中，选择"轮廓笔"工具，弹出"轮廓笔"对话框，如图 5-53 所示。

在"轮廓笔"对话框中，"颜色"选项可以设置轮廓线的颜色，在 CorelDRAW 2021 的默认状态下，轮廓线被设置为黑色。在"颜色"下拉按钮上单击鼠标左键，弹出颜色下拉列表，如图 5-54 所示，在颜色下拉列表中可以选择自己需要的颜色。

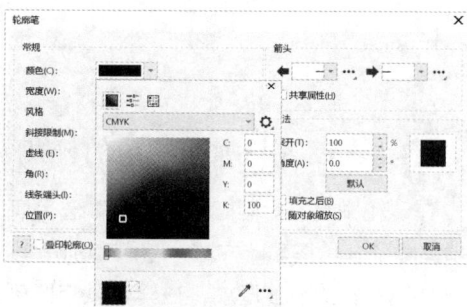

图 5-53　　　　　　图 5-54

设置好需要的颜色后，单击"OK"按钮即可改变轮廓线的颜色。

技巧　　当图形对象处于选中状态，直接在调色板中需要的颜色上单击鼠标右键，就可以快速填充轮廓线的颜色。

5.1.4　设置轮廓线的粗细及样式

在"轮廓笔"对话框中，"宽度"选项可以用于设置轮廓线的宽度值和宽度的度量单位。在左侧数值下拉按钮上单击鼠标左键，弹出下拉列表，可以在下拉列表中选择宽度数值，如图 5-55 所示，也可以在数值框中直接输入宽度数值。在右侧单位下拉按钮上单击鼠标左键，弹出下拉列表，可以在下拉列表中选择宽度的度量单位，如图 5-56 所示。在"风格"下拉按钮上单击鼠标左键，弹出下拉列表，可以在下拉列表中选择轮廓线的样式，如图 5-57 所示。

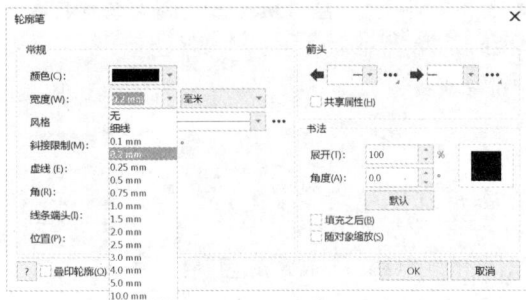

图 5-55　　　　　　　　　　　　　　　图 5-56

图 5-57

5.1.5　设置轮廓线的角的样式及端头样式

在"轮廓笔"对话框中，"角"选项可以用于设置轮廓线的角的样式，如图 5-58 所示。"角"选项提供了 3 种拐角的方式，它们分别是斜接角、圆角和斜切角。

将轮廓线的宽度增加，这样可以使拐角的设置效果更明显。3 种拐角的效果如图 5-59 所示。

角(R):　　　　　　　　　　　　　　　　　　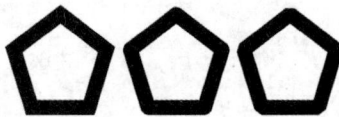

图 5-58　　　　　　　　　　　　　　　　　图 5-59

在"轮廓笔"对话框中，"线条端头"选项可以用于设置线条端头的样式，如图 5-60 所示。3 种样式分别是方形端头、圆形端头、延伸方形端头。3 种端头样式的效果分别如图 5-61 所示。

线条端头(I):

图 5-60

图 5-61

在"轮廓笔"对话框中，"位置"选项可以用于设置轮廓位置的样式，如图 5-62 所示。3 种样式分别是外部轮廓、居中的轮廓、内部轮廓。3 种端头样式的效果如图 5-63 所示。

位置(P):

图 5-62

图 5-63

在"轮廓笔"对话框中，"箭头"选项可以用于设置线条两端的箭头样式，如图 5-64 所示。"箭头"选项中提供了两个样式框，左侧"起始箭头"样式框 用来设置箭头样式，单击样式框右侧的下拉按钮，弹出"箭头样式"列表，如图 5-65 所示。右侧"终止箭头"样式框 用来设置箭尾样式，单击样式框右侧的下拉按钮，弹出"箭尾样式"列表，如图 5-66 所示。

图 5-64

图 5-65

图 5-66

勾选"填充之后"复选框，图形对象的轮廓会置于图形对象的填充之后。图形对象的填充会遮挡图形对象的部分轮廓，只能观察到轮廓的部分宽度的颜色。

勾选"随对象缩放"复选框，缩放图形对象时，图形对象的轮廓线会根据图形对象的大小而改变，使图形对象的整体效果保持不变。如果不勾选此复选框，在缩放图形对象时，图形对象的轮廓线不会根据图形对象的大小而改变，轮廓线和填充不能保持原图形对象的搭配效果，图形对象的整体效果就会被破坏。

5.1.6　使用调色板填充颜色

调色板是为图形对象填充颜色的最快途径。通过选择调色板中的颜色，可以把一种新颜色快速填充到图形对象中。CorelDRAW 2021 中提供了多种调色板，选择"窗口 > 调色板 > 调色板"命令，弹出可供选择的多种颜色调色板。CorelDRAW 2021 在默认状态下使用的是 CMYK 调色板。

调色板一般在屏幕的右侧，如图 5-67 所示，按住鼠标左键，拖曳条形色板到屏幕的中间并调整其宽度，调色板变为如图 5-68 所示的面板。

使用"选择"工具 选中要填充颜色的图形对象，如图 5-69 所示。在调色板中选中的颜色上单击鼠标左键，如图 5-70 所示。图形对象的内部即被选中的颜色填充，如

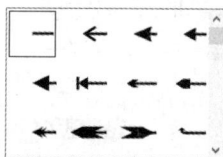

图 5-67

图 5-71 所示。单击调色板中的"无填充"按钮 ⬚，可取消图形对象内部的颜色填充效果。

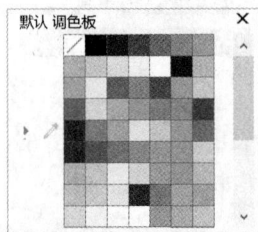

图 5-68

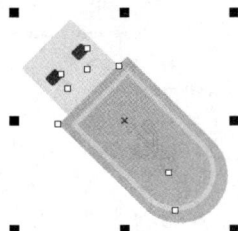

图 5-69

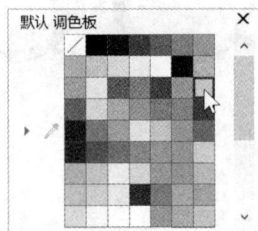

图 5-70

图 5-71

选中轮廓线需要填充颜色的图形，如图 5-72 所示。在调色板中选中的颜色上单击鼠标右键，如图 5-73 所示。图形对象的轮廓线即被选中的颜色填充，效果如图 5-74 所示。

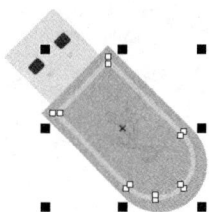

图 5-72

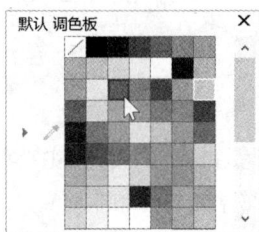

图 5-73

图 5-74

技巧　选中调色板中的色块，按住鼠标左键不放，拖曳色块到图形对象上，松开鼠标左键，也可填充对象。

5.1.7　使用"均匀填充"选项填充颜色

按 Shift+F11 组合键，弹出"编辑填充"对话框，可以在对话框中设置需要的填充颜色。2 种设置填充颜色的工具分别为颜色查看器和调色板。具体设置如下。

1. 颜色查看器

颜色查看器设置框如图 5-75 所示，设置框中提供了完整的色谱。可以直接在色谱中单击以选择颜色，也可以通过在颜色模式的各参数值框中输入数值来设定需要的颜色。在设置框中还可以选择不同的颜色模式，色彩模型默认使用的是 CMYK 模式，如图 5-76 所示。

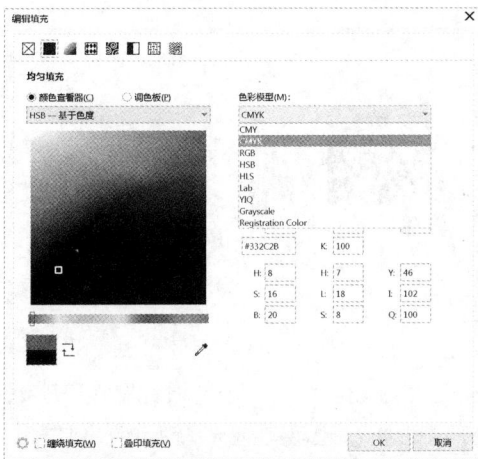

图 5-75   图 5-76

选择好需要的颜色后，单击"OK"按钮，可以将需要的颜色填充到图形对象中。

2. 调色板

调色板设置框如图 5-77 所示。在调色板设置框中，可以选择 CorelDRAW 2021 中已有颜色库中的颜色来填充图形对象，在"调色板"下拉列表中可以选择需要的颜色库，如图 5-78 所示。

图 5-77   图 5-78

在调色板中的颜色上单击鼠标左键可以选中需要的颜色，勾选"显示颜色名"复选框，可以显示颜色库中的颜色名称。选择好需要的颜色后，单击"OK"按钮，可以将需要的颜色填充到图形对象中。

5.1.8   使用"颜色"泊坞窗填充颜色

"颜色"泊坞窗是为图形对象填充颜色的辅助工具，特别适合在实际工作中应用。

单击工具箱下方的 ➕ 按钮，可以添加"颜色"工具，随后选择"颜色"工具 ▤，弹出"颜色"泊坞窗，如图 5-79 所示。绘制一个雨伞，如图 5-80 所示。在"颜色"泊坞窗中为雨伞填充颜色，如图 5-81 所示。

图 5-79　　　　　　　　　　　　　图 5-80　　　　　　　　　　　　　图 5-81

选择好颜色后，单击"填充"按钮 填充 ，如图 5-82 所示，将颜色填充到雨伞的内部，效果如图 5-83 所示。也可在选择好颜色后，单击"轮廓"按钮 轮廓 ，如图 5-84 所示，填充颜色到雨伞的轮廓线，效果如图 5-85 所示。

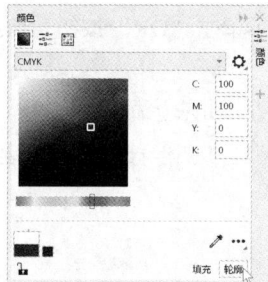

图 5-82　　　　　　　　　图 5-83　　　　　　　　　图 5-84　　　　　　　　　图 5-85

"颜色"泊坞窗左上角的按钮 ■ ≡ ▦ 分别是"显示颜色查看器""显示颜色滑块""显示调色板"。单击不同的按钮可以选择不同的选择颜色的方式，如图 5-86 所示。

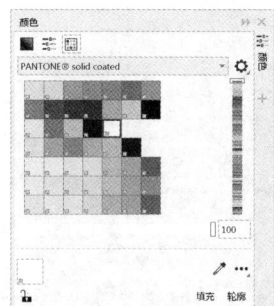

（a）　　　　　　　　　　　（b）　　　　　　　　　　　（c）

图 5-86

5.2　渐变填充和图样填充

渐变填充和图样填充都是非常实用的功能，经常被使用在设计制作中。在 CorelDRAW 2021 中，渐变填充包括线性、椭圆形、圆锥形和矩形这几种渐变填充的形式，可以绘制出多种渐变颜色效果。图样填充将预设图案以平铺的方式填充到图形中。下面将介绍使用渐变填充和图样填充的方法和技巧。

5.2.1 课堂案例——绘制卡通小狐狸

案例学习目标

学习使用图形绘制工具、"渐变填充"按钮和"形状"泊坞窗绘制卡通小狐狸。

案例知识要点

使用"椭圆形"工具、"贝塞尔"工具、"焊接"按钮绘制耳朵；使用"椭圆形"工具、"矩形"工具、"星形"工具和"移除前面对象"按钮绘制脸部；使用"矩形"工具、"圆角半径"选项、"形状"泊坞窗和"渐变填充"按钮绘制尾巴。卡通小狐狸效果如图 5-87 所示。

图 5-87

微课视频

扫码观看
本案例视频

效果所在位置

云盘\Ch05\效果\绘制卡通小狐狸.cdr。

（1）按 Ctrl+N 组合键，新建一个 A4 大小的绘图页面。双击"矩形"工具□，绘制一个与绘图页面大小相等的矩形，如图 5-88 所示。设置矩形填充颜色的 CMYK 值为 70、71、75、37，并去除矩形的轮廓线，效果如图 5-89 所示。

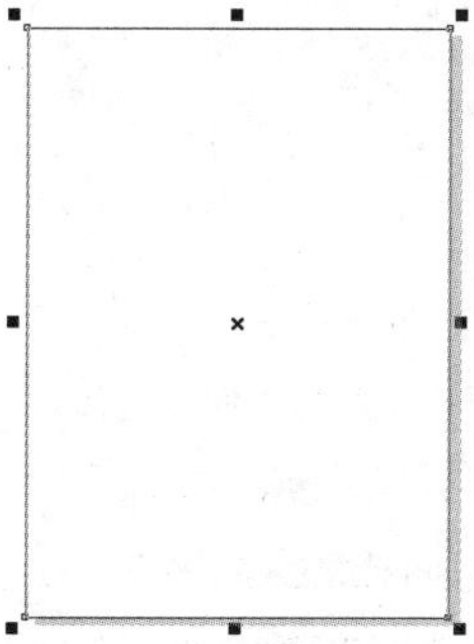

图 5-88

图 5-89

（2）选择"椭圆形"工具○，在页面外绘制一个椭圆形，如图 5-90 所示。选择"贝塞尔"工具
✐，在适当的位置绘制一个不规则图形，如图 5-91 所示。

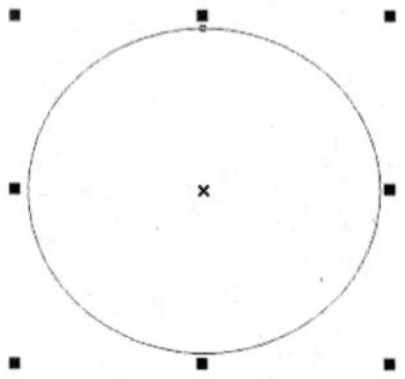

图 5-90

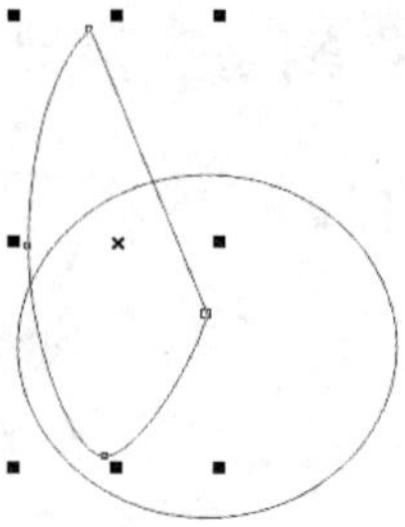

图 5-91

（3）选择"选择"工具▮，按数字键盘上的+键，复制不规则图形。单击属性栏中的"水平镜像"
按钮▥，水平翻转复制的不规则图形，如图 5-92 所示。按住 Ctrl 键的同时，水平向右拖曳翻转复制
的不规则图形到适当的位置，效果如图 5-93 所示。

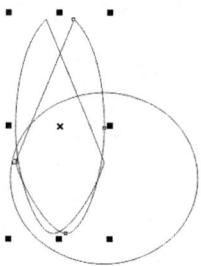

图 5-92

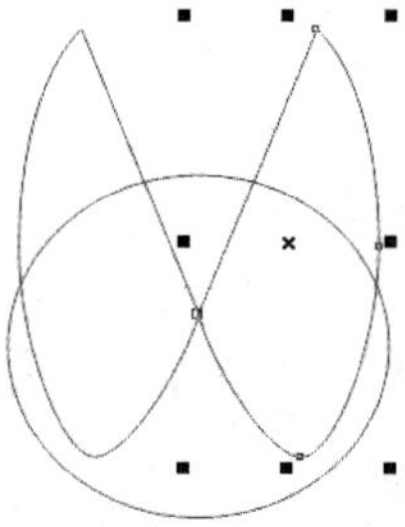

图 5-93

（4）选择"选择"工具▮，用框选的方法将所绘制的图形同时选取，如图 5-94 所示。单击属性
栏中的"焊接"按钮▤，合并图形，效果如图 5-95 所示。

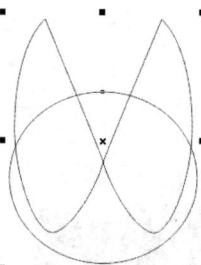

图 5-94

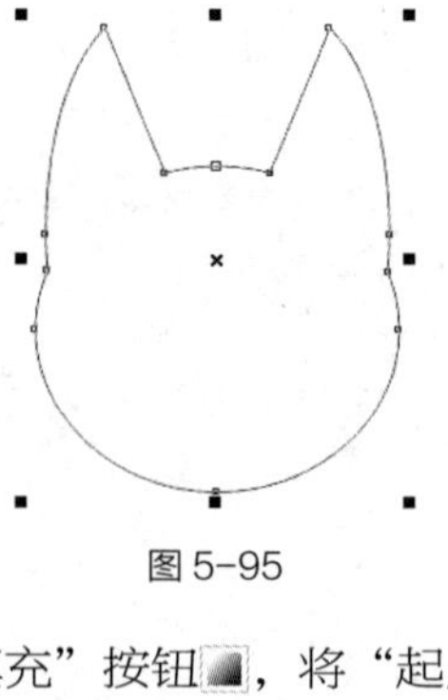

图 5-95

（5）按 F11 键，弹出"编辑填充"对话框，单击"渐变填充"按钮▰，将"起点"色标颜色的
CMYK 值设为 0、61、99、0，"终点"色标颜色的 CMYK 值设为 13、69、100、0，其他选项的设
置如图 5-96 所示。单击"OK"按钮，填充图形，并去除图形的轮廓线，效果如图 5-97 所示。

（6）选择"贝塞尔"工具✐，在适当的位置绘制一个不规则图形，如图 5-98 所示。按 F11 键，
弹出"编辑填充"对话框，单击"渐变填充"按钮▰，将"起点"色标颜色的 CMYK 值设为 12、82、
100、0，"终点"色标颜色的 CMYK 值设为 0、61、100、0，其他选项的设置如图 5-99 所示。单

击"OK"按钮，填充图形，并去除图形的轮廓线，效果如图 5-100 所示。

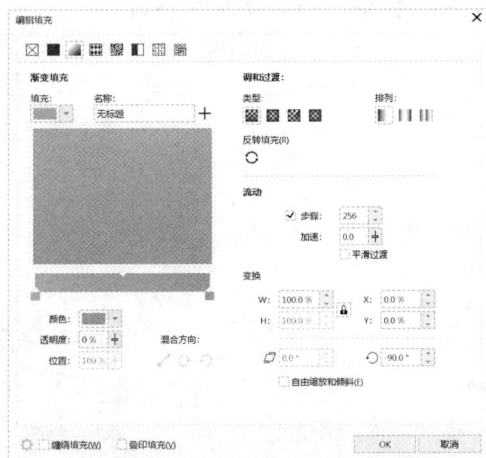

图 5-96

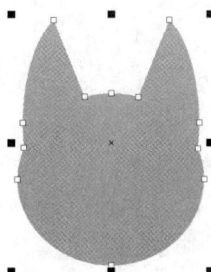

图 5-97

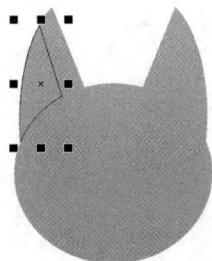

图 5-98

图 5-99

图 5-100

（7）选择"选择"工具 ，按数字键盘上的+键，复制不规则图形。单击属性栏中的"水平镜像"按钮 ，水平翻转图形，如图 5-101 所示。按住 Ctrl 键的同时，水平向右拖曳镜像图形到适当的位置，效果如图 5-102 所示。

图 5-101

图 5-102

（8）选择"椭圆形"工具○，在适当的位置绘制一个椭圆形，如图 5-103 所示。按 F11 键，弹出"编辑填充"对话框，单击"渐变填充"按钮▨，将"起点"色标颜色的 CMYK 值设为 12、82、100、0，"终点"色标颜色的 CMYK 值设为 11、62、93、0，其他选项的设置如图 5-104 所示。单击"OK"按钮，填充不规则图形，并去除图形的轮廓线，效果如图 5-105 所示。

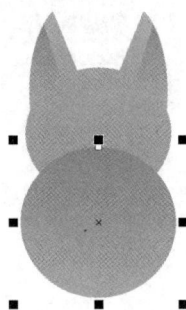

图 5-103　　　　　　　　　　　　　图 5-104　　　　　　　　　　　　　图 5-105

（9）选择"椭圆形"工具○，在适当的位置绘制一个椭圆形，如图 5-106 所示。选择"矩形"工具□，在适当的位置绘制一个矩形，如图 5-107 所示。

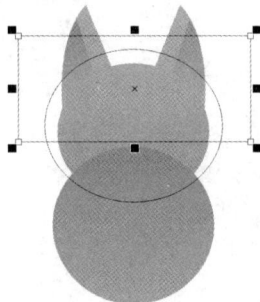

图 5-106　　　　　　　　　　　　　　　　　图 5-107

（10）选择"选择"工具▶，按住 Shift 键的同时单击椭圆形将二者同时选取，如图 5-108 所示。单击属性栏中的"移除前面对象"按钮▣，将两个图形剪切为一个图形，效果如图 5-109 所示。

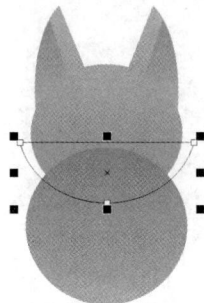

图 5-108　　　　　　　　　　　　　　　　　图 5-109

（11）按 F11 键，弹出"编辑填充"对话框，单击"渐变填充"按钮 ▨，将"起点"色标颜色的 CMYK 值设为 0、0、0、20，"终点"色标颜色的 CMYK 值设为 0、0、0、0，其他选项的设置如图 5-110 所示。单击"OK"按钮，填充图形，并去除图形的轮廓线，效果如图 5-111 所示。

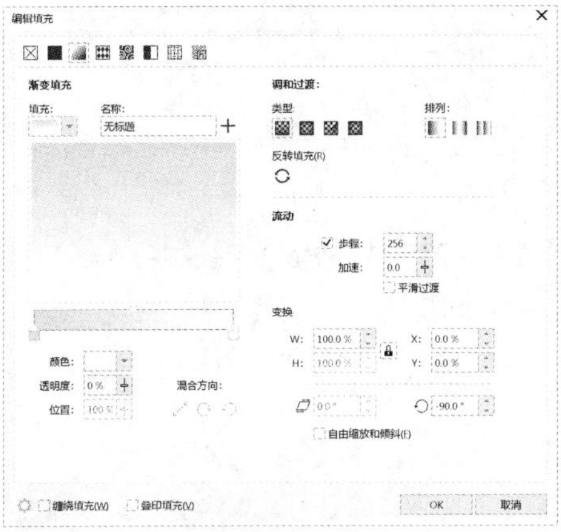

图 5-110

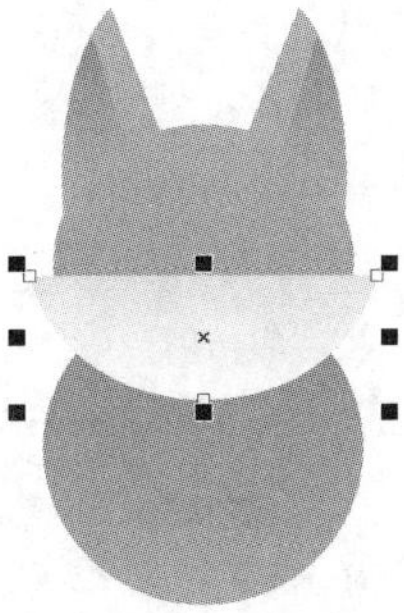

图 5-111

（12）选择"椭圆形"工具 ○，按住 Ctrl 键的同时在适当的位置绘制一个圆形，填充圆形为黑色，并去除圆形的轮廓线，效果如图 5-112 所示。按数字键盘上的+键，复制圆形。选择"选择"工具 ▸，按住 Ctrl 键的同时，水平向右拖曳复制的圆形到适当的位置，效果如图 5-113 所示。

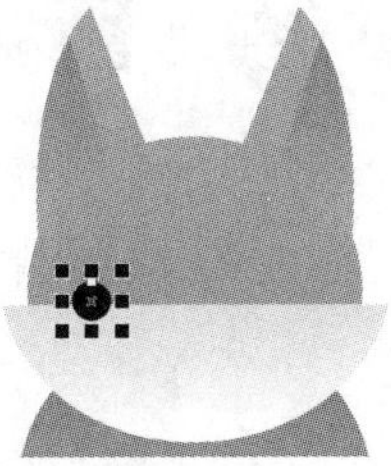

图 5-112

图 5-113

（13）选择"星形"工具 ☆，属性栏中的设置如图 5-114 所示。在适当的位置绘制一个三角形，如图 5-115 所示。

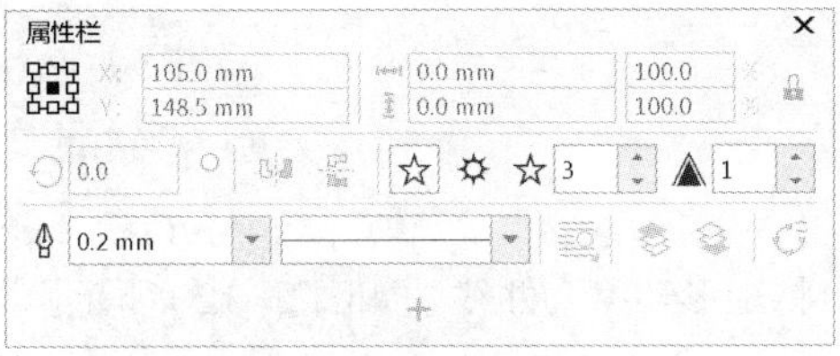

图 5-114

图 5-115

（14）选择"星形"工具 ☆，属性栏中的设置如图 5-116 所示。在适当的位置绘制一个图形，如图 5-117 所示。

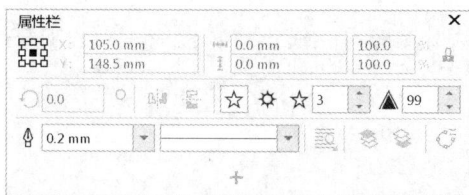

图 5-116

图 5-117

（15）按 F12 键，弹出"轮廓笔"对话框，在"颜色"选项中设置轮廓线颜色为黑色，其他选项的设置如图 5-118 所示。单击"OK"按钮，效果如图 5-119 所示。

图 5-118

图 5-119

（16）选择"矩形"工具□，在适当的位置绘制一个矩形，如图 5-120 所示。在属性栏中将"圆角半径"选项设为 50.0mm 和 0.0mm，如图 5-121 所示，按 Enter 键，效果如图 5-122 所示。按 Ctrl+C 组合键，复制矩形（此矩形作为备用）。

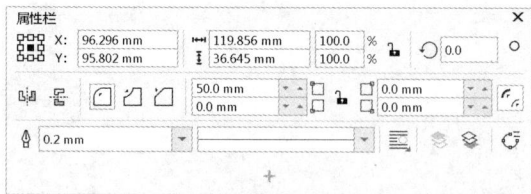

图 5-120　　　　　　　　图 5-121

图 5-122

（17）单击属性栏中的"转换为曲线"按钮♂，将矩形转换为曲线，如图 5-123 所示。选择"形状"工具，用框选的方法选取矩形右侧的节点，如图 5-124 所示，向左拖曳选中的节点到适当的位置，调整后的图形效果如图 5-125 所示。

（18）按 F11 键，弹出"编辑填充"对话框，单击"渐变填充"按钮，将"起点"色标颜色的 CMYK 值设为 0、0、0、20，"终点"色标颜色的 CMYK 值设为 0、0、0、0，其他选项的设置如图 5-126 所示。单击"OK"按钮，填充图形，并去除图形的轮廓线，效果如图 5-127 所示。

图 5-123   图 5-124   图 5-125

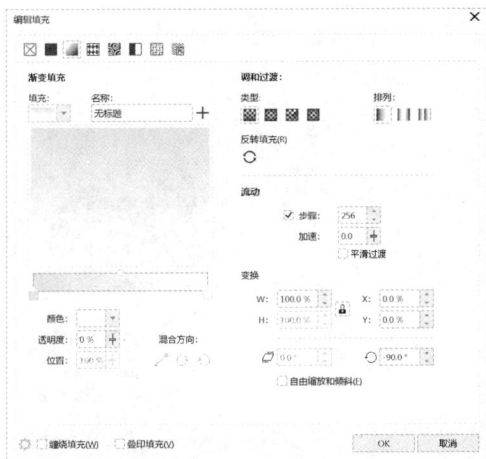

图 5-126

图 5-127

（19）按 Ctrl+V 组合键，粘贴备用矩形，如图 5-128 所示。选择"选择"工具，选中下方渐变椭圆形，按数字键盘上的+键，复制渐变椭圆形，如图 5-129 所示。

图 5-128   图 5-129

（20）选择"窗口 > 泊坞窗 > 形状"命令，在弹出的"形状"泊坞窗中选择"相交"选项，如图 5-130 所示。单击"相交对象"按钮，将鼠标指针放置到备用矩形上，如图 5-131 所示，然后单击鼠标左键，效果如图 5-132 所示。

（21）按 F11 键，弹出"编辑填充"对话框，单击"渐变填充"按钮，将"起点"色标颜色的 CMYK 值设为 0、61、100、0，"终点"色标颜色的 CMYK 值设为 16、71、100、0，其他选项的设置如图 5-133 所示。单击"OK"按钮，填充图形。然后去除图形的轮廓线，效果如图 5-134 所示。

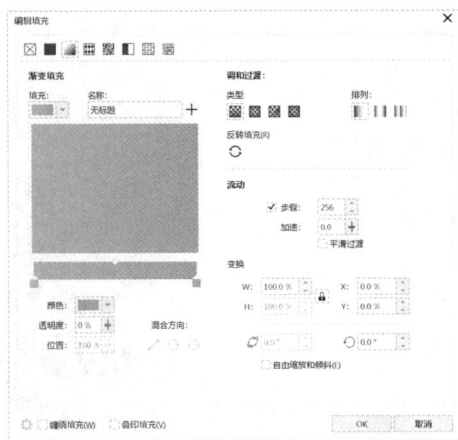

图 5-130　　　　　图 5-131　　　　　图 5-132

图 5-133　　　　　　　　　图 5-134

（22）选择"选择"工具 ▶，用框选的方法将所绘制的图形全部选取，按 Ctrl+G 组合键将其群组。拖曳群组图形到页面中适当的位置，效果如图 5-135 所示。

（23）选择"文本"工具 字，在适当的位置输入需要的文字。选择"选择"工具 ▶，在属性栏中选择适当的字体并设置文字大小，填充文字为白色，效果如图 5-136 所示。卡通小狐狸绘制完成。

图 5-135　　　　　　　　　图 5-136

5.2.2　使用属性栏进行填充

绘制一个图形，如图 5-137 所示。选择"交互式填充"工具 ◈，在属性栏中单击"渐变填充"按钮 ■，属性栏如图 5-138 所示。在起点颜色的位置单击，按住鼠标左键的同时拖曳鼠标指针到适当的位置，填充图形后的效果如图 5-139 所示。

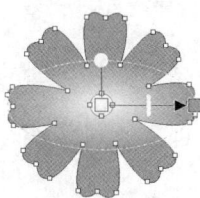

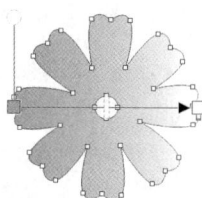

图 5-137　　　　　　　　　　　图 5-138　　　　　　　　　　　图 5-139

单击属性栏中的███████ █按钮，可以选择渐变的类型，椭圆形、圆锥形和矩形渐变填充的效果如图 5-140 所示。

属性栏中的"节点颜色"选项███用于指定渐变节点的颜色，"节点透明度"文本框███用于设置选定渐变节点的透明度，"加速"文本框███用于设置渐变从一个颜色变化到另外一个颜色的速度。

（a）椭圆形渐变填充　　　　　　（b）圆锥形渐变填充　　　　　　（c）矩形渐变填充

图 5-140

5.2.3　使用"交互式填充"工具进行填充

绘制一个图形，如图 5-141 所示。选择"交互式填充"工具██，在起点颜色的位置单击并按住鼠标左键将鼠标指针拖曳到适当的位置，松开鼠标左键，图形被填充了预设的颜色，效果如图 5-142 所示。在拖曳的过程中可以控制渐变的角度、渐变的边缘宽度等渐变属性。

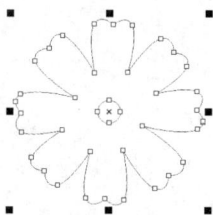

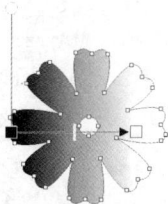

图 5-141　　　　　　　　　　　图 5-142

拖曳起点颜色和终点颜色的色块可以改变渐变的角度和边缘宽度。拖曳中间点可以调整渐变颜色的分布。拖曳渐变外框的虚线，可以控制渐变颜色与图形之间的相对位置。拖曳渐变上方的圆圈图标可以调整渐变倾斜角度。

5.2.4　使用"渐变填充"界面进行填充

按 F11 键，弹出"编辑填充"对话框，在对话框中的"调和过渡"设置区中可选择渐变填充的 3 种类型：默认渐变填充、重复和镜像、重复。

1. 默认渐变填充

单击"默认渐变填充"按钮█，界面如图 5-143 所示。

在"预览色带"的起点和终点颜色之间双击鼠标左键，预览色带上将出现一个色标█，即新增了一个渐变颜色标记，如图 5-144 所示。"节点位置"选项 24% ➕中显示的百分数就是当前新增渐变颜色标记的位置。单击"颜色"下拉按钮▾，在弹出的面板中设置需要的渐变颜色，色带上新增的渐变颜色标记上的颜色将改变为设置的新颜色。在界面中设置好渐变颜色后，单击"OK"按钮，完成图形的渐变填充操作。

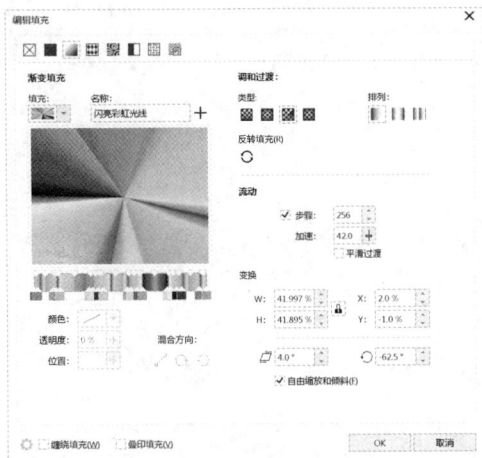

图 5-143

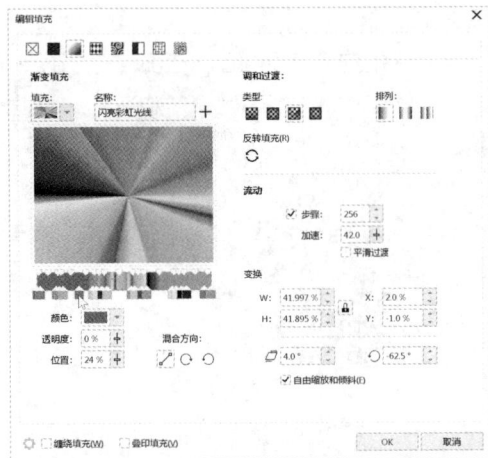

图 5-144

2. 重复和镜像

单击"重复和镜像"按钮█，界面如图 5-145 所示。再单击调色板中的颜色，可改变渐变填充终点的颜色。

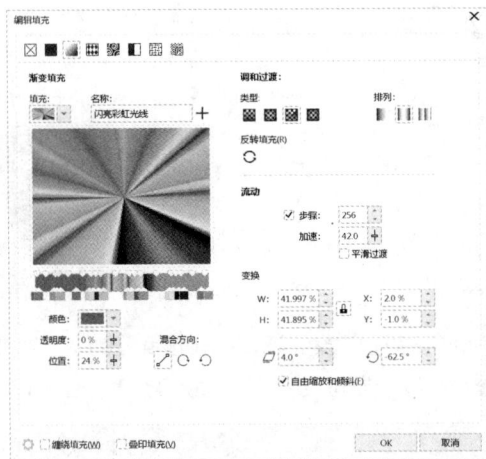

图 5-145

3. 重复渐变填充

单击"重复"按钮█，界面如图 5-146 所示。在界面中设置好渐变颜色后，单击"OK"按钮，完成图形的渐变填充操作。

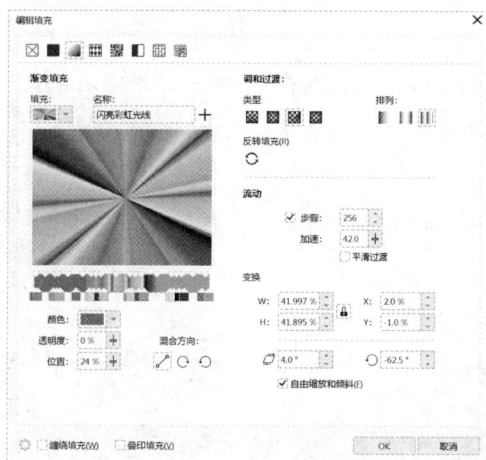

图 5-146

5.2.5　渐变效果

绘制一个图形，如图 5-147 所示。在"编辑填充"界面中单击"填充挑选器"下拉按钮，弹出的面板中包含了 CorelDRAW 2021 预设的一些渐变效果，如图 5-148 所示。

图 5-147

图 5-148

选择一个预设的渐变效果，单击"OK"按钮，完成渐变填充操作。预设的各种渐变效果如图 5-149 所示。

（a）　　　　　　　　　　（b）　　　　　　　　　　（c）

图 5-149

5.2.6　图样填充

　　向量图样填充图案由矢量和线描式图像构成。按 F11 键，在弹出的"编辑填充"对话框中单击"向量图样填充"按钮▦，界面如图 5-150 所示。

图 5-150

　　位图图样填充使用位图进行填充。按 F11 键，在弹出的"编辑填充"对话框中单击"位图图样填充"按钮▩，界面如图 5-151 所示。

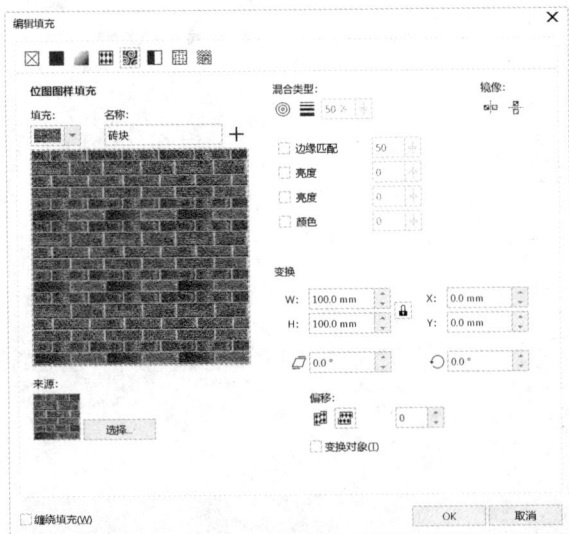

图 5-151

　　双色图样填充用两种颜色构成的图案进行填充，填充图案、前景颜色和背景颜色都可以独立设置。按 F11 键，在弹出的"编辑填充"对话框中单击"双色图样填充"按钮▯，界面如图 5-152 所示。

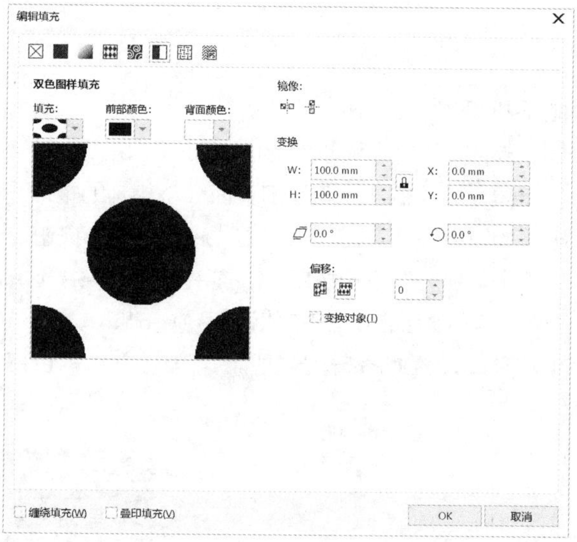

图 5-152

5.3 其他填充

除均匀填充、渐变填充和图样填充外，常用的填充还包括底纹填充、网状填充等，这些填充可以使图形更加多变。下面具体介绍这些填充的使用方法和技巧。

5.3.1 课堂案例——绘制手机设置图标

案例学习目标

学习使用图形绘制工具、"底纹填充"按钮和"网状填充"工具绘制手机设置图标。

案例知识要点

使用"矩形"工具、"底纹填充"按钮绘制背景；使用"矩形"工具、"渐变填充"按钮、"网状填充"工具、"颜色"泊坞窗绘制图标；使用"阴影"工具为图标添加阴影效果；使用"椭圆形"工具、"轮廓笔"工具绘制圆环。手机设置图标的效果如图 5-153 所示。

微课视频

扫码观看
本案例视频

图 5-153

◉ 效果所在位置

云盘\Ch05\效果\绘制手机设置图标.cdr。

（1）按 Ctrl+N 组合键，新建一个 A4 大小的绘图页面。单击属性栏中的"横向"按钮□，使页面横向显示。双击"矩形"工具□，绘制一个与绘图页面大小相等的矩形，如图 5-154 所示。

（2）按 F11 键，弹出"编辑填充"对话框，单击"底纹填充"按钮▦，在"底纹库"选项的下拉列表中选择"样品 9"，单击"填充"下拉按钮▾，在弹出的列表中选择需要的图样，如图 5-155 所示。在对话框中将"中色调"选项颜色的 CMYK 值设为 80、31、0、0，"亮度"选项颜色的 CMYK 值设为 59、5、0、0，其他选项的设置如图 5-156 所示，单击"OK"按钮，并去除图形的轮廓线，效果如图 5-157 所示。

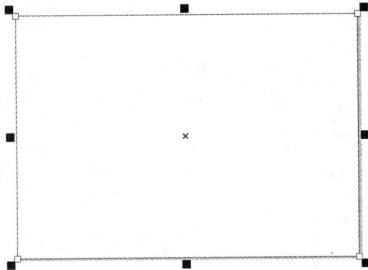

图 5-154

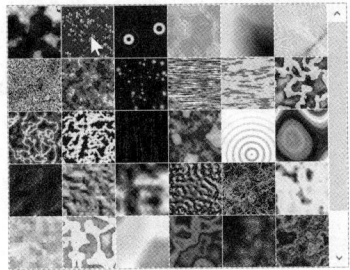

图 5-155

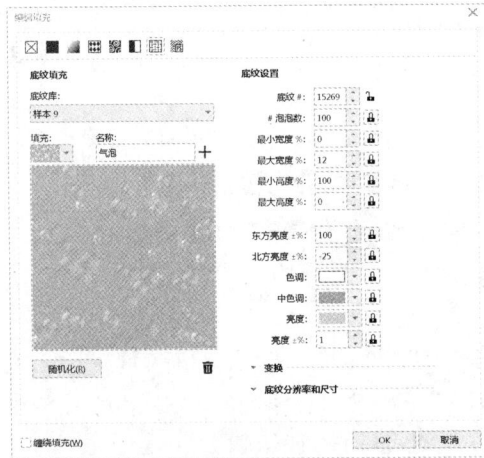

图 5-156

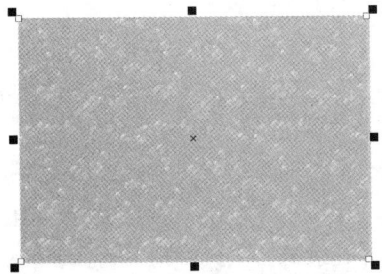

图 5-157

（3）选择"矩形"工具□，在适当的位置绘制一个矩形，填充矩形为白色，并去除矩形的轮廓线，效果如图 5-158 所示。在属性栏中将"圆角半径"均设为 30.0 mm，按 Enter 键，圆角矩形效果如图 5-159 所示。

（4）选择"阴影"工具□，在圆角矩形中由上至下拖曳鼠标指针，为图形添加阴影效果，属性栏中的设置如图 5-160 所示。按 Enter 键，效果如图 5-161 所示。

（5）选择"选择"工具▶，选中圆角矩形，按数字键盘上的+键，复制圆角矩形。选择"网状填充"工具▦，编辑状态如图 5-162 所示，在适当的位置双击，添加网格线，如图 5-163 所示。

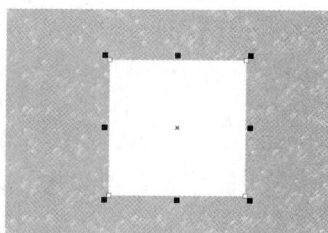

图 5-158

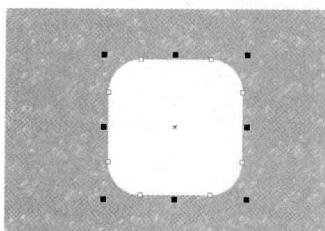

图 5-159

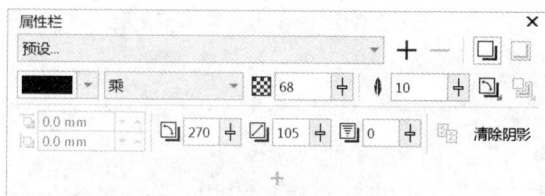

图 5-160

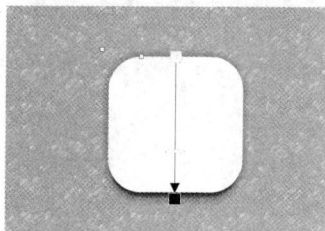

图 5-161

图 5-162

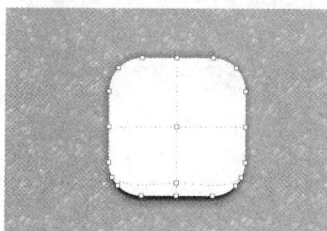

图 5-163

（6）选中网格中添加的节点，选择"窗口 > 泊坞窗 > 颜色"命令，弹出"颜色"泊坞窗，设置如图 5-164 所示，单击"填充"按钮，效果如图 5-165 所示。

图 5-164

图 5-165

（7）放大显示视图，在适当的位置再次双击添加网格，如图 5-166 所示。选中网格中添加的节点，在"颜色"泊坞窗中进行设置，如图 5-167 所示，单击"填充"按钮，效果如图 5-168 所示。

（8）单击选中网格底部的节点，如图 5-169 所示，在"颜色"泊坞窗中进行设置，如图 5-170 所示，单击"填充"按钮，效果如图 5-171 所示。

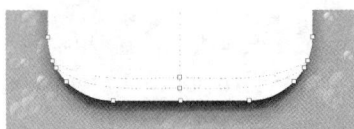

图 5-166

图 5-167

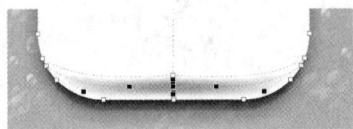

图 5-168

图 5-169

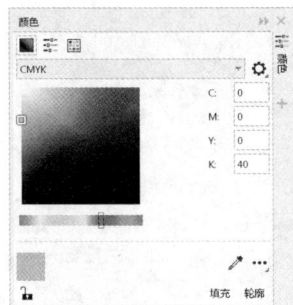

图 5-170

图 5-171

（9）选择"椭圆形"工具○，按住 Shift+Ctrl 组合键的同时，以圆角矩形中心为圆心绘制一个圆形，如图 5-172 所示。按 F11 键，弹出"编辑填充"对话框，单击"渐变填充"按钮▦，在"位置"选项中添加51%这个位置点，分别设置起点、51%位置点、终点色标颜色的 CMYK 值为（68、52、5、0）、（34、0、15、0）、（11、0、4、0），其他选项的设置如图 5-173 所示，单击"OK"按钮，填充圆形，并去除圆形的轮廓线，效果如图 5-174 所示。

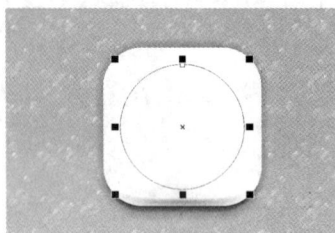

图 5-172

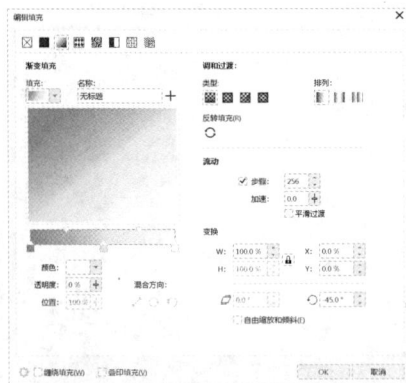

图 5-173

图 5-174

（10）选择"选择"工具▶，按住 Shift 键的同时，向内拖曳圆形右上角的控制手柄到适当的位置，再单击鼠标右键，复制一个圆形。按 F11 键，弹出"编辑填充"对话框，选择"渐变填充"按钮▦，将"起点"色标颜色的 CMYK 值设为 100、100、57、20，"终点"色标颜色的 CMYK 值设为 82、21、62、0，其他选项的设置如图 5-175 所示。单击"OK"按钮，填充圆形，并去除圆形的轮廓线，效果如图 5-176 所示。用类似的方法制作其他渐变圆形，效果如图 5-177 所示。

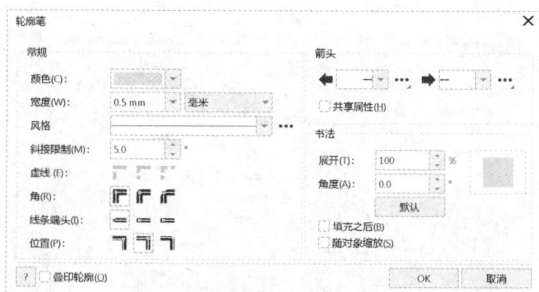

图 5-175　　　　　　　　　　　　图 5-176　　　　　　　　　　　　图 5-177

（11）选择"椭圆形"工具〇，按住 Ctrl 键的同时，在适当的位置绘制一个圆形，如图 5-178 所示。按 F12 键，弹出"轮廓笔"对话框，在"颜色"选项中设置轮廓线颜色的 CMYK 值为 56、0、16、0，其他选项的设置如图 5-179 所示。单击"OK"按钮，效果如图 5-180 所示。

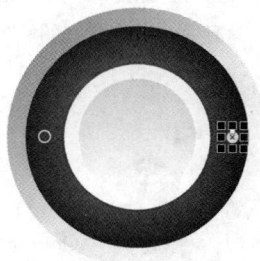

图 5-178　　　　　　　　　　　　图 5-179　　　　　　　　　　　　图 5-180

（12）选择"选择"工具 ，按数字键盘上的+键，复制圆形。按住 Ctrl 键的同时，水平向右拖曳复制的圆形到适当的位置。在"无填充"按钮 上单击鼠标右键，去除图形的轮廓线。设置图形填充颜色的 CMYK 值为 56、0、16、0，效果如图 5-181 所示。

（13）选择"矩形"工具□，在适当的位置绘制一个矩形，如图 5-182 所示。在属性栏中将"圆角半径"均设为 10.0 mm，按 Enter 键，圆角矩形的效果如图 5-183 所示。

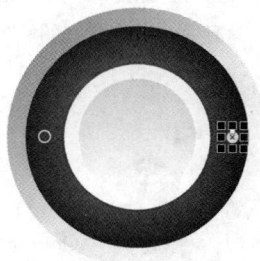

图 5-181　　　　　　　　　　　　图 5-182　　　　　　　　　　　　图 5-183

（14）保持图形的选中状态。设置图形填充颜色的 CMYK 值为 79、67、13、0，效果如图 5-184 所示。手机设置图标绘制完成，最终效果如图 5-185 所示。

图 5-184

图 5-185

5.3.2 底纹填充

按 F11 键，弹出"编辑填充"对话框，单击"底纹填充"按钮，界面如图 5-186 所示。CorelDRAW 2021 的底纹库提供了多个样本组和几百种预设的底纹填充图案。在"底纹库"下拉列表中可以选择不同的样本组。CorelDRAW 2021 的底纹库提供了 7 个样本组。选择样本组后，"填充"选项下方预览框中会显示出底纹的效果。单击预览框右侧的下拉按钮，在弹出的面板中可以选择需要的底纹图案。

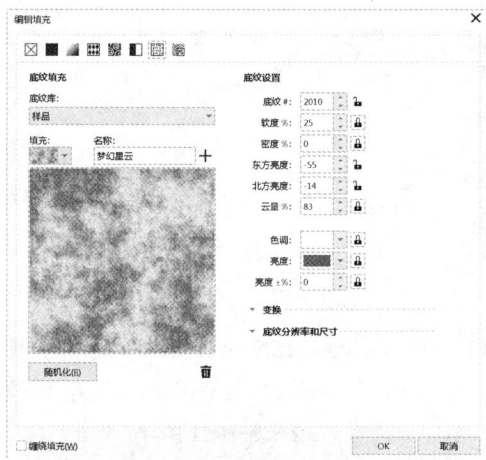

图 5-186

绘制一个图形，在"底纹库"中选择需要的样本后，单击预览框右侧的下拉按钮，在弹出的面板中选择需要的底纹图案，单击"OK"按钮，将底纹填充到图形对象中。几个不同底纹的图形填充效果如图 5-187 所示。

（a） （b） （c）

图 5-187

选择"交互式填充"工具 ◇，在属性栏中单击"底纹填充"按钮 ▦，单击预览框右侧的下拉按钮 ▾，在弹出的下拉列表中选择底纹填充的样式。

> **技巧** 使用底纹填充功能后，文件的大小会增加，操作时间也会增长，对大型的图形对象使用底纹填充功能前要慎重。

5.3.3 PostScript 填充

PostScript 填充是利用 PostScript 语言的图形处理功能实现的一种特殊的图案填充。PostScript 填充图案是一种特殊的图案。只有在"增强"视图模式下，PostScript 填充的底纹才能显示出来。下面介绍 PostScript 填充的使用方法和技巧。

按 F11 键，弹出"编辑填充"对话框，单击"PostScript 填充"按钮 ▦，切换到相应的界面，如图 5-188 所示。CorelDRAW 2021 提供了多个 PostScript 填充的底纹图案。

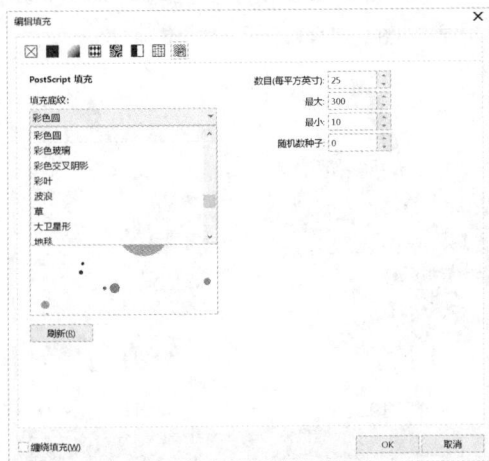

图 5-188

在左侧预览框中，不需要打印就可以看到 PostScript 填充底纹的效果。在"填充底纹"下拉列表中，有多个 PostScript 填充底纹，选择一个 PostScript 填充底纹后，右侧的参数设置区中会出现所选 PostScript 填充底纹的参数。不同的 PostScript 填充底纹会有相对应的不同参数。在参数设置区的各个选项中输入新的数值，可以改变原有的 PostScript 填充底纹效果，产生新的效果，如图 5-189 所示。

选择"交互式填充"工具 ◇，在属性栏中单击"PostScript 填充"按钮 ▦，单击"PostScript 填充底纹" 爬虫 ▾ 下拉列表，可以在弹出的列表中选择多种 PostScript 底纹填充的样式，如图 5-190 所示。

> **技巧** CorelDRAW 2021 在屏幕上显示 PostScript 填充时用字母"PS"表示。PostScript 填充使用的限制非常多，由于 PostScript 填充图案非常复杂，非常占用系统资源，所以在打印和更新屏幕显示时会使处理时间增长，使用时一定要慎重。

（a）　　　　　（b）

图 5-189

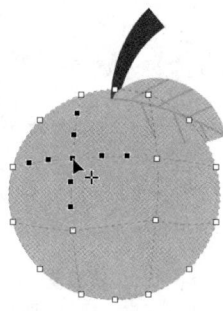

图 5-190

5.3.4　网状填充

绘制一个图形，如图 5-191 所示。选择"交互式填充"工具◇展开工具栏中的"网状填充"工具▦，在属性栏中将网格的行数和列数的数值均设置为 3，按 Enter 键，图形的网状填充效果如图 5-192 所示。

选中网格中需要填充的节点，如图 5-193 所示。在调色板中需要的颜色上单击鼠标左键，可以为选中的节点部分填充颜色，效果如图 5-194 所示。

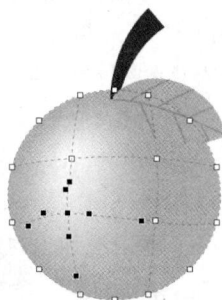

图 5-191　　　　　图 5-192　　　　　图 5-193　　　　　图 5-194

再依次选中需要的节点并进行颜色填充，如图 5-195 所示。选中节点后，拖曳节点可以扭曲颜色填充的方向，如图 5-196 所示。网状填充的效果如图 5-197 所示。

图 5-195　　　　　图 5-196　　　　　图 5-197

5.3.5　滴管工具

使用"属性滴管"工具可以提取并复制图形对象的属性，进而将其应用到其他图形对象中。使用

"颜色滴管"工具只能将从图形对象上提取的颜色应用到其他图形对象中。

1. "颜色滴管"工具

绘制两个图形，如图 5-198 所示。选择"颜色滴管"工具 🖊，属性栏如图 5-199 所示。将鼠标指针放置在左侧图形对象上，单击鼠标左键以提取对象的颜色，如图 5-200 所示。鼠标指针变为 ◇. 图标，将鼠标指针移动到另一图形上，如图 5-201 所示。单击鼠标，填充提取的颜色，效果如图 5-202 所示。

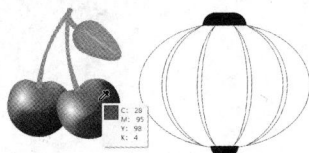

图 5-198

图 5-199

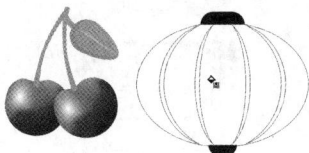

图 5-200

图 5-201

图 5-202

2. "属性滴管"工具

选择"属性滴管"工具 🖊，属性栏如图 5-203 所示。将鼠标指针放置在左侧图形对象上，单击鼠标左键来提取对象的属性，如图 5-204 所示。鼠标指针变为 ◇. 图标，将鼠标指针移动到另一图形上，如图 5-205 所示。单击鼠标，填充提取的所有属性，效果如图 5-206 所示。

图 5-203

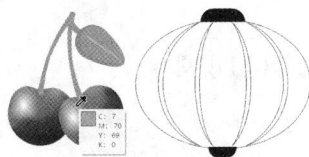

图 5-204

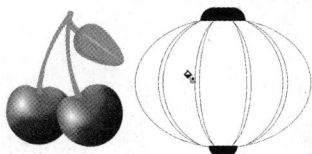

图 5-205

图 5-206

在"属性滴管"工具属性栏中的"属性"下拉列表中可以设置提取对象的轮廓属性、填充属性和文本属性。"变换"下拉列表可以设置提取对象的大小、旋转和位置等属性。"效果"下拉列表可以设置提取对象的透视点、封套、混合、立体化、轮廓图、透镜、PowerClip、阴影、变形和位图效果等属性。

课堂练习——绘制折纸标志

🔗 练习知识要点

使用"贝塞尔"工具、"椭圆形"工具和"渐变填充"功能绘制折纸标志。效果如图 5-207 所示。

图 5-207

微课视频

扫码观看
本案例视频

◉ 效果所在位置

云盘\Ch05\效果\绘制折纸标志.cdr。

课后习题——绘制饺子插画

🔗 习题知识要点

使用"矩形"工具和"双色图样填充"功能绘制背景；使用"贝塞尔"工具、"3 点椭圆形"工具、"渐变填充"功能绘制瓷碗；使用"导入"命令导入素材；使用"贝塞尔"工具、"矩形"工具、"置于图文框内部"命令绘制筷子。效果如图 5-208 所示。

图 5-208

微课视频

扫码观看
本案例视频

◉ 效果所在位置

云盘\Ch05\效果\绘制饺子插画.cdr。

06

第 6 章
排列和组合对象

本章介绍

　　CorelDRAW 2021 提供了多个排列和组合图形对象的命令和工具。本章主要介绍排列和组合对象的功能以及相关的技巧。通过学习本章的内容，读者可以自如地排列和组合绘图中的图形对象，轻松完成制作任务。

学习目标

- ✔ 掌握对齐与分布的使用方法。
- ✔ 掌握标尺、辅助线和网格的使用方法。
- ✔ 掌握标注线的绘制方法。
- ✔ 掌握对象的排序方法。
- ✔ 掌握组合和合并的使用方法。

技能目标

- ✔ 掌握"民间剪纸海报"的制作方法。
- ✔ 掌握"风筝插画"的绘制方法。

素养目标

- ✔ 强化逻辑思维和团队合作意识。

6.1　对齐与分布

在 CorelDRAW 2021 中，可以使用对齐与分布功能来设置对象的对齐与分布方式。下面介绍对齐与分布功能的使用方法和技巧。

6.1.1　课堂案例——制作民间剪纸海报

案例学习目标

学习使用"矩形"工具、"对齐与分布"命令制作民间剪纸海报。

案例知识要点

使用"矩形"工具、"扇形角"按钮、"变换"泊坞窗、"旋转角度"选项绘制装饰图形；使用"导入"命令导入素材图片；使用"对齐与分布"泊坞窗对齐所选对象；使用"文本"工具添加并编辑文字。民间剪纸海报效果如图 6-1 所示。

图 6-1

微课视频

扫码观看
本案例视频

效果所在位置

云盘\Ch06\效果\制作民间剪纸海报.cdr。

（1）按 Ctrl+N 组合键，弹出"创建新文档"对话框，设置文档的宽度为 500 mm，高度为 700 mm，方向为竖向，原色模式为 CMYK，渲染分辨率为 300 dpi，单击"OK"按钮，创建一个文档。

（2）双击"矩形"工具□，绘制一个与绘图页面大小相等的矩形，如图 6-2 所示，设置矩形填充颜色的 CMYK 值为 0、7、6、0，并去除矩形的轮廓线，效果如图 6-3 所示。使用"矩形"工具□，在适当的位置再绘制一个矩形，如图 6-4 所示。

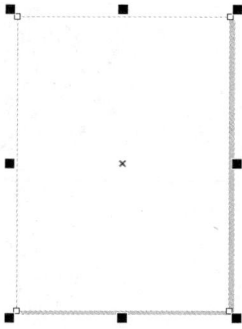

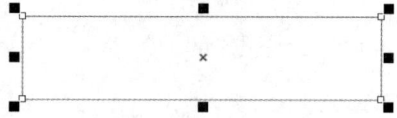

图 6-2   图 6-3   图 6-4

（3）在属性栏中单击"扇形角"按钮，将"圆角半径"分别设为 16.0 mm 和 0.0 mm，如图 6-5 所示。按 Enter 键，效果如图 6-6 所示。按 F12 键，弹出"轮廓笔"对话框，在"颜色"选项中设置轮廓线颜色的 CMYK 值为 38、98、100、4，其他选项的设置如图 6-7 所示。单击"OK"按钮，效果如图 6-8 所示。

图 6-5   图 6-6

图 6-7   图 6-8

（4）用类似的方法绘制右侧矩形，并设置扇形角，效果如图 6-9 所示。选择"选择"工具，按住 Shift 键的同时，单击左侧矩形将两个矩形同时选取，如图 6-10 所示。选择"窗口 > 泊坞窗 > 对齐与分布"命令，弹出"对齐与分布"泊坞窗，单击"顶端对齐"按钮，如图 6-11 所示，图形顶端对齐效果如图 6-12 所示。

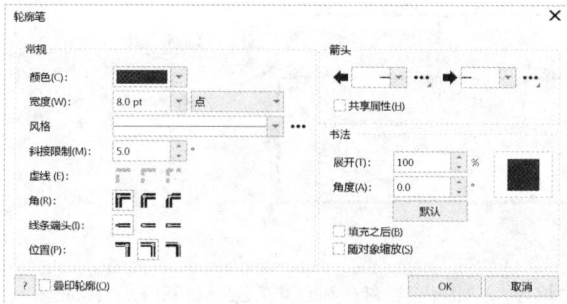

图 6-9   图 6-10

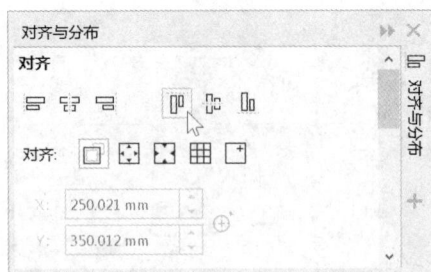

图 6-11

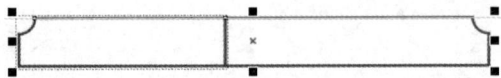

图 6-12

（5）选择"矩形"工具□，在适当的位置绘制一个矩形，如图 6-13 所示。按 F12 键，弹出"轮廓笔"对话框，在"颜色"选项中设置轮廓线颜色的 CMYK 值为 38、98、100、4，其他选项的设置如图 6-14 所示。单击"OK"按钮，效果如图 6-15 所示。

图 6-13

图 6-14

图 6-15

（6）选择"选择"工具▭，用框选的方法将所绘制的三个矩形同时选取，如图 6-16 所示。在"对齐与分布"泊坞窗中，单击"左对齐"按钮▭，如图 6-17 所示，矩形左对齐效果如图 6-18 所示。用类似的方法分别绘制其他矩形，并进行设置和对齐，效果如图 6-19 所示。

图 6-16

图 6-17

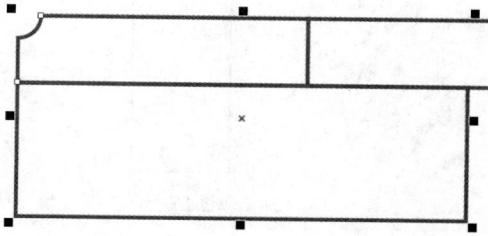

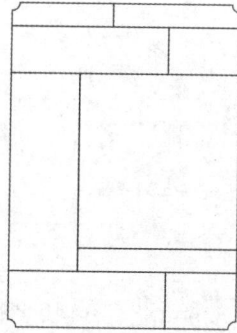

图 6-18   图 6-19

（7）选择"矩形"工具□，在适当的位置绘制一个矩形，如图 6-20 所示。按 F12 键，弹出"轮廓笔"对话框，在"颜色"选项中设置轮廓线颜色的 CMYK 值为 0、7、6、0，其他选项的设置如图 6-21 所示。单击"OK"按钮。设置矩形填充颜色的 CMYK 值为 38、98、100、4，效果如图 6-22 所示。

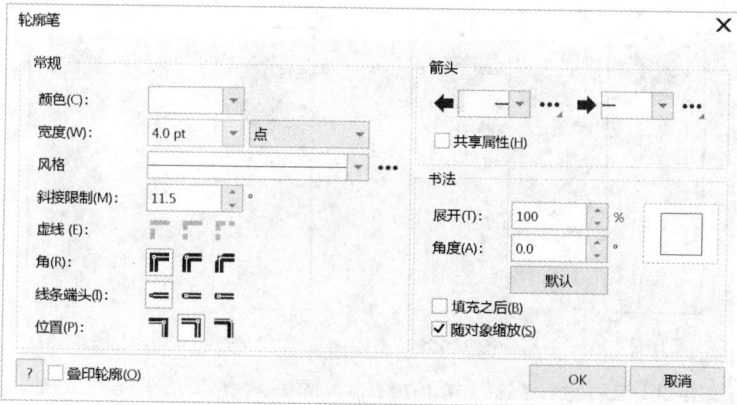

图 6-20   图 6-21   图 6-22

（8）选择"窗口 > 泊坞窗 > 变换"命令，弹出"变换"泊坞窗，单击"大小"按钮□，选项的设置如图 6-23 所示，单击"应用"按钮，效果如图 6-24 所示。在属性栏中单击"扇形角"按钮□，将"圆角半径"均设为 6.0 mm，如图 6-25 所示。按 Enter 键，效果如图 6-26 所示。

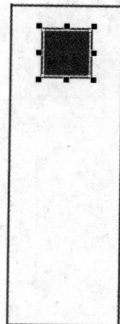

图 6-23   图 6-24

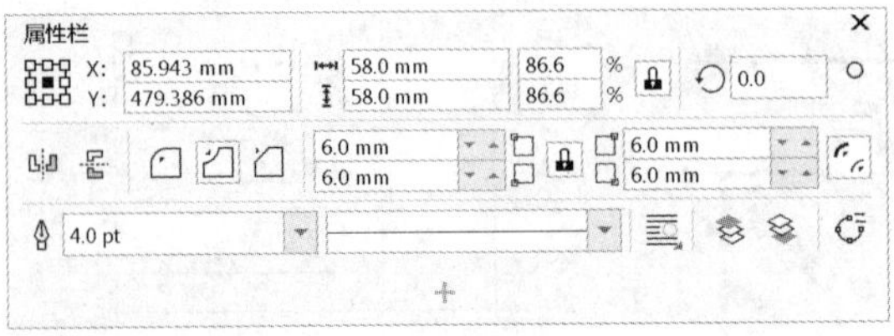

图 6-25

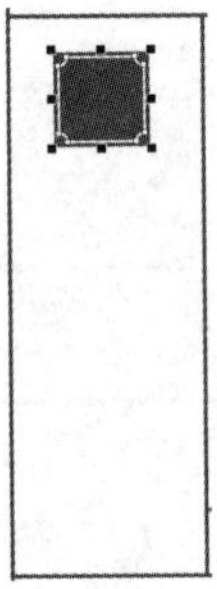
图 6-26

（9）选择“选择”工具，用框选的方法将复制的矩形和原矩形同时选取，按 Ctrl+G 组合键，将其组合，如图 6-27 所示。在属性栏中的“旋转角度”框 0.0 °中设置数值为 45.0。按 Enter 键，效果如图 6-28 所示。

（10）按数字键盘上的+键，复制群组图形。按住 Ctrl 键的同时，垂直向下拖曳复制的群组图形到适当的位置，效果如图 6-29 所示。连续按 Ctrl+D 组合键，再向下复制多个群组图形，效果如图 6-30 所示。

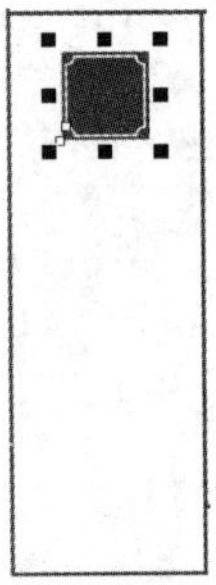
图 6-27

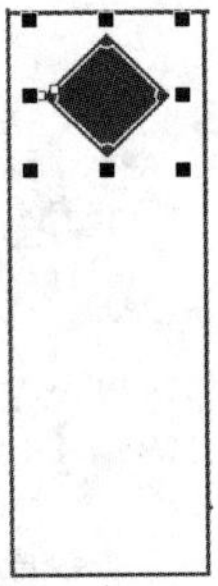
图 6-28

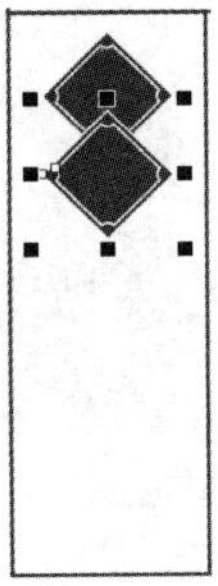
图 6-29

图 6-30

（11）选择“文本”工具，在适当的位置输入需要的文字。选择“选择”工具，在属性栏中选择适当的字体并设置文字大小，单击“将文本更改为垂直方向”按钮，更改文字方向，效果如图 6-31 所示。设置文字填充颜色的 CMYK 值为 0、7、6、0，效果如图 6-32 所示。

（12）选择“文本 > 文本”命令，在弹出的“文本”泊坞窗中进行设置，如图 6-33 所示。按 Enter 键，效果如图 6-34 所示。

图 6-31

图 6-32

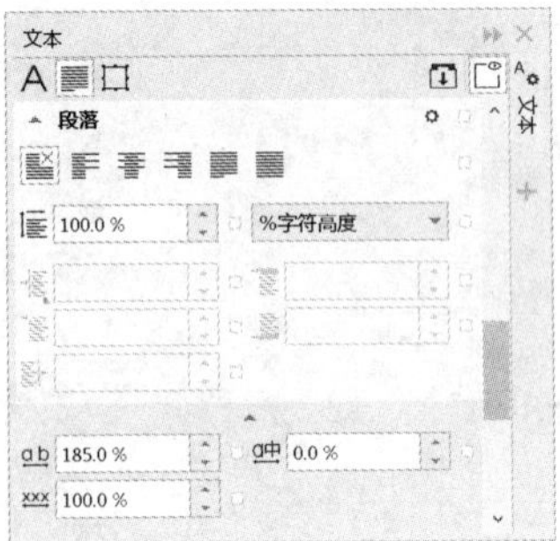

图 6-33

图 6-34

（13）选择“选择”工具，按住 Shift 键的同时，单击最后一个组合菱形，效果如图 6-35 所示。在"对齐与分布"泊坞窗中，单击"选定对象"按钮□，如图 6-36 所示。再单击"水平居中对齐"按钮□，如图 6-37 所示，文字的居中对齐效果如图 6-38 所示。

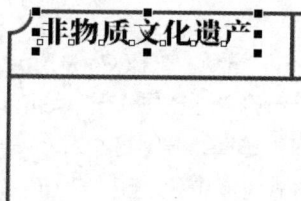

图 6-35　　　　　图 6-36　　　　　图 6-37　　　　　图 6-38

（14）选择"文本"工具**字**，在适当的位置输入需要的文字。选择"选择"工具 ，在属性栏中选择适当的字体并设置文字大小，单击"将文本更改为水平方向"按钮 ，更改文字方向，效果如图 6-39 所示。设置文字填充颜色的 CMYK 值为 34、99、100、1，效果如图 6-40 所示。选择"形状"工具 ，向右拖曳文字下方的 图标，调整文字的间距，效果如图 6-41 所示。

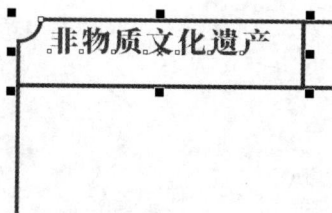

图 6-39　　　　　　　　图 6-40　　　　　　　　图 6-41

（15）选择"选择"工具 ，按住 Shift 键的同时，单击文字下方的矩形将文字和矩形同时选取，如图 6-42 所示。在"对齐与分布"泊坞窗中，单击"水平居中对齐"按钮 ，如图 6-43 所示，再单击"垂直居中对齐"按钮 ，如图 6-44 所示，文字的居中对齐效果如图 6-45 所示。

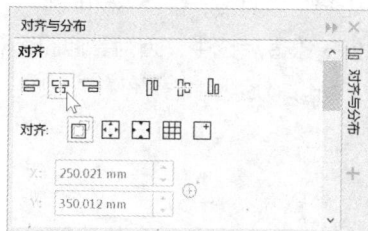

图 6-42　　　　　　　　　　　　　图 6-43

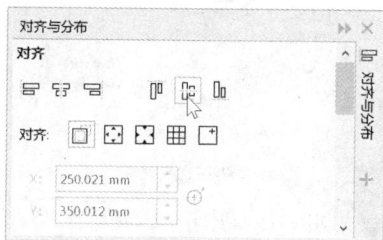

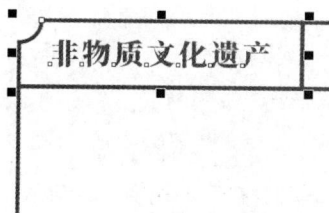

图 6-44　　　　　　　　　　　　　图 6-45

（16）用类似的方法输入其他文字，并分别将文字在矩形中对齐，效果如图 6-46 所示。按 Ctrl+I 组合键，弹出"导入"对话框，选择云盘中的"Ch06\素材\制作民间剪纸海报\01"文件，单击"导入"按钮，在页面中单击，导入图形和文字，选择"选择"工具，拖曳图形和文字到适当的位置，效果如图 6-47 所示。民间剪纸海报制作完成，效果如图 6-48 所示。

图 6-46

图 6-47

图 6-48

6.1.2　对象的对齐

选中多个要对齐的对象，选择"对象 > 对齐与分布 > 对齐与分布"命令，或按 Ctrl+Shift+A 组合键，或单击属性栏中的"对齐与分布"按钮，弹出如图 6-49 所示的"对齐与分布"泊坞窗。

在"对齐与分布"泊坞窗的"对齐"选项组中，有两组对齐方式可供选择，分别是左对齐、水平居中对齐、右对齐和顶端对齐、垂直居中对齐、底端对齐。两组对齐方式可以单独使用，也可以配合使用，如右对齐和顶端对齐就可以配合使用。

在"对齐"选项组中可以选择对齐基准，包括选定对象、页面边缘、页面中心、网格和指定点。对齐基准按钮必须与左、中、右对齐或顶端、中、底端对齐按钮同时使用，以指定图形对象和相应的基准线对齐。

选择"选择"工具，按住 Shift 键，单击几个要对齐的图形对象将它们选中，如图 6-50 所示。注意要将目标对象最后选中，因为其他图形对象将以目标对象为基准对齐。本例以右下角的相机图形为目标对象，所以最后选中它。

图 6-49

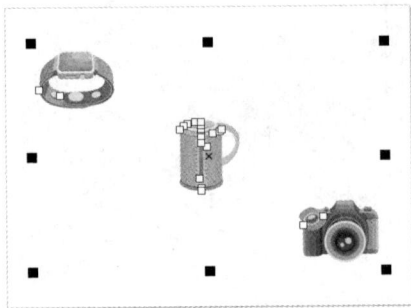

图 6-50

在"对齐与分布"泊坞窗中，单击"右对齐"按钮，如图 6-51 所示，几个图形对象以最后选取的相机图形的右边缘为基准进行对齐，效果如图 6-52 所示。

图 6-51

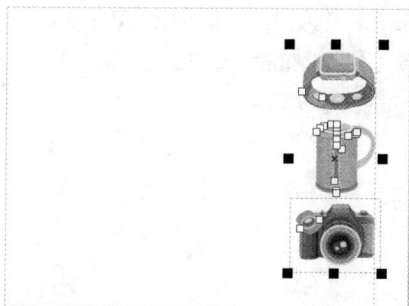

图 6-52

在"对齐与分布"泊坞窗中,单击"垂直居中对齐"按钮□,再单击"对齐"选项组中的"页面中心"按钮□,如图 6-53 所示,几个图形对象以页面中心为基准进行垂直居中对齐,效果如图 6-54所示。

图 6-53

图 6-54

> **技巧**　在"对齐与分布"泊坞窗中,还可以进行多种图形对齐方式的设置,用户只要多练习,很快就可以掌握。

6.1.3　对象的分布

选中多个要分布的图形对象,如图 6-55 所示。再选择"对象 > 对齐与分布 > 对齐与分布"命令,弹出"对齐与分布"泊坞窗,"分布"选项组中显示分布排列的按钮,如图 6-56 所示。

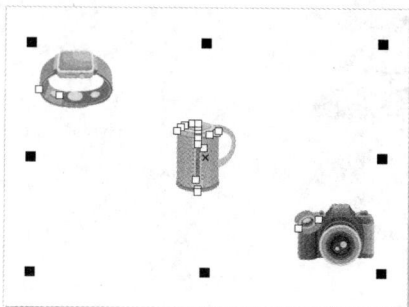

图 6-55

图 6-56

在"分布"选项组中有两组分布形式可供选择，分别是左分散排列、水平分散排列中心、右分散排列、水平分散排列间距和顶端分散排列、垂直分散排列中心、底部分散排列、垂直分散排列间距，可以选择不同的基准点来分布对象。

在"分布至"选项组中，有"选定对象"按钮—和"页面边缘"按钮曰。单击"选定对象"按钮，再单击"垂直分散排列间距"按钮，如图 6-57 所示，几个图形对象的分布效果如图 6-58 所示。

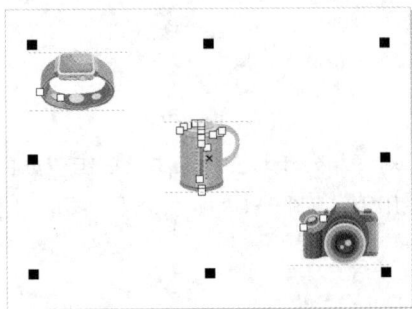

图 6-57   图 6-58

6.2 设置标尺、辅助线和网格

CorelDRAW 2021 提供了标尺、网格和辅助线等命令，利用这些命令可以帮助用户对图形对象进行精确定位，还可测量图形对象的准确尺寸。

6.2.1 使用标尺

标尺可以帮助用户了解图形对象的当前位置，以便设计作品时确定作品的精确尺寸。下面介绍标尺的设置和使用方法。

选择"查看 > 标尺"命令，可以显示或隐藏标尺。显示标尺的效果如图 6-59 所示。

图 6-59

将鼠标指针放在水平标尺和垂直标尺相交处的图标上，按住鼠标左键并拖曳鼠标指针，出现十字虚线的标尺定位线，如图 6-60 所示。在需要的位置松开鼠标左键，可以设定新标尺的坐标原点。双击 ⬛ 图标，可以将坐标原点还原到原始的位置。

按住 Ctrl 键，将鼠标指针放在 ⬛ 图标上，按住鼠标左键并拖曳鼠标指针，可以将标尺移动到新位置，如图 6-61 所示。使用类似的方法将标尺拖回左上角，可以还原标尺的位置。

图 6-60

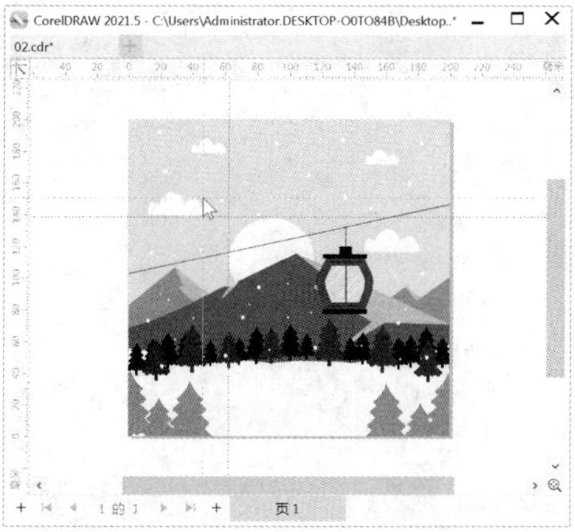

图 6-61

6.2.2 设置网格和辅助线

1. 设置网格

选择"查看 > 网格 > 文档网格"命令，在绘图页面中生成网格，效果如图 6-62 所示。如果想消除网格，只要再次选择"查看 > 网格 > 文档网格"命令即可。

在绘图页面中单击鼠标右键，弹出快捷菜单，在快捷菜单中选择"查看 > 文档网格"命令，如图 6-63 所示，也可以在绘图页面中生成网格。

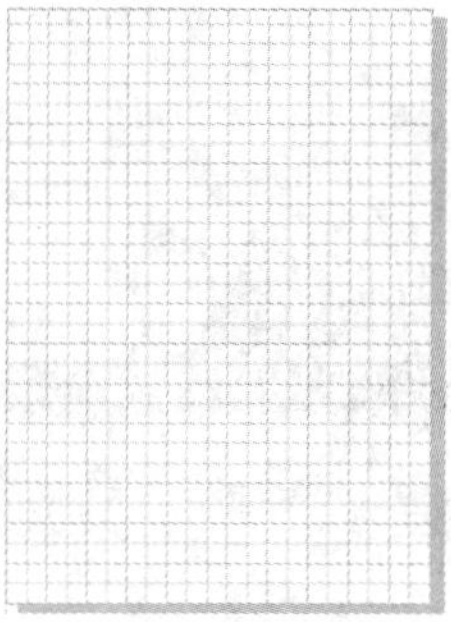

图 6-62

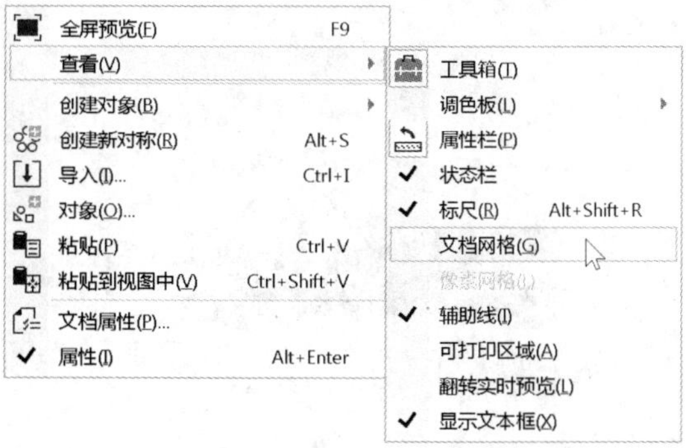

图 6-63

在绘图页面的标尺上单击鼠标右键，弹出快捷菜单，在快捷菜单中选择"网格设置"命令，如图 6-64 所示，弹出"选项"对话框，如图 6-65 所示。在"文档网格"选项组中，可以设置网格的密度和网格点的间距。在"基线网格"选项组中，可以设置从顶部开始的距离和基线的间距。若要查看像素网格的设置效果，必须切换到"像素"视图。

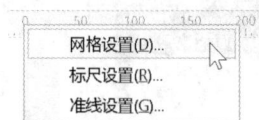

图 6-64

图 6-65

2. 设置辅助线

将鼠标指针移动到水平标尺或垂直标尺上，按住鼠标左键不放，并向下或向右拖曳标尺到适当的位置后松开鼠标左键，可以绘制一条辅助线，辅助线效果如图 6-66 所示。

要想移动辅助线，必须先选中辅助线。将鼠标指针放在辅助线上并单击鼠标左键，辅助线被选中后呈红色，按住鼠标左键，将辅助线拖曳到适当的位置即可，如图 6-67 所示。在拖曳辅助线的过程中单击鼠标右键，可以在当前位置复制出一条辅助线。选中辅助线后，按 Delete 键，可以将辅助线删除。

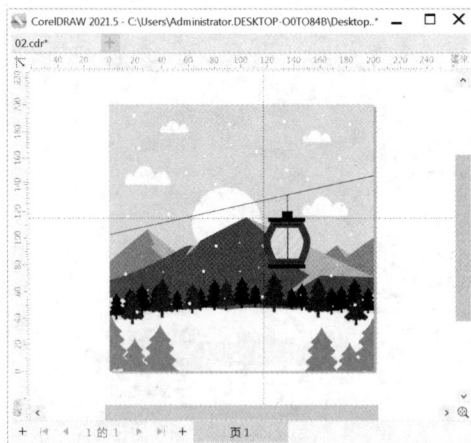

图 6-66

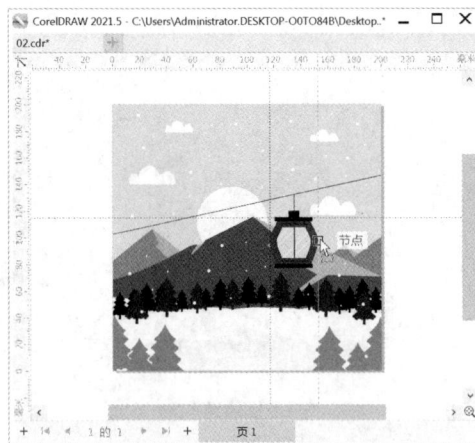

图 6-67

辅助线被选中变成红色后，再次单击辅助线，两端将出现辅助线的旋转控制点，如图 6-68 所示。可以通过拖曳两端的旋转控制点来旋转辅助线，如图 6-69 所示。

图 6-68

图 6-69

技
巧

选择"窗口 > 泊坞窗 > 辅助线"命令，或在标尺上单击鼠标右键，弹出快捷菜单，选择"准线设置"命令，弹出"辅助线"泊坞窗，可以在其中设置辅助线。

在辅助线上单击鼠标右键，在弹出的快捷菜单中选择"锁定"命令，可以将辅助线锁定。在弹出的快捷菜单中选择"解锁"命令，可以将辅助线解锁。

6.2.3　贴齐网格、辅助线和对象

选择"查看 > 贴齐 > 文档网格"命令，或单击"贴齐"按钮 贴齐(I) ▾ ，在弹出的下拉列表中选择"文档网格"复选框，如图 6-70 所示，也可以按 Alt+Y 组合键。再选择"查看 > 网格 > 文档网格"命令，显示出网格。在绘图页面中设置好网格后，在移动图形对象的过程中，图形对象会自动对齐到网格、辅助线或其他图形对象上，如图 6-71 所示。

在"对齐与分布"泊坞窗中选取需要的对齐或分布方式，选择"对齐"选项组中的"网格"按钮 ▦ ，如图 6-72 所示。图形对象的中心点会对齐到最近的网格点。在移动图形对象时，图形对象会对齐到最近的网格点。

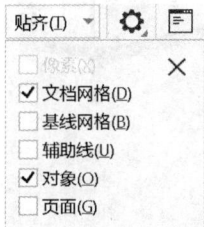

图 6-70

图 6-71

图 6-72

选择"查看 > 贴齐 > 辅助线"命令，或单击"贴齐"按钮 贴齐(I) ▾ ，在弹出的下拉列表中勾选"辅助线"复选框，可使图形对象自动对齐辅助线。

选择"查看 > 贴齐 > 对象"命令，或单击"贴齐"按钮，在弹出的下拉列表中勾选"对象"

复选框，也可以按 Alt+Z 组合键，使两个图形对象的中心对齐重合。

> **技巧** 在曲线图形对象之间，用"选择"工具 ▶ 或"形状"工具 ⟨ 选择并移动图形对象上的节点时，利用"贴齐>对象"命令的功能可以方便、准确地进行节点间的捕捉和对齐。

6.2.4 绘制标注线

工具箱中共有 5 种标注工具，从上到下依次是"平行度量"工具 ⟋、"水平或垂直度量"工具 ⌐、"角度尺度"工具 ⌐、"线段度量"工具 ⟑ 和"2 边标注"工具 ⟋。选择"平行度量"工具 ⟋，其属性栏如图 6-73 所示。

图 6-73

绘制一个图形对象，如图 6-74 所示。选择"平行度量"工具 ⟋，将鼠标指针移动到图形对象的节点上，按住鼠标左键并向右侧拖曳鼠标指针到图形对象的下一个节点上，再次单击鼠标左键，然后将鼠标指针移动到标注线的中间，如图 6-75 所示。最后单击鼠标左键完成标注，效果如图 6-76 所示。使用类似的方法，可以用其他标注工具对图形对象进行标注，标注完成后的效果如图 6-77 所示。

图 6-74

图 6-75

图 6-76

图 6-77

6.3 对象的排序

在 CorelDRAW 2021 中，相同位置上的图形对象之间存在着重叠的关系。如果在绘图页面中的同一位置先后绘制两个图形对象，后绘制的图形对象将位于先绘制的图形对象的上方。

使用 CorelDRAW 2021 的排序功能可以安排多个图形对象的前后顺序，也可以使用图层相关命令来管理图形对象。

使用"选择"工具 ▶ 选择要进行排序的图形对象，如图 6-78 所示。选择"对象 > 顺序"子菜单下需要的命令，如图 6-79 所示，可将已选择的图形对象重新排序。

📄	到页面前面(F)	Ctrl+主页
📄	到页面背面(B)	Ctrl+End
▧	到图层前面(L)	Shift+PgUp
▧	到图层后面(A)	Shift+PgDn
◈	向前一层(O)	Ctrl+PgUp
◈	向后一层(N)	Ctrl+PgDn
▨	置于此对象前(I)...	
▨	置于此对象后(E)...	
▧	逆序(R)	

图 6-78   图 6-79

选择"到图层前面"命令，可以将选中的图形从当前层移动到绘图页面的最顶层，效果如图 6-80 所示。按 Shift+PageUp 组合键，也可以完成这个操作。

选择"到图层后面"命令，可以将选中的图形从当前层移动到绘图页面的最底层，如图 6-81 所示。按 Shift+PageDown 组合键，也可以完成这个操作。

图 6-80   图 6-81

选择"向前一层"命令，可以将选中的图形从当前位置向前移动一个图层，如图 6-82 所示。按 Ctrl+PageUp 组合键，也可以完成这个操作。

选择"向后一层"命令，可以将选中的图形从当前位置向后移动一个图层，如图 6-83 所示。按 Ctrl+PageDown 组合键，也可以完成这个操作。

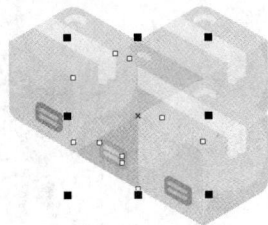   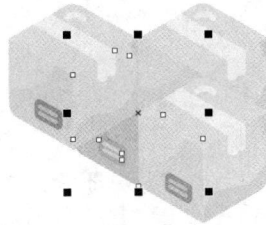

图 6-82   图 6-83

选中图形对象，选择"置于此对象前"命令，鼠标指针变为黑色箭头，如图 6-84 所示，使用黑色箭头单击指定的图形对象，选中的图形被放置到指定的图形对象的前面，效果如图 6-85 所示。

图 6-84

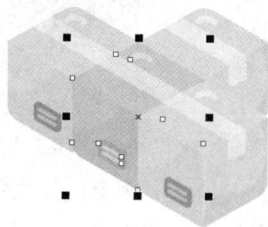

图 6-85

选中图形对象，选择"置于此对象后"命令，鼠标指针变为黑色箭头，如图 6-86 所示，使用黑色箭头单击指定的图形对象，选中的图形被放置到指定的图形对象的后面，效果如图 6-87 所示。

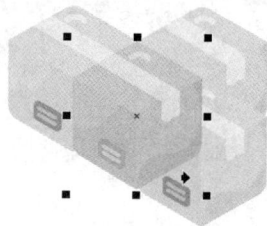

图 6-86

图 6-87

6.4　组合和合并

CorelDRAW 2021 提供了组合和合并功能。组合可以将多个不同的图形对象组合在一起，方便整体操作；合并可以将多个图形对象合并在一起，创建出一个新的对象。下面介绍组合和合并功能的使用方法和技巧。

6.4.1　课堂案例——绘制风筝插画

案例学习目标

学习使用图形绘制工具、"组合"命令和"焊接"命令绘制风筝插画。

案例知识要点

使用"多边形"工具、"旋转角度"选项、"椭圆形"工具、"变换"泊坞窗、"形状"工具、"尖突节点"按钮、"焊接"按钮和"组合"命令绘制风筝轮廓。风筝插画效果如图 6-88 所示。

效果所在位置

云盘\Ch06\效果\绘制风筝插画.cdr。

微课视频

扫码观看
本案例视频

图 6-88

（1）按 Ctrl+N 组合键，弹出"创建新文档"对话框，设置文档的宽度为 200 mm，高度为 200 mm，取向为横向，原色模式为 CMYK，渲染分辨率为 300 dpi，单击"OK"按钮，创建一个文档。

（2）双击"矩形"工具□，绘制一个与绘图页面大小相等的矩形，如图 6-89 所示，在"调色板"中的"朦胧绿"色块上单击鼠标左键，填充矩形，并去除矩形的轮廓线，效果如图 6-90 所示。

图 6-89   图 6-90

（3）选择"多边形"工具○，属性栏中的设置如图 6-91 所示。按住 Ctrl 键的同时，在适当的位置绘制一个多边形，效果如图 6-92 所示。设置多边形填充颜色的 CMYK 值为 0、40、60、0，效果如图 6-93 所示。

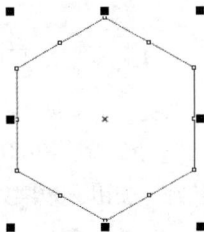
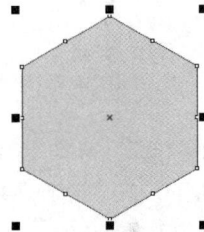

图 6-91   图 6-92   图 6-93

（4）按数字键盘上的+键，复制多边形。在属性栏中的"旋转角度"框○ 0.0 ° 中设置数值为 90.0，如图 6-94 所示。按 Enter 键，效果如图 6-95 所示。按 Ctrl+PageDown 组合键，将复制的多边形向后移一层，效果如图 6-96 所示。

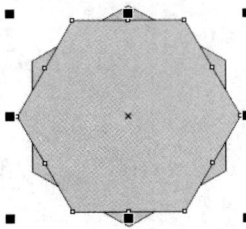
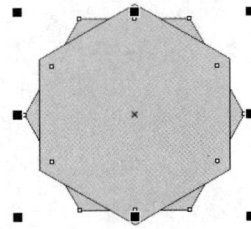

图 6-94   图 6-95   图 6-96

（5）选择"椭圆形"工具○，按住 Ctrl 键的同时，在适当的位置绘制一个圆形，设置圆形填充颜色的 CMYK 值为 0、40、60、0，效果如图 6-97 所示。选择"选择"工具▶，按数字键盘上的+键，复制圆形，按住 Ctrl 键的同时，竖直向下拖曳复制的圆形到适当的位置，效果如图 6-98 所示。

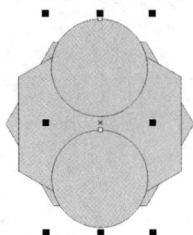

图 6-97

图 6-98

（6）用框选的方法将所绘制的圆形同时选取，如图 6-99 所示。按数字键盘上的+键，复制圆形。在属性栏中的"旋转角度"框中设置数值为 90.0，如图 6-100 所示。按 Enter 键，效果如图 6-101所示。

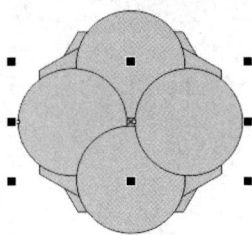

图 6-99

图 6-100

图 6-101

（7）使用"选择"工具，按住 Shift 键同时，单击另外两个圆形，将它们同时选取，如图 6-102所示。选择"窗口 > 泊坞窗 > 变换"命令，弹出"变换"泊坞窗，单击"大小"按钮，选项的设置如图 6-103 所示，单击"应用"按钮，效果如图 6-104 所示。

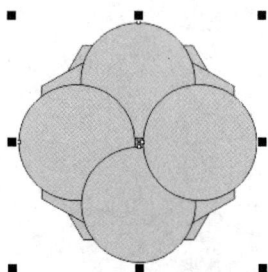
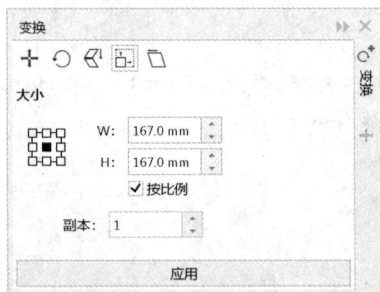
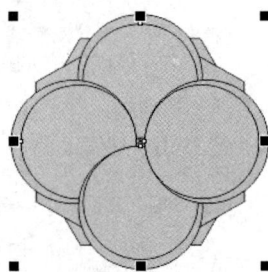

图 6-102

图 6-103

图 6-104

（8）选中上方的圆形，如图 6-105 所示，单击属性栏中的"转换为曲线"按钮，将圆形转换为曲线，如图 6-106 所示。

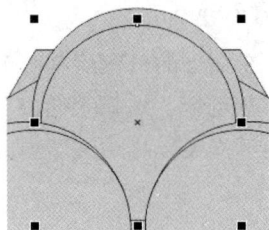
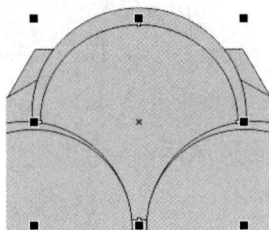

图 6-105

图 6-106

（9）选择"形状"工具，在适当的位置分别双击，添加节点，效果如图 6-107 所示。选中并拖曳中间的节点到适当的位置，如图 6-108 所示。单击属性栏中的"尖突节点"按钮，分别拖曳节点的控制点到适当的位置，调整曲线的弧度，效果如图 6-109 所示。

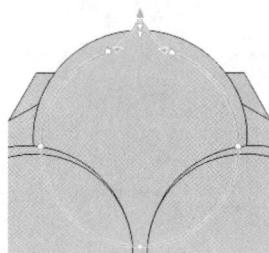

图 6-107   图 6-108   图 6-109

（10）用类似的方法分别调整其他圆形的节点，效果如图 6-110 所示。选择"选择"工具，按住 Shift 键同时，依次单击调整节点后的图形，将其同时选取，如图 6-111 所示。在属性栏中的"旋转角度"框中设置数值为 45.0，按 Enter 键，效果如图 6-112 所示。

图 6-110   图 6-111   图 6-112

（11）用框选的方法将圆形和调整节点后的图形同时选取，如图 6-113 所示，单击属性栏中的"焊接"按钮，合并图形，效果如图 6-114 所示。

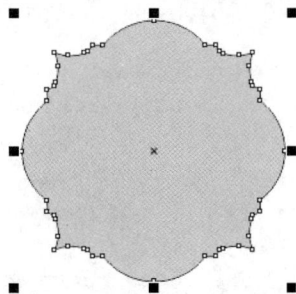

图 6-113   图 6-114

（12）拖曳合并图形到绘图页面中适当的位置，按 F12 键，弹出"轮廓笔"对话框，在"颜色"下拉列表中设置轮廓线的颜色为白色，其他选项的设置如图 6-115 所示。单击"OK"按钮，效果如图 6-116 所示。

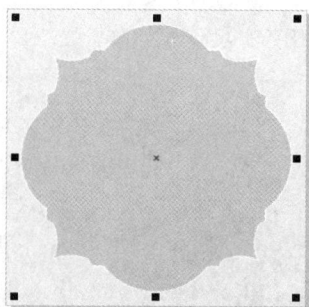

图 6-115   图 6-116

（13）选择"贝塞尔"工具 ✎，在适当的位置绘制一个不规则图形，如图 6-117 所示。设置不规则图形填充颜色的 CMYK 值为 11、13、11、0，并去除不规则图形的轮廓线，效果如图 6-118 所示。用类似的方法绘制其他不规则图形，并填充相应的颜色，效果如图 6-119 所示。

图 6-117   图 6-118   图 6-119

（14）选择"椭圆形"工具 ○，按住 Ctrl 键的同时，在适当的位置绘制一个圆形。设置圆形填充颜色的 CMYK 值为 9、75、67、0，效果如图 6-120 所示。按 F12 键，弹出"轮廓笔"对话框，在"颜色"下拉列表中设置轮廓线的颜色为黑色，其他选项的设置如图 6-121 所示。单击"OK"按钮，效果如图 6-122 所示。用类似的方法绘制其他圆形，并填充相应的颜色，眼睛部分的图形效果如图 6-123 所示。

图 6-120   图 6-121

图 6-122   图 6-123

（15）选择"选择"工具 ，用框选的方法将眼睛部分的图形同时选取，按 Ctrl+G 组合键，将其群组，如图 6-124 所示。按数字键盘上的+键，复制群组图形。单击属性栏中的"水平镜像"按钮 ，水平翻转图形，效果如图 6-125 所示。按住 Ctrl 键的同时，水平向右拖曳复制的群组图形到适当的位置，效果如图 6-126 所示。

图 6-124   图 6-125   图 6-126

（16）选择"椭圆形"工具 ，在适当的位置分别绘制两个椭圆形，如图 6-127 所示。选择"选择"工具 ，用框选的方法将所绘制的椭圆形同时选取，单击属性栏中的"焊接"按钮 ，将两个椭圆形合并为一个图形，效果如图 6-128 所示。按住 Shift 键的同时，单击下方头部的黑色不规则图形，将二者同时选取，如图 6-129 所示（为了方便读者观看，这里以白色轮廓显示）。

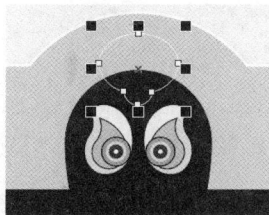

图 6-127   图 6-128   图 6-129

（17）选择"窗口 > 泊坞窗 > 形状"命令，弹出"形状"泊坞窗，在下拉列表中选择"相交"选项，其他设置如图 6-130 所示。单击"相交对象"按钮，鼠标指针变为 时，如图 6-131 所示，在白色线框图形上单击鼠标左键，效果如图 6-132 所示。

图 6-130   图 6-131   图 6-132

（18）保持图形的选中状态。设置相交图形填充颜色的 CMYK 值为 80、10、45、0，并去除相交图形的轮廓线，效果如图 6-133 所示。用类似的方法绘制其他图形，并填充相应的颜色，效果如图 6-134 所示。

（19）按 Ctrl+I 组合键，弹出"导入"对话框，选择云盘中的"Ch06\素材\绘制风筝插画\01"文件，单击"导入"按钮，在页面中单击，导入图形，并拖曳图形到适当的位置，效果如图 6-135 所示。风筝插画绘制完成。

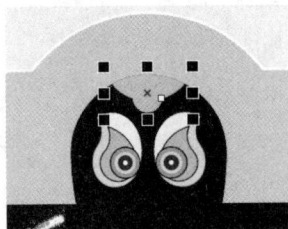

图 6-133　　　　　　　　　图 6-134　　　　　　　　　图 6-135

6.4.2　组合对象

绘制几个图形对象，使用"选择"工具▶将绘制的图形对象选中，如图 6-136 所示。选择"对象 > 组合 > 组合"命令，或按 Ctrl+G 组合键，或单击属性栏中的"组合对象"按钮▣，都可以将多个图形对象进行组合，效果如图 6-137 所示。按住 Ctrl 键，选择"选择"工具▶，单击需要选中的子对象，松开 Ctrl 键，子对象被选中，效果如图 6-138 所示。

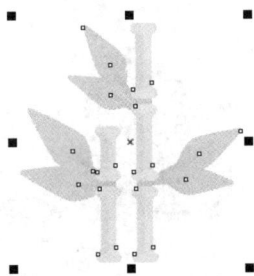

图 6-136　　　　　　　　　图 6-137　　　　　　　　　图 6-138

组合后的图形对象变成一个整体，移动或填充都是以整体为单位进行的。

选择"对象 > 组合 > 取消群组"命令，或按 Ctrl+U 组合键，或单击属性栏中的"取消组合对象"按钮▣，可以取消对象的组合状态。选择"对象 > 组合 > 全部取消组合"命令，或单击属性栏中的"取消组合所有对象"按钮▣，可以取消所有对象的组合状态。

> **技巧**　在组合中，子对象如果是多个对象组成的组合，那么这样的组合称为组合的嵌套。使用组合的嵌套操作可以管理多个对象之间的关系。

6.4.3　合并对象

选择"选择"工具 ，选中要合并的图形对象，如图 6-139 所示。选择"对象 > 合并"命令，或按 Ctrl+L 组合键，可以将多个图形对象合并，效果如图 6-140 所示。单击属性栏中的"合并"按钮 ，也可以完成图形的合并。

使用"形状"工具 选中合并后的图形对象，可以对图形对象的节点进行调整，如图 6-141 所示。可以对图形对象部分节点的形状进行调整，效果如图 6-142 所示。

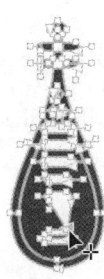

图 6-139　　　　　　图 6-140　　　　　　图 6-141　　　　　　图 6-142

选择"对象 > 拆分曲线"命令，或按 Ctrl+K 组合键，可以取消图形对象的合并状态，原来合并的图形对象将变为多个单独的图形对象。

> 技巧
>
> 如果对象合并前有填充颜色，那么合并后的对象除交集以外的部分将显示最后选中对象的颜色。如果使用框选的方法选取对象，将显示选框最下方对象的颜色。

课堂练习——制作中秋节海报

练习知识要点

使用"导入"命令导入素材图片；使用"对齐与分布"命令对齐对象；使用"文本"工具、"形状"工具添加并编辑主题文字。效果如图 6-143 所示。

图 6-143

微课视频

扫码观看
本案例视频

◉ 效果所在位置

云盘\Ch06\效果\制作中秋节海报.cdr。

课后习题——绘制舞狮贴纸

⊘ 习题知识要点

使用"椭圆形"工具、"贝塞尔"工具、"水平翻转"按钮、"星形"工具、"组合"命令绘制舞狮五官。效果如图 6-144 所示。

图 6-144

微课视频

扫码观看
本案例视频

◉ 效果所在位置

云盘\Ch06\效果\绘制舞狮贴纸.cdr。

07

第 7 章
编辑文本

本章介绍

　　CorelDRAW 2021 具有强大的文本输入、编辑和处理功能。在 CorelDRAW 2021 中，除了可以进行常规的文本输入和编辑，还可以进行复杂的特效文本处理。通过学习本章的内容，读者可以了解、掌握并应用 CorelDRAW 2021 编辑文本的方法和技巧。

学习目标

- ✔ 掌握创建文本的方法。
- ✔ 掌握字体设置的方法。
- ✔ 掌握制作文本效果的方法。

技能目标

- ✔ 掌握"家电电商广告"的制作方法。
- ✔ 掌握"台历"的制作方法。
- ✔ 掌握"美食杂志内页"的制作方法。
- ✔ 掌握"女装 Banner 广告"的制作方法。

素养目标

- ✔ 培养对艺术设计的想象力和创造力。

7.1　文本的基本操作

在 CorelDRAW 2021 中，文本是具有特殊属性的图形对象。下面介绍在 CorelDRAW 2021 中处理文本的一些基本操作。

7.1.1　课堂案例——制作家电电商广告

案例学习目标

学习使用"文本"工具、"文本"泊坞窗制作家电电商广告。

案例知识要点

使用"文本"工具、"文本"泊坞窗添加并填充文字；使用"文本"泊坞窗中的"位置"按钮设置上标效果。家电电商广告效果如图 7-1 所示。

图 7-1

微课视频

扫码观看
本案例视频

效果所在位置

云盘\Ch07\效果\制作家电电商广告.cdr。

（1）按 Ctrl+N 组合键，弹出"创建新文档"对话框，设置文档的宽度为 1920 px，高度为 800 px，取向为横向，原色模式为 RGB，分辨率为 72 dpi，单击"OK"按钮，创建一个文档。

（2）按 Ctrl+I 组合键，弹出"导入"对话框，选择云盘中的"Ch07\素材\制作家电电商广告\01"文件，单击"导入"按钮，在绘图页面中单击，导入图片，如图 7-2 所示。按 P 键，使图片在绘图页面中居中对齐，效果如图 7-3 所示。

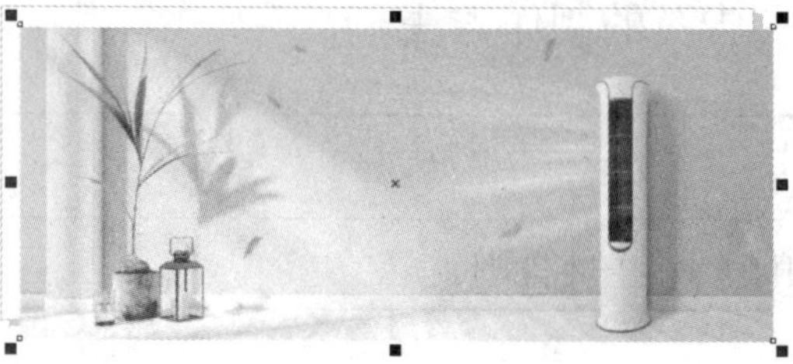

图 7-2

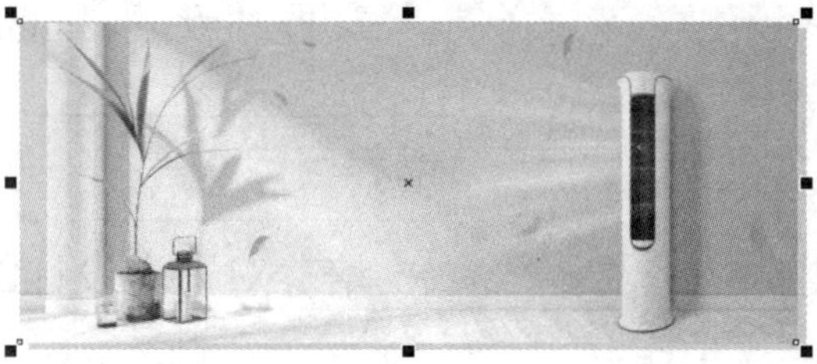

图 7-3

（3）选择"文本"工具 **字**，在页面中合适的位置单击，输入需要的文字。选择"选择"工具 ，在属性栏中选择适当的字体并设置文字大小，填充文字为白色，效果如图 7-4 所示。

图 7-4

（4）选择"文本 > 文本"命令，在弹出的"文本"泊坞窗中进行设置，如图 7-5 所示。按 Enter 键，效果如图 7-6 所示。

（5）选择"文本"工具**字**，选取文字"智慧生活"，设置文字填充颜色的 RGB 值为 69、67、0，效果如图 7-7 所示。

图 7-5

图 7-6

图 7-7

（6）选择"阴影"工具，从文字中间向右上角拖曳鼠标指针，为文字添加阴影效果。在属性栏中设置阴影颜色的 RGB 值为 69、74、45，其他选项的设置如图 7-8 所示。按 Enter 键，效果如图 7-9 所示。

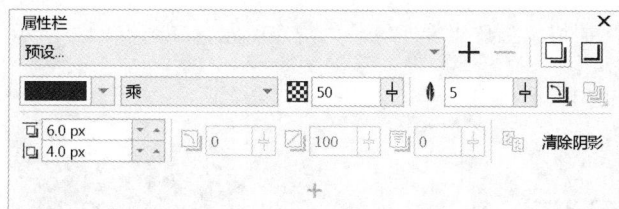

图 7-8

图 7-9

（7）选择"文本"工具**字**，在适当的位置输入需要的文字。选择"选择"工具，在属性栏中选择适当的字体并设置文字大小。设置文字填充颜色的 RGB 值为 69、67、0，效果如图 7-10 所示。在"文本"泊坞窗中，选项的设置如图 7-11 所示。按 Enter 键，效果如图 7-12 所示。

| 图 7-10 | 图 7-11 | 图 7-12 |

（8）选择"文本"工具 **字**，选取文字"56℃"，在属性栏中设置文字大小，效果如图 7-13 所示。设置文字填充颜色的 RGB 值为 255、153、51，效果如图 7-14 所示。

| 图 7-13 | 图 7-14 |

（9）用类似的方法调整文字"120°"的大小和颜色，效果如图 7-15 所示。选择"矩形"工具 **□**，在适当的位置绘制一个矩形，如图 7-16 所示。

| 图 7-15 | 图 7-16 |

（10）保持矩形的选中状态。在属性栏中将"圆角半径"均设为 27.0 px，如图 7-17 所示。按 Enter 键，效果如图 7-18 所示。

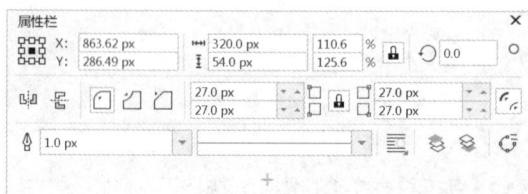

| 图 7-17 | 图 7-18 |

（11）按 F11 键，弹出"编辑填充"对话框，单击"渐变填充"按钮 **▨**，将"起点"色块颜色的 RGB 值设为 130、137、48，"终点"色块颜色的 RGB 值设为 164、166、91，其他选项的设置如

图 7-19 所示。单击 "OK" 按钮，填充矩形，然后去除矩形的轮廓线，效果如图 7-20 所示。

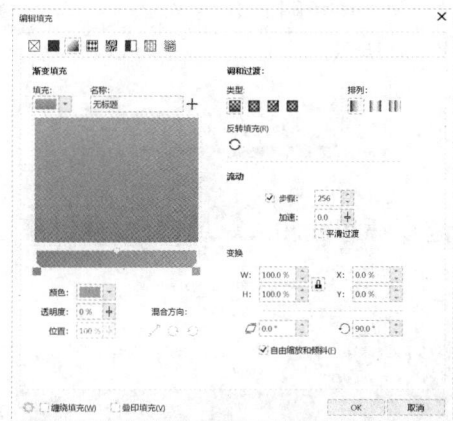

图 7-19　　　　　　　　　　　图 7-20

（12）选择 "文本" 工具 **字**，在适当的位置分别输入需要的文字。选择 "选择" 工具 **▶**，在属性栏中分别为文字选择适当的字体并设置文字大小，填充文字为白色，效果如图 7-21 所示。选取文字 "建议……m2"，设置文字填充颜色的 RGB 值为 69、67、0，效果如图 7-22 所示。

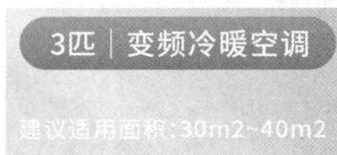

图 7-21

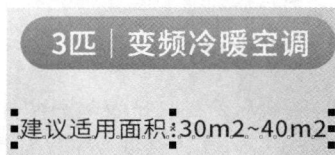

图 7-22

（13）选择 "文本" 工具 **字**，选中数字 "2"，如图 7-23 所示。在 "文本" 泊坞窗中，单击 "位置" 按钮 **X²**，在弹出的下拉列表中选择 "上标（自动）" 选项，设置如图 7-24 所示，文字效果如图 7-25 所示。用类似的方法设置其他文字上标，效果如图 7-26 所示。

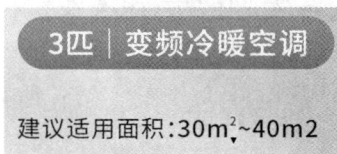

图 7-23

图 7-24

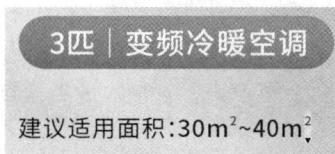

图 7-25

图 7-26

（14）选择"文本"工具 字，选中文字"30m²~40m²"，如图 7-27 所示，在属性栏中选择适当的字体并设置文字大小，效果如图 7-28 所示。设置文字填充颜色的 RGB 值为 255、153、51，效果如图 7-29 所示。家电电商广告制作完成，效果如图 7-30 所示。

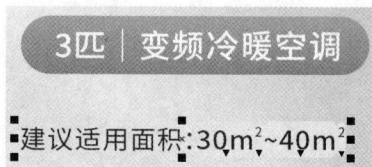

图 7-27

图 7-28

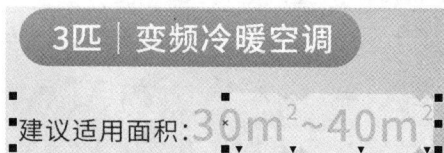

图 7-29

图 7-30

7.1.2　创建文本

CorelDRAW 2021 中的文本有两种类型，分别是美术字文本和段落文本。它们在使用方法、应用编辑格式、应用特殊效果等方面有很大的区别。

1.　输入美术字文本

选择"文本"工具 字，在绘图页面中单击鼠标左键，出现"Ⅰ"形插入文本光标，这时的属性栏显示为"文本"工具属性栏。在属性栏中选择字体，设置字体大小和字符属性，如图 7-31 所示。设置完成后，直接输入美术字文本，效果如图 7-32 所示。

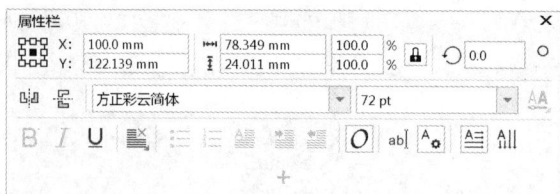

图 7-31

图 7-32

2.　输入段落文本

选择"文本"工具 字，在绘图页面中按住鼠标左键不放，自左上往右下拖曳鼠标指针，出现一个矩形的文本框，松开鼠标左键，文本框如图 7-33 所示。在属性栏中选择字体，设置字体大小和字符属性，如图 7-34 所示。设置完成后，直接在文本框中输入段落文本，效果如图 7-35 所示。

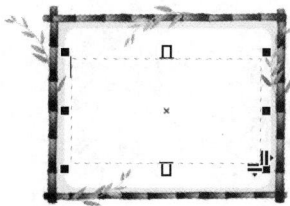

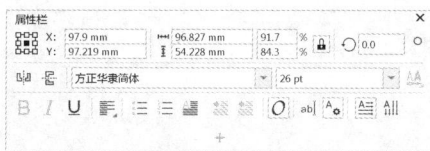

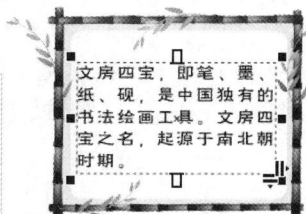

图 7-33	图 7-34	图 7-35

> **技巧**　　利用剪切、复制和粘贴等命令，可以将其他文本处理软件（如 WPS 文字、Word）中的文本复制到 CorelDRAW 2021 的文本框中。

3. 转换文本模式

使用"选择"工具 选中美术字文本，如图 7-36 所示。选择"文本 > 转换为段落文本"命令，或按 Ctrl+F8 组合键，可以将美术字文本转换为段落文本，如图 7-37 所示。再次按 Ctrl+F8 组合键，可以将段落文本转换回美术字文本。

> **技巧**　　将美术字文本转换成段落文本后，它就不再是图形对象，也就不能对其进行特殊操作。当段落文本转换成美术字文本后，它会丢失段落文本原来的格式。

图 7-36	图 7-37

7.1.3　改变文本的属性

1. 在属性栏中改变文本的属性

选择"文本"工具 字，属性栏如图 7-38 所示。各选项和按钮的含义如下。

字体列表：单击 Arial 下拉按钮，可以在弹出的下拉列表中选择需要的字体。

字体大小：单击 12 pt 下拉按钮，可以在弹出的下拉列表中选择需要的字号。

B *I* U：设定字体为粗体、斜体或为字体添加下划线。

"文本对齐"按钮 ：单击此按钮可以在其下拉列表中选择文本的水平对齐方式。

"文本"按钮 ：单击此按钮可以打开"文本"泊坞窗。

"编辑文本"按钮 abl：单击此按钮可以打开"编辑文本"对话框，在对话框中可以编辑文本的各种属性。

/ ：设置文本的排列方式为水平或垂直。

2. 利用"文本"泊坞窗改变文本的属性

单击属性栏中的"文本"按钮 $^{A}_{o}$ ，打开"文本"泊坞窗，如图 7-39 所示，在"文本"泊坞窗中可以设置文字的字体、段落及图文框等属性。

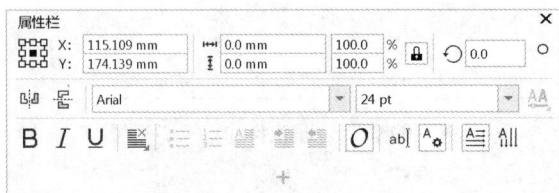

图 7-38   图 7-39

7.1.4 编辑文本

选择"文本"工具 **字**，在绘图页面上的文本上单击鼠标左键，插入光标。按住鼠标左键并拖曳鼠标指针，选中需要的文本，如图 7-40 所示。在页面上的任意位置单击鼠标左键，可以取消对文本的选中状态。

在"文本"工具属性栏中重新选择字体，如图 7-41 所示。设置完成后，被选中文本的字体效果如图 7-42 所示。在"文本"工具属性栏中还可以设置文本的字体大小、对齐方式、排列方向等属性。

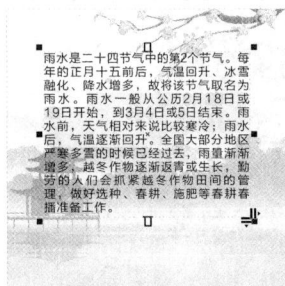

图 7-40   图 7-41   图 7-42

选中需要填充颜色的文本，如图 7-43 所示，在调色板中需要的颜色上单击鼠标左键，可以为选中的文本填充颜色，如图 7-44 所示。

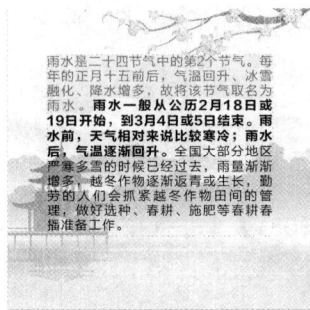

图 7-43   图 7-44

按住 Alt 键并拖曳文本框，如图 7-45 所示，段落文本的大小会随着文本框大小的改变而改变，如图 7-46 所示。

图 7-45

图 7-46

选中需要复制的文本，如图 7-47 所示，按 Ctrl+C 组合键，将选中的文本复制到剪贴板中。在文本中的其他位置单击，插入光标，再按 Ctrl+V 组合键，可以将选中的文本粘贴到光标插入的位置，效果如图 7-48 所示。

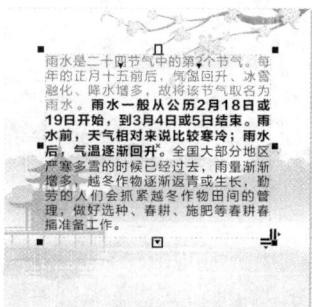

图 7-47

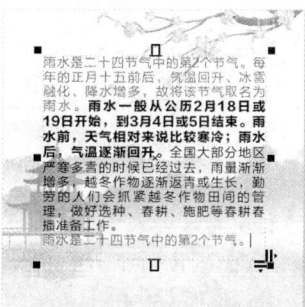

图 7-48

在文本中的任意位置单击，插入光标，效果如图 7-49 所示，再按 Ctrl+A 组合键，可以将整个文本选中，效果如图 7-50 所示。

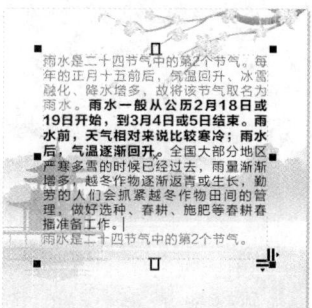

图 7-49

图 7-50

选择"选择"工具 ，选中需要编辑的文本，单击属性栏中的"编辑文本"按钮 ，或选择"文本 > 编辑文本"命令，或按 Ctrl+Shift+T 组合键，弹出"编辑文本"对话框，如图 7-51 所示。

在"编辑文本"对话框中，可以利用 方正三事黑_GBK 24 pt B I U 中的设置调整文本的属性，可以在下方的文本栏中输入需要的文本。

单击"选项"按钮 选项(P)，弹出图 7-52 所示的下拉列表，可以在其中选择需要的选项来完成编辑文本的操作。

单击"导入"按钮 导入(I)...，弹出图 7-53 所示的"导入"对话框，可以将需要的文本导入到"编辑文本"对话框的文本框中。

在"编辑文本"对话框中编辑完成后，单击"确定"按钮，编辑好的文本内容就会出现在绘图页面中。

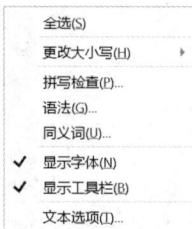

图 7-51

图 7-52

图 7-53

7.1.5　导入文本

在图书的制作过程中，经常会将已编辑好的文本插入页面中，这些文本可以通过其他的字处理软件进行输入并调整格式。使用 CorelDRAW 2021 的导入功能，可以方便且快捷地完成文本导入的操作。

1.　使用剪贴板导入文本

在 CorelDRAW 2021 中，可以借助剪贴板剪贴字处理软件（如 WPS 文字、Word）中的文本。在字处理软件中选中需要的文本，按 Ctrl+C 组合键，将文本复制到剪贴板。

在 CorelDRAW 2021 中选择"文本"工具 字，在绘图页面中需要插入文本的位置单击鼠标左键，出现"I"形文本光标。按 Ctrl+V 组合键，将剪贴板中的文本粘贴到插入文本光标的位置，完成美术字文本的导入。

在 CorelDRAW 2021 中选择"文本"工具 字，在绘图页面中单击鼠标左键并拖曳鼠标指针，绘制出一个文本框。按 Ctrl+V 组合键，将剪贴板中的文本粘贴到文本框中。完成段落文本的导入。

选择"编辑 > 选择性粘贴"命令，弹出"选择性粘贴"对话框，如图 7-54 所示。在对话框中，可以将文本以图片、Word 文档格式、纯文本格式导入到页面中，可以根据需要选择不同的导入格式。

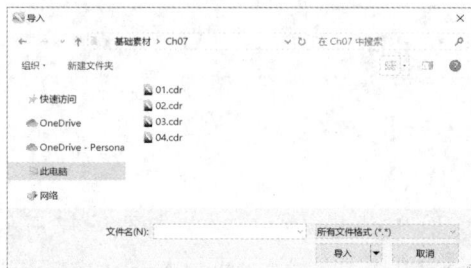

图 7-54

2. 使用菜单命令导入文本

选择"文件 > 导入"命令，或按 Ctrl+I 组合键，弹出"导入"对话框，选择需要导入的文本文件，如图 7-55 所示，单击"导入"按钮。绘图页面中会出现"导入/粘贴文本"对话框，如图 7-56 所示。如果单击"取消"按钮，可以取消文本的导入；如果确定导入，则选择需要的导入方式，单击"OK"按钮后，开始转换。

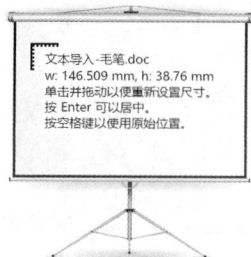

图 7-55

图 7-56

转换过程完成后，绘图页面中的鼠标指针如图 7-57 所示。按住鼠标左键并拖曳鼠标指针绘制出文本框，如图 7-58 所示。松开鼠标左键，导入的文本出现在文本框中，如图 7-59 所示。如果文本框的大小不合适，可以用鼠标拖曳文本框边框的控制点以调整文本框的大小，如图 7-60 所示。

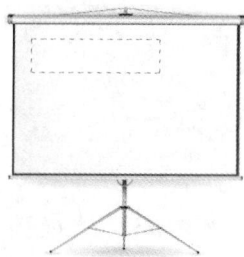

图 7-57   图 7-58   图 7-59   图 7-60

技巧
当导入的文本文字太多，绘制的文本框容纳不下这些文字时，CorelDRAW 2021 会自动增加新页面，并建立相同的文本框，其余容纳不下的文字会被导入到新建立的文本框中。

7.1.6 修改字体属性

字体属性的修改方法很简单，下面介绍使用"形状"工具 修改字体属性的方法和技巧。

在绘图页面中输入一行美术字文本，效果如图 7-61 所示。选择"形状"工具 ，每个文字的左下角会出现一个空心节点 ，效果如图 7-62 所示。

单击第一个字的空心节点 ，空心节点 变为黑色节点 ，效果如图 7-63 所示。

图 7-61

图 7-62

图 7-63

在属性栏中选择新的字体，第一个字的字体属性被改变，效果如图 7-64 所示。使用类似的方法，将第六个字的字体属性改变，效果如图 7-65 所示。

方正彩云简体

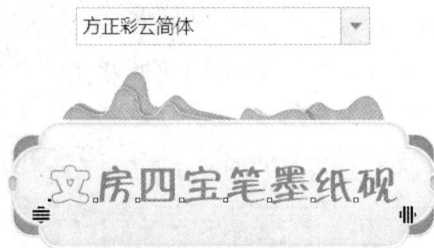

图 7-64

方正琥珀简体

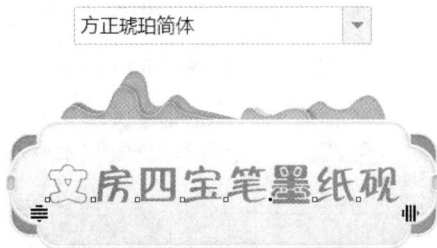

图 7-65

7.1.7 复制文本属性

使用复制文本属性的功能，可以快速地将不同文本的属性设置成相同的文本属性。下面介绍具体的复制文本属性的方法。

在绘图页面中输入两个不同文本属性的词语，如图 7-66 所示。选中文本"春暖花开"，如图 7-67 所示。按住鼠标右键，拖曳文本"春暖花开"到文本"放风筝"上，鼠标指针变为 ▲ 图标，如图 7-68 所示。

图 7-66

图 7-67

图 7-68

松开鼠标右键，弹出快捷菜单，选择"复制所有属性"命令，如图 7-69 所示，将"春暖花开"文本的属性复制给"放风筝"文本，复制后的效果如图 7-70 示。

图 7-69

图 7-70

7.1.8 课堂案例——制作台历

案例学习目标

学习使用"文本"工具、"文本"泊坞窗和"制表位"命令制作台历。

案例知识要点

使用"矩形"工具和"复制"命令制作挂环;使用"文本"工具、"制表位"命令和"文本"泊坞窗制作台历日期;使用"文本"工具和"文本"泊坞窗制作台历月份;使用"2 点线"工具绘制虚线。台历效果如图 7-71 所示。

图 7-71

微课视频

扫码观看
本案例视频

效果所在位置

云盘\Ch07\效果\制作台历.cdr。

（1）按 Ctrl+N 组合键,新建一个 A4 大小的绘图页面。选择"矩形"工具□,在绘图页面中绘制一个矩形。按 F11 键,弹出"编辑填充"对话框,单击"渐变填充"按钮█,将"起点"色块颜色的 CMYK 值设置为 0、0、0、10,"终点"色块颜色的 CMYK 值设置为 0、0、0、40,其他选项的设置如图 7-72 所示。单击"OK"按钮,填充矩形。去除矩形的轮廓线,效果如图 7-73 所示。

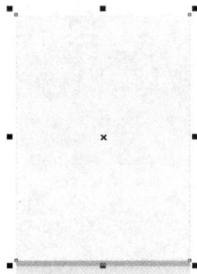

图 7-72   图 7-73

（2）选择"矩形"工具□，在适当的位置绘制一个矩形。在"调色板"中的"50%黑"色块上单击鼠标左键，填充矩形，然后去除矩形的轮廓线，效果如图 7-74 所示。

（3）按数字键盘上的+键，复制矩形。选择"选择"工具▶，按住 Ctrl 键的同时，垂直向上拖曳复制的矩形到适当的位置。在"调色板"中的"10%黑"色块上单击鼠标左键，填充复制的矩形，效果如图 7-75 所示。

图 7-74   图 7-75

（4）按 Ctrl+I 组合键，弹出"导入"对话框，选择云盘中的"Ch07\素材\制作台历\01"文件，单击"导入"按钮，在绘图页面中单击，导入图片。选择"选择"工具▶，拖曳图片到适当的位置并调整其大小，效果如图 7-76 所示。

（5）选择"对象 > PowerClip > 置于图文框内部"命令，鼠标指针变为黑色箭头，如图 7-77 所示，在矩形上单击鼠标左键，将图片置入矩形中，效果如图 7-78 所示。

图 7-76   图 7-77   图 7-78

（6）选择"矩形"工具□，在适当的位置绘制一个矩形，填充矩形为黑色，然后去除矩形的轮廓线，效果如图 7-79 所示。再绘制一个矩形，设置矩形填充颜色的 CMYK 值为 0、0、0、30，然后去除矩形的轮廓线，效果如图 7-80 所示。

（7）选择"选择"工具▶，按住鼠标左键并将灰白色矩形拖曳到适当的位置，然后单击鼠标右键，复制灰白色矩形，效果如图 7-81 所示。用框选的方法将需要的图形同时选取，按 Ctrl+G 组合键，群组图形，效果如图 7-82 所示。将群组图形拖曳到适当的位置并单击鼠标右键，复制群组形，效果如图 7-83 所示。连续按 Ctrl+D 组合键，复制多个群组形，效果如图 7-84 所示。

图 7-79

图 7-80

图 7-81

图 7-82

图 7-83

图 7-84

（8）选择"文本"工具字，在绘图页面空白处按住鼠标左键并拖曳鼠标指针，绘制文本框，如图 7-85 所示。选择"文本 > 制表位"命令，弹出"制表位设置"对话框，如图 7-86 所示。

图 7-85

制表位设置			✕
制表位位置(T)：	7.5	mm	添加(A)

制表位	对齐	前导符
7.500 mm	左	关
15.000 mm	左	关
22.500 mm	左	关
30.000 mm	左	关
37.500 mm	左	关
45.000 mm	左	关
52.500 mm	左	关
60.000 mm	左	关
67.500 mm	左	关
75.000 mm	左	关
82.500 mm	左	关

移除(R)　全部移除(E)　　　前导符选项(L)...

OK　取消

图 7-86

（9）单击对话框左下角的"全部移除"按钮，清空所有的制表位位置点，如图 7-87 所示。在对话框中的"制表位位置"文本框中输入数值 15.0，连续按 8 次"添加"按钮，添加 8 个位置点，如图 7-88 所示。

（10）单击两次第一行的"左"字，再单击右侧的按钮▾，在弹出的下拉列表中选择"中"对齐，如图 7-89 所示。将剩余 7 个位置点全部选择"中"对齐，如图 7-90 所示，单击"OK"按钮。

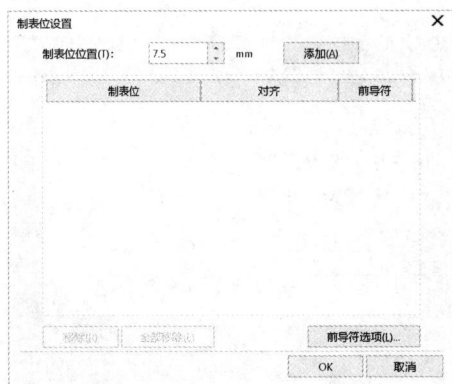

图 7-87

图 7-88

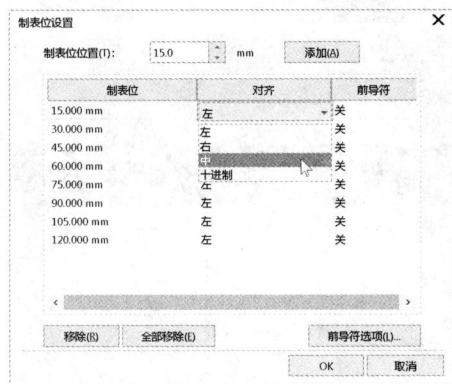

图 7-89

图 7-90

（11）将光标置于段落文本框中，按 Tab 键，输入文字"日"，效果如图 7-91 所示。再按 Tab 键，光标跳到下一个制表位处，输入文字"一"，如图 7-92 所示。

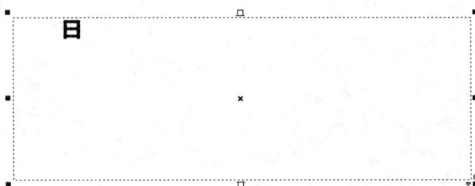

图 7-91

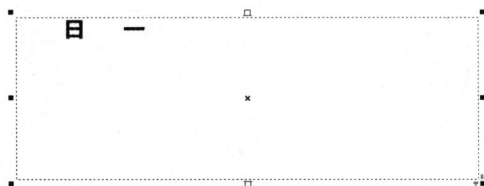

图 7-92

（12）依次输入其他需要的文字，如图 7-93 所示。按 Enter 键，将光标移动到下一行，按 5 次 Tab 键，然后输入需要的文字，如图 7-94 所示。用类似的方法依次输入需要的文字，效果如图 7-95 所示。选中文本框，在属性栏中选择合适的字体并设置文字大小，效果如图 7-96 所示。

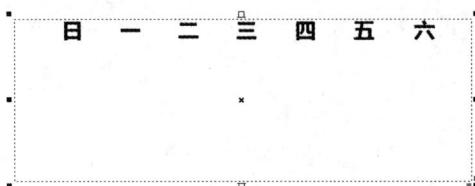

图 7-93

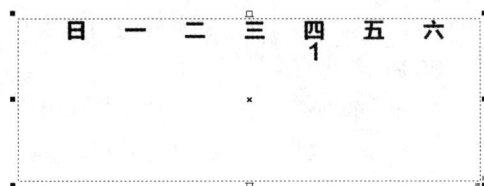

图 7-94

图 7-95

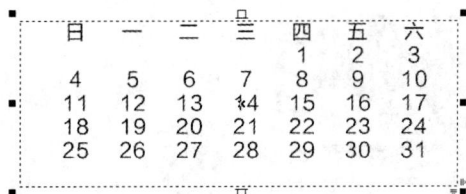

图 7-96

（13）按 Ctrl+T 组合键，弹出"文本"泊坞窗，单击"段落"按钮，切换到相应的泊坞窗，设置如图 7-97 所示，按 Enter 键，文字效果如图 7-98 所示。

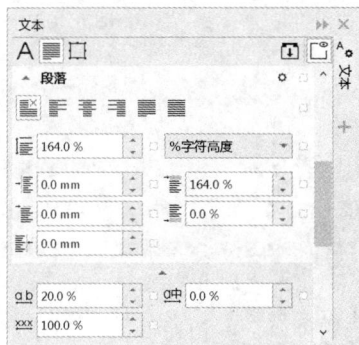

图 7-97

图 7-98

（14）选择"文本"工具，分别选中需要的文字，设置文字填充颜色的 CMYK 值为 0、100、100、10，效果如图 7-99 所示。选择"选择"工具，向上拖曳文本框下方中间的控制手柄到适当的位置，效果如图 7-100 所示。

图 7-99

图 7-100

（15）选择"选择"工具，将文本框拖曳到适当的位置，效果如图 7-101 所示。选择"文本"工具，在绘图页面中分别输入需要的文字并在属性栏中为输入的文字分别选择适当的字体和字号，效果如图 7-102 所示。

（16）选择"选择"工具，选中需要的文字。在"文本"泊坞窗中，单击"段落"按钮，切换到相应的泊坞窗，设置如图 7-103 所示，按 Enter 键，文字效果如图 7-104 所示。设置文字填充颜色的 CMYK 值为 0、100、100、20，效果如图 7-105 所示。

（17）选择"文本"工具，在绘图页面中输入需要的文字并在属性栏中选择适当的字体和字号，效果如图 7-106 所示。

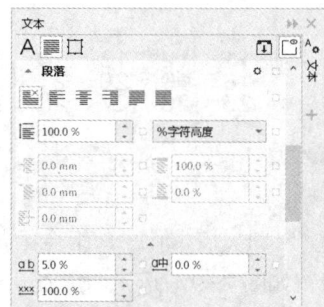

图 7-101　　　　　　　　　　图 7-102　　　　　　　　　　图 7-103

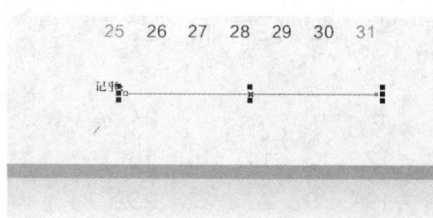

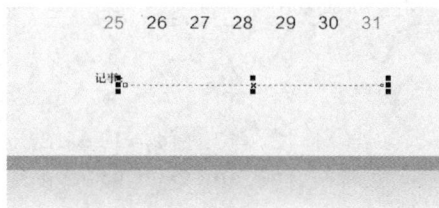

图 7-104　　　　　　　　　　图 7-105　　　　　　　　　　图 7-106

（18）选择"2 点线"工具 ✎，按住 Shift 键的同时，绘制一条直线，效果如图 7-107 所示。在属性栏中的"线条样式"下拉列表中选择需要的样式，如图 7-108 所示，效果如图 7-109 所示。

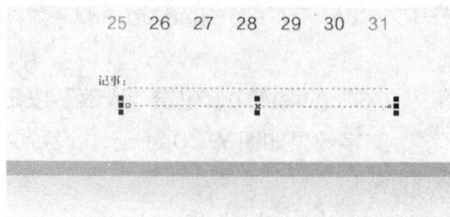

图 7-107　　　　　　　　　　图 7-108　　　　　　　　　　图 7-109

（19）选择"选择"工具 ▶，将虚线拖曳到适当的位置并单击鼠标右键，复制虚线，效果如图 7-110 所示。向左拖曳复制的虚线左侧中间的控制手柄，调整虚线长度，效果如图 7-111 所示。

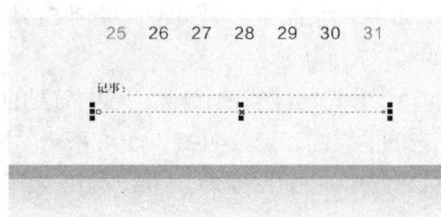

图 7-110　　　　　　　　　　　　　　　　图 7-111

（20）选择"选择"工具 ，将复制的虚线拖曳到适当的位置并单击鼠标右键，复制虚线，效果如图 7-112 所示。台历制作完成，效果如图 7-113 所示。

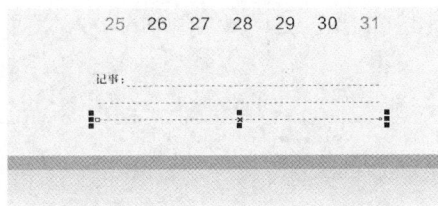

图 7-112

图 7-113

7.1.9　设置间距

输入一段文本，如图 7-114 所示。使用"形状"工具 选中文本，文本的节点将处于编辑状态，如图 7-115 所示。拖曳 图标，可以调整文本中的字符的间距；拖曳 图标，可以调整文本的行距，如图 7-116 所示。使用键盘上的方向键，可以对文本进行微调。

图 7-114

图 7-115

图 7-116

按住 Shift 键，将段落中第二行文字左下角的节点全部选中，如图 7-117 所示。将鼠标指针放在黑色的节点上，按住鼠标左键拖曳节点，如图 7-118 所示。可以将第二行文字移动到需要的位置，效果如图 7-119 所示。使用类似的方法可以对单个文字进行移动。

图 7-117

图 7-118

图 7-119

> **技巧**　　在"文本"泊坞窗的"段落"设置区中，"字符间距"选项可以设置字符的间距，"行间距"选项可以设置行距。

7.1.10　设置文本嵌线和上下标

1. 设置文本嵌线

选中需要处理的文本，如图 7-120 所示。单击"文本"工具属性栏中的"文本"按钮 A，弹出"文本"泊坞窗，如图 7-121 所示。

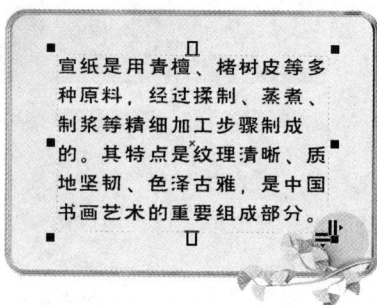

图 7-120

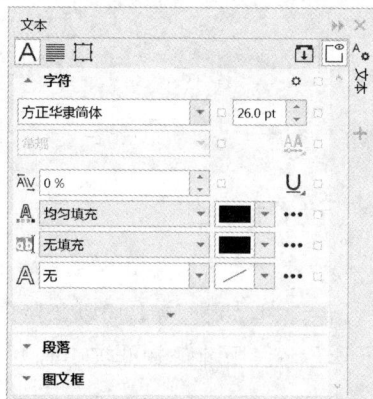

图 7-121

单击"下划线"按钮 U，在弹出的下拉列表中选择线型，如图 7-122 所示，文本添加下划线后的效果如图 7-123 所示。

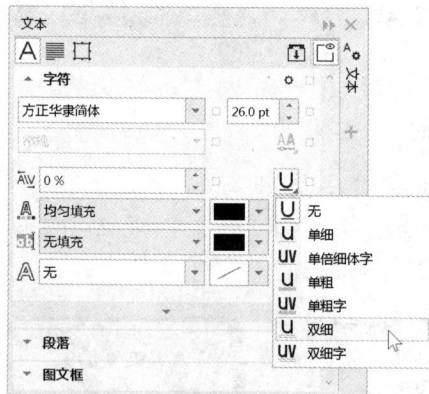

图 7-122

图 7-123

选中需要处理的文本，如图 7-124 所示。在"文本"泊坞窗中单击 ▼ 按钮，显示出更多选项。在"字符删除线"选项 ab 的下拉列表中选择线型，如图 7-125 所示，文本添加删除线后的效果如图 7-126 所示。

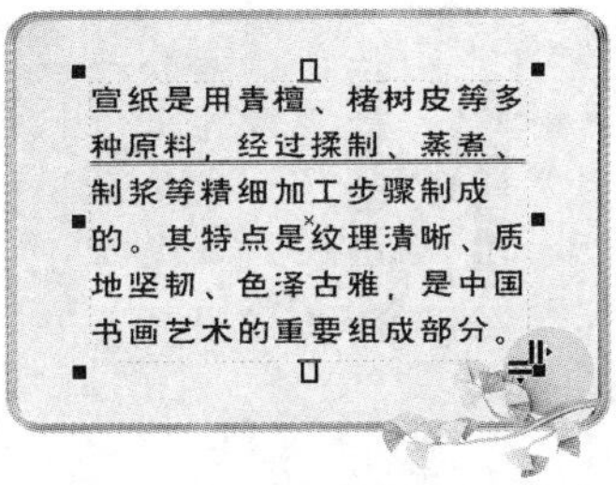

图 7-124 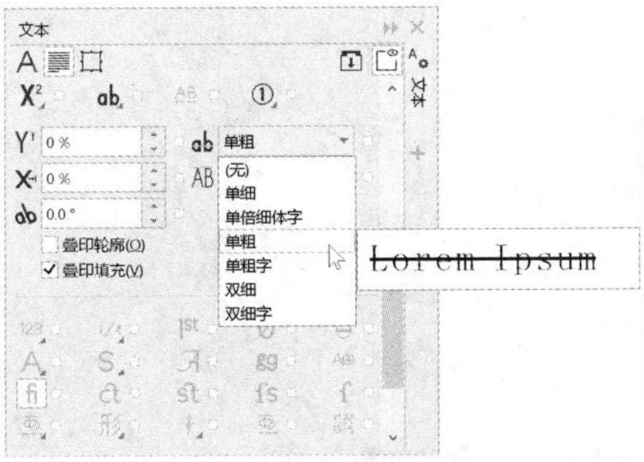 图 7-125 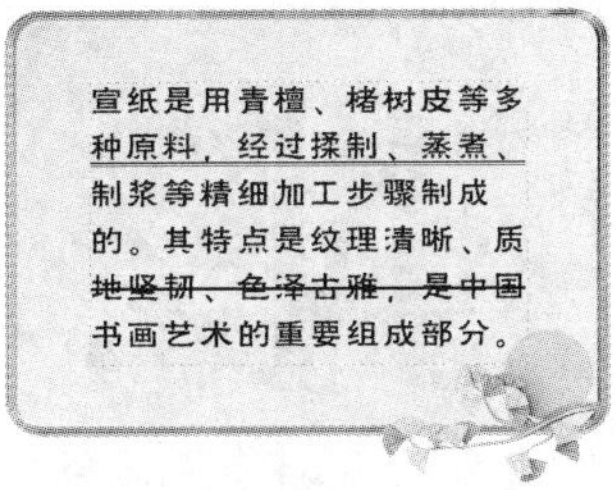 图 7-126

选中需要处理的文本，如图 7-127 所示。在"字符上划线" AB 选项的下拉列表中选择线型，如图 7-128 所示，文本添加上划线后的效果如图 7-129 所示。

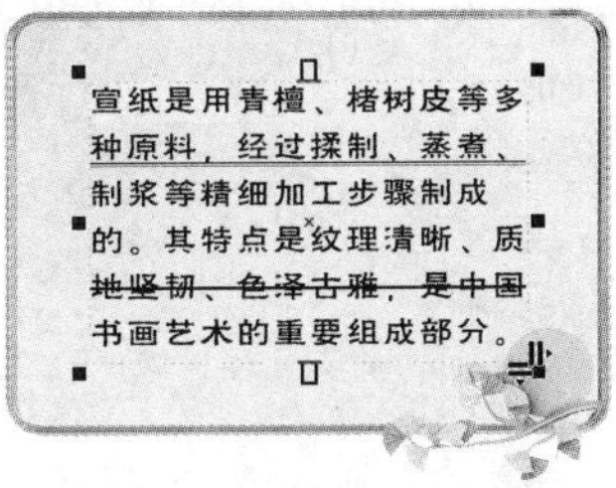

图 7-127 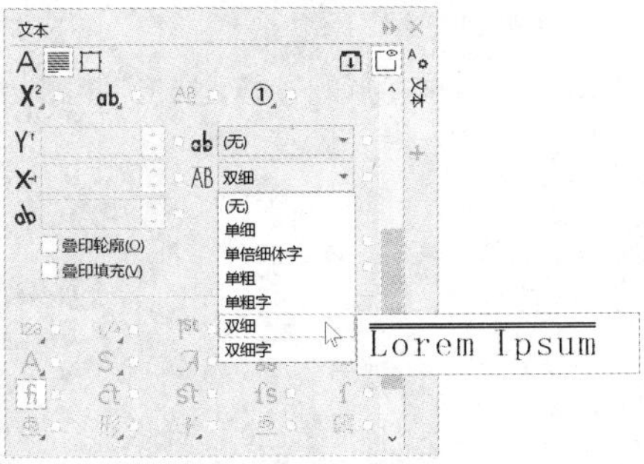 图 7-128 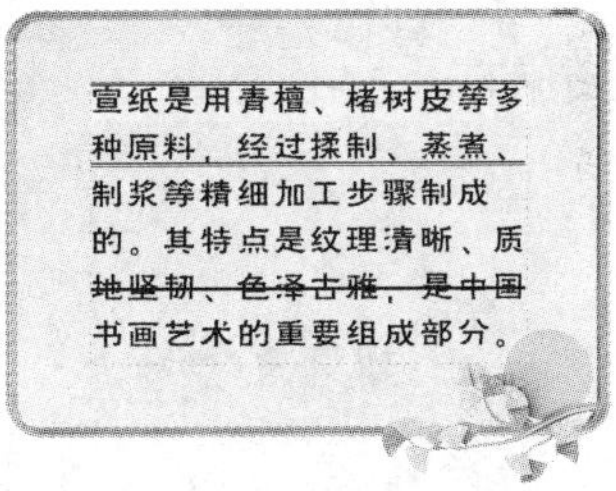 图 7-129

2. 设置文本上下标

选中需要制作上标的文本，如图 7-130 所示。单击"文本"工具属性栏中的"文本"按钮，弹出"文本"泊坞窗，如图 7-131 所示。单击"位置"按钮 X^2，在弹出的下拉列表中选择"上标(自动)"选项，如图 7-132 所示，效果如图 7-133 所示。

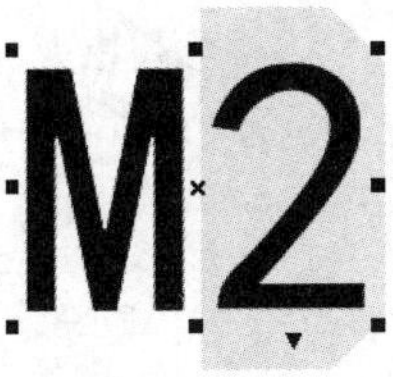

图 7-130 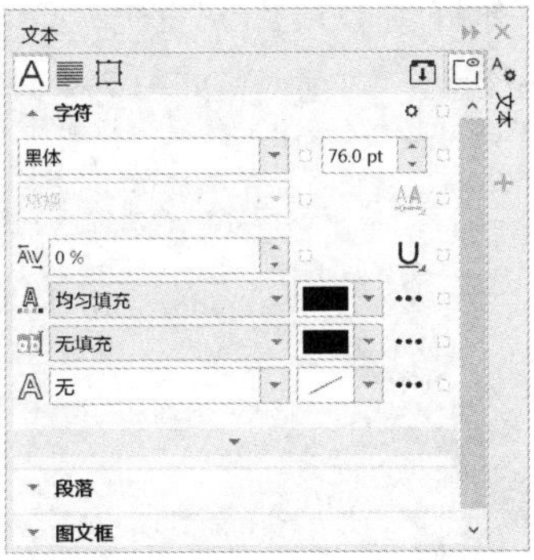 图 7-131 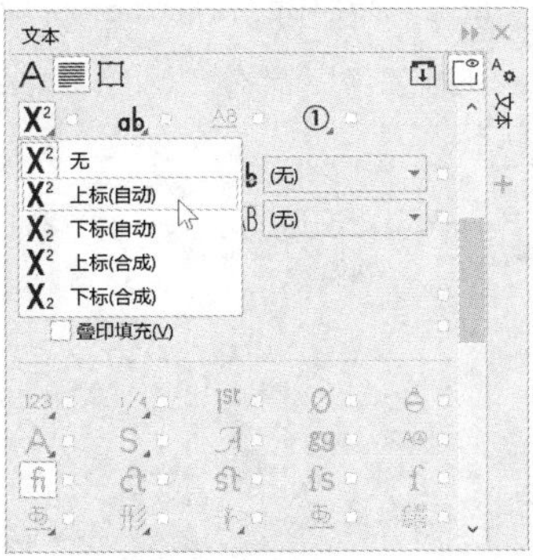 图 7-132  图 7-133

选中需要制作下标的文本，如图 7-134 所示。单击"位置"按钮 X^2，在弹出的下拉列表中选择"下标(自动)"选项，如图 7-135 所示，效果如图 7-136 所示。

图 7-134   图 7-135

图 7-136

3. 设置文本的排列方向

选中文本，如图 7-137 所示。在"文本"工具属性栏中，单击"将文本更改为水平方向"按钮 ☰ 或"将文本更改为垂直方向"按钮 ⫴，可以水平或垂直排列文本，垂直排列的文本效果如图 7-138 所示。

选择"文本 > 文本"命令，弹出"文本"泊坞窗。在"图文框"设置区中，单击"将文本更改为水平方向"按钮 ☰ 或"将文本更改为垂直方向"按钮 ⫴，如图 7-139 所示，可以选择文本的排列方向。

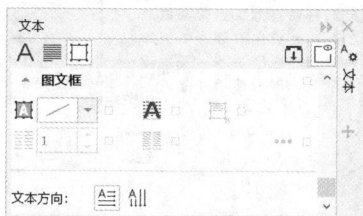

图 7-137   图 7-138   图 7-139

7.1.11　设置制表位和制表符

1. 设置制表位

选择"文本"工具 字，在绘图页面中绘制一个文本框，上方的标尺上出现多个制表符，如图 7-140 所示。选择"文本 > 制表位"命令，弹出"制表位设置"对话框，如图 7-141 所示，在对话框中可以进行制表位的设置。

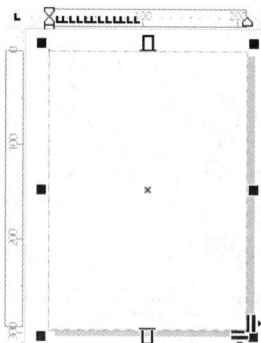

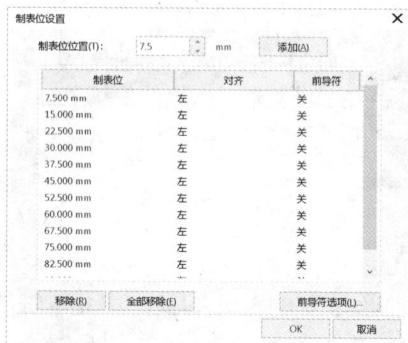

图 7-140   图 7-141

选中已经设置好的制表位。在数值上单击，可以在数值框中输入新数值或调整数值以设置制表位的距离，如图 7-142 所示。单击两次文字"左"，弹出制表位对齐方式下拉列表，可以从中选择字符的对齐方式，如图 7-143 所示。

在"制表位设置"对话框中，选中一个制表位，单击"移除"或"全部移除"按钮，可以删除一个或全部的制表位；单击"添加"按钮，可以增加一个制表位。设置好制表位后，单击"OK"按钮即可。

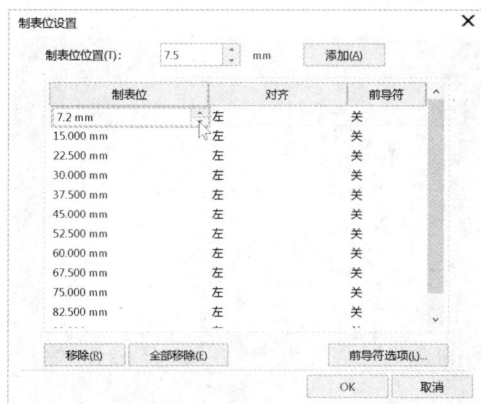

图 7-142

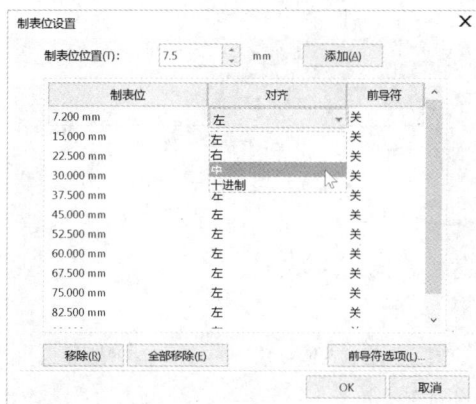

图 7-143

> **技巧**　在文本框中插入光标后，每按一次 Tab 键，光标就会按新设置的制表位移动一次。

2. 设置制表符

选择"文本"工具 **字**，在绘图页面中绘制一个文本框，效果如图 7-144 所示。

标尺上出现的多个"L"形滑块就是制表符，如图 7-145 所示。在任意一个制表符上单击鼠标右键，弹出快捷菜单，可以在快捷菜单中选择该制表符的对齐方式，也可以对网格、标尺和准线进行设置，如图 7-146 所示。

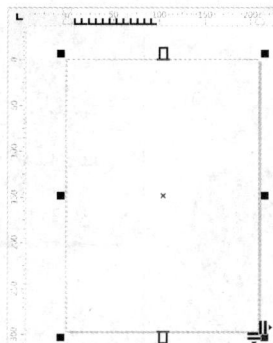

图 7-144

图 7-145

图 7-146

在标尺上拖曳"L"形滑块，可以将制表符移动到需要的位置，如图 7-147 所示。在与文本框宽度范围相对应的标尺上的任意位置单击鼠标左键，可以添加一个制表符，如图 7-148 所示。将制表符拖曳到标尺外，就可以删除该制表符。

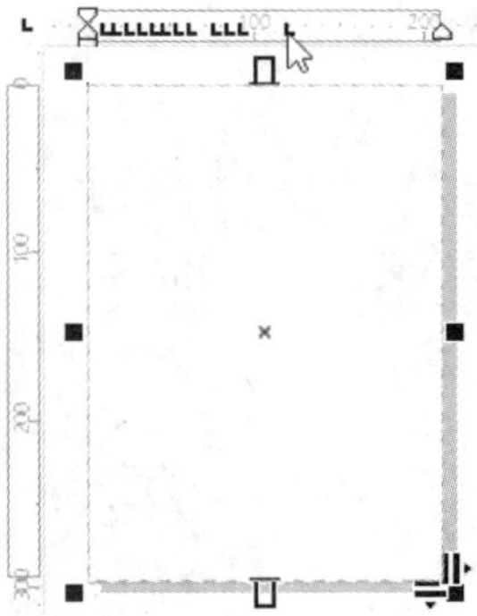

图 7-147

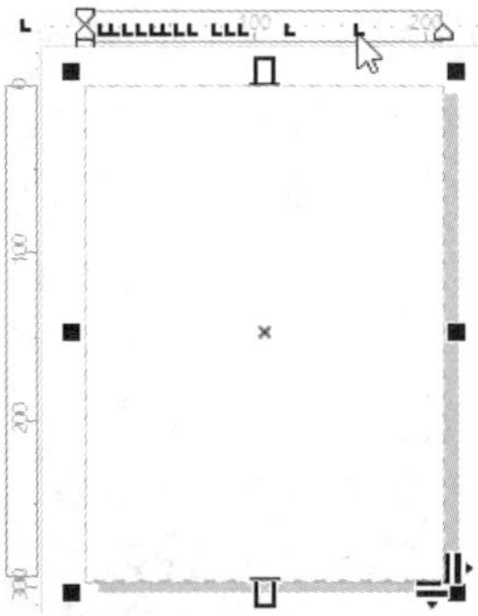

图 7-148

7.2　文本效果

在 CorelDRAW 2021 中，可以根据设计制作任务的需要制作多种文本效果。下面具体讲解文本效果的制作。

7.2.1　课堂案例——制作美食杂志内页

案例学习目标

学习使用"文本"工具、"栏"命令和"文本"泊坞窗制作美食杂志内页。

案例知识要点

使用"导入"命令、"椭圆形"工具制作图片 PowerClip 效果；使用"栏"命令制作文字分栏效果；使用"文本"工具、"文本"泊坞窗添加内页文字；使用"矩形"工具、"圆角半径"选项和"文本"工具制作火锅分类模块。美食杂志内页效果如图 7-149 所示。

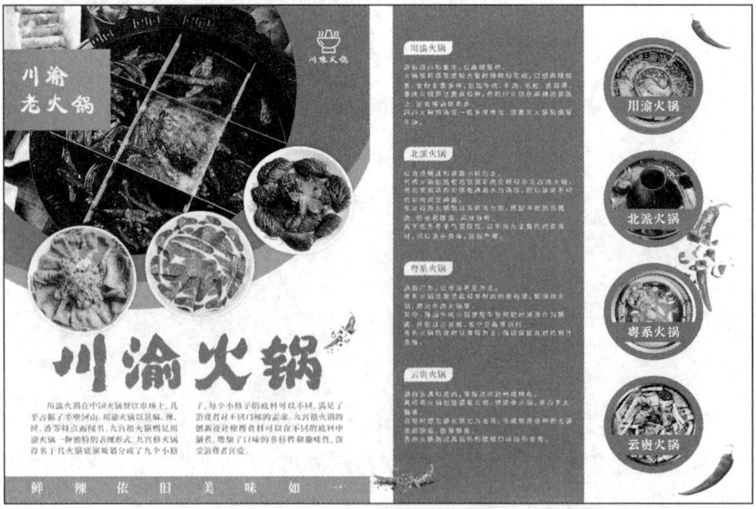

微课视频

扫码观看
本案例视频

微课视频

扫码观看
本案例视频

图 7-149

效果所在位置

云盘\Ch07\效果\制作美食杂志内页.cdr。

1. 制作杂志内页 1

（1）按 Ctrl+N 组合键，弹出"创建新文档"对话框，设置文档的宽度为 420 mm，高度为 285 mm，取向为横向，原色模式为 CMYK，分辨率为 300 dpi，单击"OK"按钮，创建一个文档。

（2）选择"布局 > 页面大小"命令，弹出"选项"对话框，选择"页面尺寸"选项，在"出血"框中设置数值为 3.0，勾选"显示出血区域"复选框，如图 7-150 所示，单击"OK"按钮，页面效果如图 7-151 所示。

图 7-150

图 7-151

（3）选择"查看 > 标尺"命令，在视图中显示标尺。选择"选择"工具，从左侧标尺中拖曳出一条垂直辅助线，在属性栏中将"X"设为 210.0 mm。按 Enter 键，效果如图 7-152 所示。

（4）选择"椭圆形"工具○，在适当的位置绘制一个椭圆形，设置椭圆形填充颜色的 CMYK 值为 0、75、75、0，并去除椭圆形的轮廓线，效果如图 7-153 所示。

图 7-152

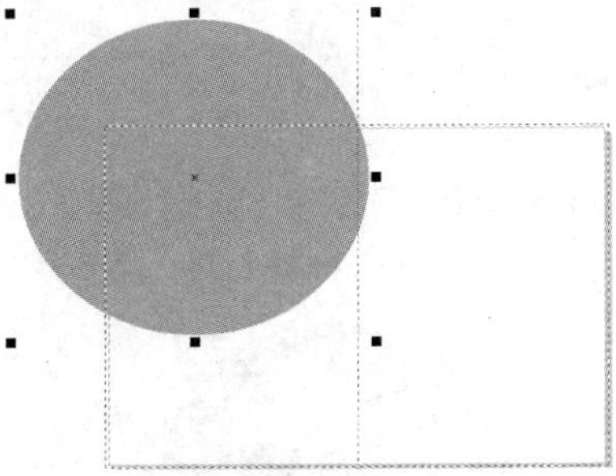

图 7-153

（5）用类似的方法分别绘制两个椭圆形，并填充相应的颜色，效果如图 7-154 所示。按 Ctrl+I 组合键，弹出"导入"对话框，选择云盘中的"Ch07\素材\制作美食杂志内页\01"文件，单击"导入"按钮，在绘图页面中单击，导入图片。选择"选择"工具，拖曳图片到适当的位置，并调整其大小，效果如图 7-155 所示。

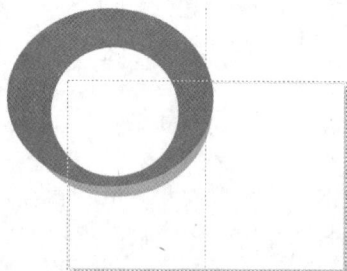

图 7-154

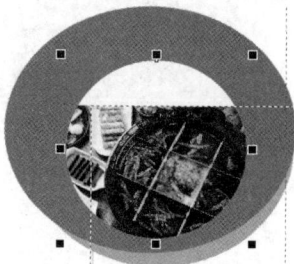

图 7-155

（6）选择"对象 > PowerClip > 置于图文框内部"命令，鼠标指针变为黑色箭头，如图 7-156 所示。在白色圆形上单击鼠标左键，将图片置入白色圆形中，效果如图 7-157 所示。

图 7-156

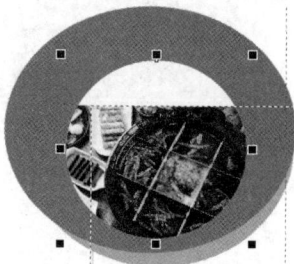

图 7-157

（7）选择"矩形"工具□，在适当的位置绘制一个矩形，如图 7-158 所示。选择"选择"工具▶，按住 Shift 键的同时，将下方椭圆形和图片同时选中，按 Ctrl+G 组合键，将其群组，如图 7-159 所示。

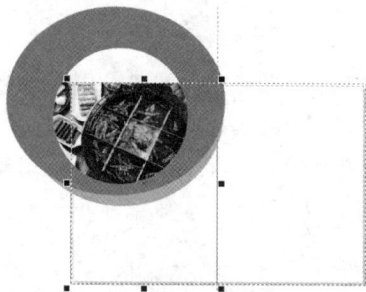

图 7-158

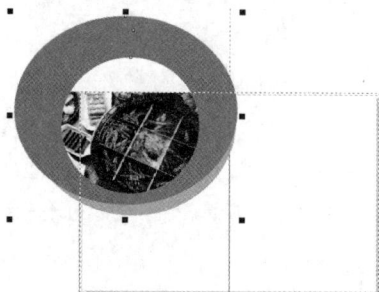

图 7-159

（8）选择"对象 > PowerClip > 置于图文框内部"命令，鼠标指针变为黑色箭头，如图 7-160 所示。在矩形上单击鼠标左键，将群组图形置入矩形中，并去除矩形的轮廓线，效果如图 7-161 所示。

图 7-160

图 7-161

（9）用类似的方法分别导入其他图片并制作图 7-162 所示的效果。按 Ctrl+I 组合键，弹出"导入"对话框，选择云盘中的"Ch07\素材\制作美食杂志内页\05"文件，单击"导入"按钮，在绘图页面中单击，导入标志图形。选择"选择"工具 ，拖曳标志图形到适当的位置，效果如图 7-163 所示。

图 7-162

图 7-163

（10）选择"矩形"工具 ，在适当的位置绘制一个矩形，如图 7-164 所示。按 F11 键，弹出"编辑填充"对话框，选择"渐变填充"按钮 ，将"起点"色块颜色的 CMYK 值设为 18、96、100、0，"终点"色块颜色的 CMYK 值设为 0、75、75、0，其他选项的设置如图 7-165 所示。单击"OK"按钮，填充矩形，并去除矩形的轮廓线，效果如图 7-166 所示。

（11）选择"文本"工具 ，在绘图页面中输入需要的文字。选择"选择"工具 ，在属性栏中选择适当的字体并设置文字大小，填充文字为白色，效果如图 7-167 所示。

图 7-164

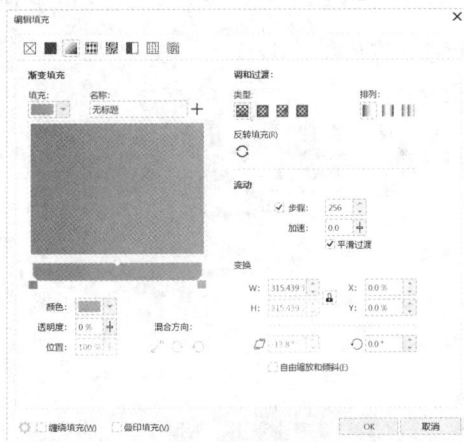

图 7-165

图 7-166

图 7-167

（12）选择"文本"工具 ，在适当的位置输入需要的文字。选择"选择"工具 ，在属性栏中选择适当的字体并设置文字大小。设置文字填充颜色的 CMYK 值为 18、96、100、0，效果如图 7-168 所示。

（13）按 Ctrl+I 组合键，弹出"导入"对话框，选择云盘中的"Ch07\素材\制作美食杂志内页\06"文件，单击"导入"按钮，在绘图页面中单击，导入图片。选择"选择"工具 ，拖曳图片到适当的位置，并调整其大小，效果如图 7-169 所示。在属性栏中的"旋转角度"框 中设置数值为 45.0，按 Enter 键，效果如图 7-170 所示。

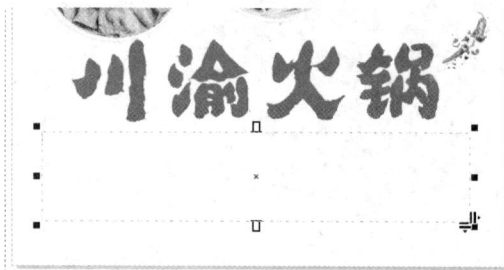

图 7-168   图 7-169   图 7-170

（14）选择"文本"工具 ，在适当的位置拖曳出一个文本框，如图 7-171 所示。在文本框中输入需要的文字。选择"选择"工具 ，在属性栏中选择适当的字体并设置文字大小。设置文字填充颜色的 CMYK 值为 18、96、100、0，效果如图 7-172 所示。

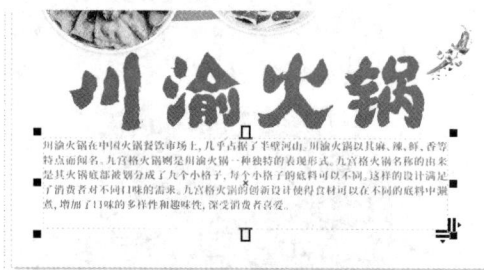

图 7-171   图 7-172

（15）按 Ctrl+T 组合键，弹出"文本"泊坞窗，单击"两端对齐"按钮 ，其他选项的设置如图 7-173 所示。按 Enter 键，效果如图 7-174 所示。

图 7-173   图 7-174

（16）选择"文本 > 栏"命令，弹出"栏设置"对话框，各选项的设置如图 7-175 所示。单击"OK"按钮，效果如图 7-176 所示。

图 7-175

图 7-176

（17）选择"矩形"工具□，在绘图页面下方适当的位置绘制一个矩形，设置矩形填充颜色的 CMYK 值为 1、82、87、0，并去除矩形的轮廓线，效果如图 7-177 所示。

（18）选择"文本"工具字，在适当的位置输入需要的文字。选择"选择"工具▶，在属性栏中选择适当的字体并设置文字大小，填充文字为白色，效果如图 7-178 所示。

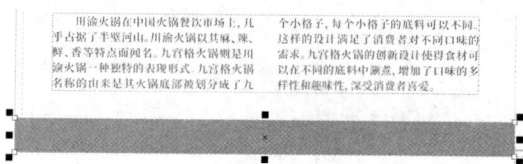

图 7-177

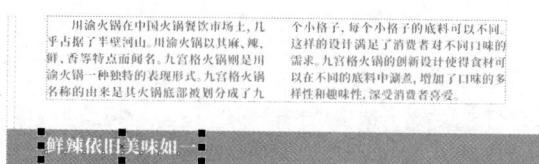

图 7-178

（19）在"文本"泊坞窗中，选项的设置如图 7-179 所示。按 Enter 键，效果如图 7-180 所示。

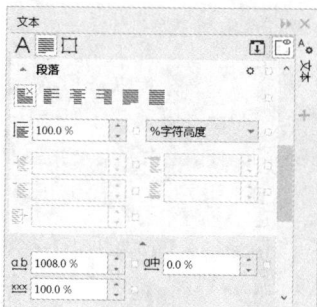

图 7-179

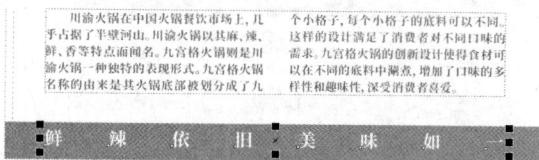

图 7-180

2. 制作杂志内页 2

（1）选择"矩形"工具□，在适当的位置绘制一个矩形，设置矩形填充颜色的 CMYK 值为 18、96、100、0，并去除矩形的轮廓线，效果如图 7-181 所示。再绘制一个矩形，填充矩形为白色，并去除矩形的轮廓线，效果如图 7-182 所示。

（2）保持矩形的选中状态。在属性栏中将"圆角半径"设为 4.0 mm 和 0.0 mm，如图 7-183 所示。按 Enter 键，效果如图 7-184 所示。选择"文本"工具字，在适当的位置输入需要的文字，选择"选择"工具 ，在属性栏中选择适当的字体并设置文字大小。在"调色板"中的"红"色块上单击鼠标左键，填充文字，效果如图 7-185 所示。

图 7-181   图 7-182

图 7-183   图 7-184   图 7-185

（3）选择"文本"工具 字，在适当的位置拖曳出一个文本框，如图 7-186 所示。在文本框中输入需要的文字，选择"选择"工具 ，在属性栏中选择适当的字体并设置文字大小，填充文字为白色，效果如图 7-187 所示。

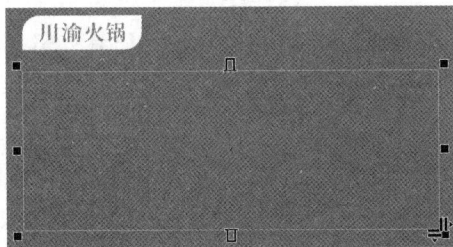

图 7-186   图 7-187

（4）在"文本"泊坞窗中，选项的设置如图 7-188 所示。按 Enter 键，效果如图 7-189 所示。

图 7-188   图 7-189

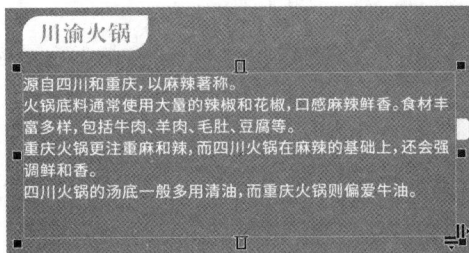

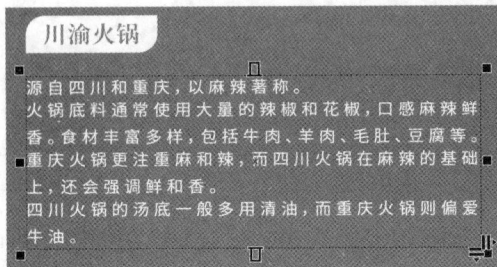

（5）用类似的方法制作其他文字，效果如图 7-190 所示。按 Ctrl+I 组合键，弹出"导入"对话框，选择云盘中的"Ch07\素材\制作美食杂志内页\06～08"文件，单击"导入"按钮，在绘图页面中分别单击，导入图片。选择"选择"工具，分别拖曳图片到适当的位置，调整其大小和角度，效果如图 7-191 所示。

图 7-190

图 7-191

（6）选择"椭圆形"工具○，按住 Ctrl 键的同时，在适当的位置绘制一个圆形，如图 7-192 所示。按 F12 键，弹出"轮廓笔"对话框，在"颜色"选项中设置轮廓线颜色的 CMYK 值为 18、96、100、0，其他选项的设置如图 7-193 所示。单击"OK"按钮，效果如图 7-194 所示。

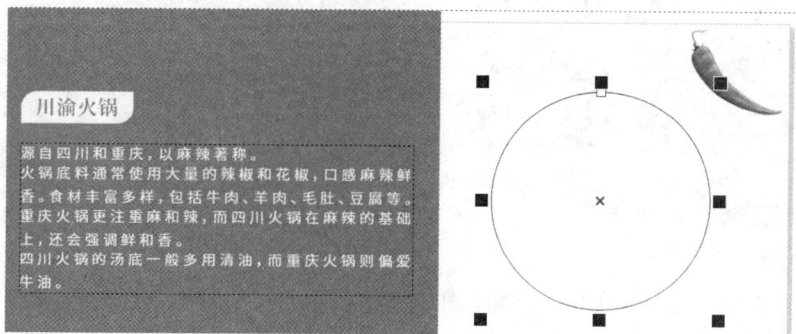

图 7-192

图 7-193

图 7-194

（7）选择"矩形"工具□，在适当的位置绘制一个矩形，设置矩形填充颜色的 CMYK 值为 18、

96、100、0，并去除矩形的轮廓线，效果如图 7-195 所示。

（8）按 Ctrl+I 组合键，弹出"导入"对话框，选择云盘中的"Ch07\素材\制作美食杂志内页\09"文件，单击"导入"按钮，在绘图页面中单击，导入图片。选择"选择"工具，拖曳图片到适当的位置，并调整其大小，效果如图 7-196 所示。

图 7-195   图 7-196

（9）连续按 Ctrl+PageDown 组合键，将图片向后移至适当的位置，效果如图 7-197 所示。保持图片的选中状态，按住 Shift 键的同时，单击步骤（7）中绘制的红色矩形将二者同时选中，如图 7-198 所示。

图 7-197   图 7-198

（10）选择"对象 ＞ PowerClip ＞ 置于图文框内部"命令，鼠标指针变为黑色箭头，如图 7-199所示，在红色圆环上单击鼠标左键，将图片和红色矩形置入红色圆环中，效果如图 7-200 所示。

（11）选择"文本"工具，在适当的位置输入需要的文字。选择"选择"工具，在属性栏中选择适当的字体并设置文字大小，填充文字为白色，效果如图 7-201 所示。

图 7-199   图 7-200   图 7-201

（12）用类似的方法分别导入其他图片并制作图 7-202 所示的效果。美食杂志内页制作完成，最终效果如图 7-203 所示。

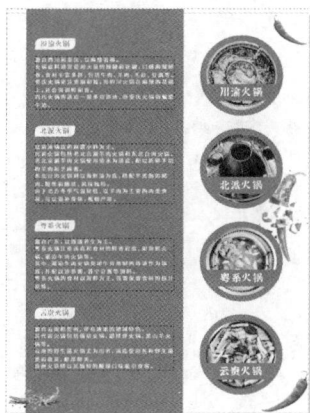

图 7-202 　　　　　　　　　　　　图 7-203

7.2.2　设置首字下沉和项目符号

1. 设置首字下沉

在绘图页面中插入一个段落文本，效果如图 7-204 所示。选择"文本 > 首字下沉"命令，弹出"首字下沉"对话框，勾选"使用首字下沉"复选框，如图 7-205 所示。单击"OK"按钮，各段落首字下沉的效果如图 7-206 所示。勾选"首字下沉使用悬挂式缩进"复选框，单击"OK"按钮，悬挂式缩进的首字下沉效果如图 7-207 所示。

图 7-204 　　　　　　　　　　　　图 7-205

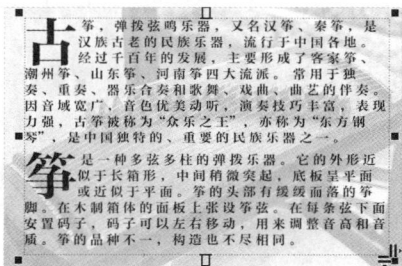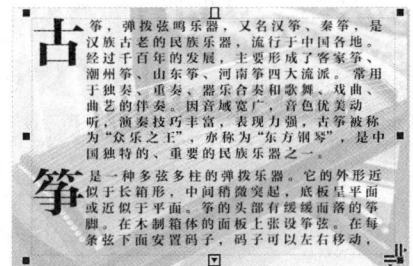

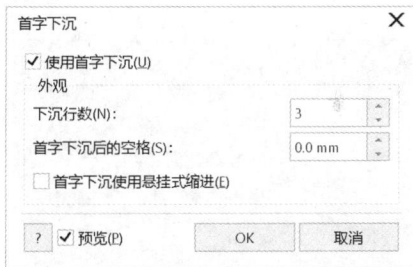

图 7-206 　　　　　　　　　　　　图 7-207

2. 设置项目符号

在绘图页面中插入一个段落文本，效果如图 7-208 所示。选择"文本 > 项目符号和编号"命令，弹出"项目符号"对话框，勾选"列表"复选框，点选"项目符号"单选项，如图 7-209 所示。

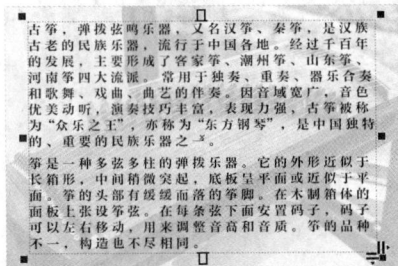

图 7-208

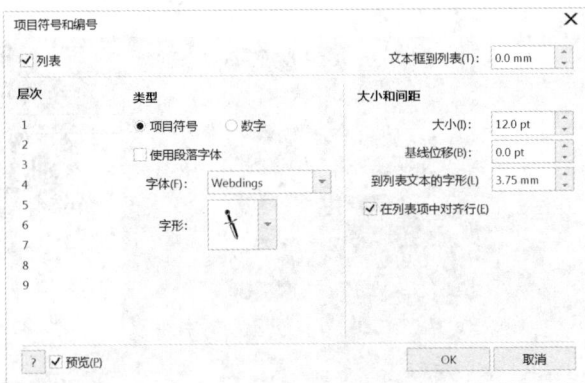

图 7-209

在对话框"类型"设置区的"字体"选项中可以设置字体的类型；在"字形"选项中可以选择项目符号的样式；在"大小和间距"设置区的"大小"选项中可以设置项目符号的大小；在"基线位移"选项中可以选择项目符号相对于基线的距离；在"到列表文本的字形"选项中可以设置项目符号与文本之间的距离；在"文本框到列表"选项中可以设置文本框与项目符号之间的距离。

根据需要设置合适的选项，如图 7-210 所示。单击"OK"按钮，将项目符号添加到段落文本中，效果如图 7-211 所示。

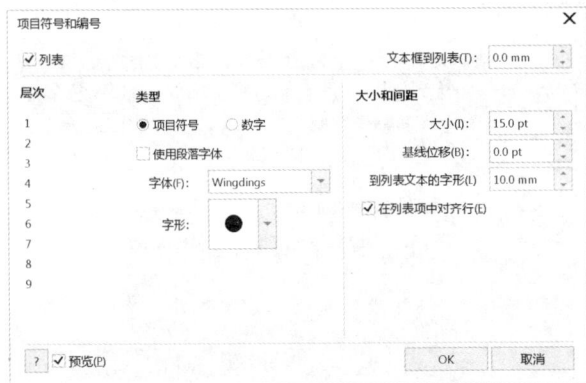

图 7-210

图 7-211

在段落文本中第一段的结尾处插入光标，如图 7-212 所示。按 Enter 键，项目符号会自动添加在新段落的前面，效果如图 7-213 所示。

图 7-212

图 7-213

7.2.3　文本绕路径排列

选择"文本"工具 字，在绘图页面中输入一段美术字文本，使用"椭圆形"工具 ○ 绘制一个椭圆，选中美术字文本，效果如图 7-214 所示。

选择"文本 > 使文本适合路径"命令，鼠标指针变为箭头 ⌐ 图标，将鼠标指针放在椭圆上，文本自动绕椭圆进行路径排列，如图 7-215 所示。单击鼠标左键，效果如图 7-216 所示。

图 7-214　　　　　　　　　图 7-215　　　　　　　　　图 7-216

选中绕椭圆路径排列的文本，如图 7-217 所示，属性栏如图 7-218 所示。

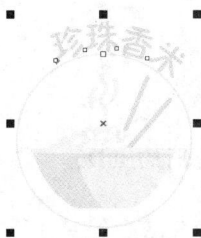

图 7-217　　　　　　　　　　　　　　图 7-218

在属性栏中可以设置文字方向、与路径的距离和偏移，通过不同的设置可以产生多种文本绕路径排列的效果，几种不同的排列效果如图 7-219 所示。

图 7-219

7.2.4　对齐文本

选择"文本"工具 字，在绘图页面中输入一段段落文本，单击"文本"工具属性栏中的"文本对齐"按钮 ▦，弹出其下拉列表，下拉列表中共有 6 种对齐方式，如图 7-220 所示。

选择"文本 > 文本"命令，弹出"文本"泊坞窗，单击"段落"按钮 ▤，切换到"段落"界面，单击右上方的 ⚙ 图标，在弹出下拉列表中选择"调整"选项，弹出"间距设置"对话框，在对话框中可以选择文本的水平对齐方式，如图 7-221 所示。

无：CorelDRAW 2021 默认的对齐方式。选择它不会对文本产生影响，但无对齐方式文本的边界会参差不齐。

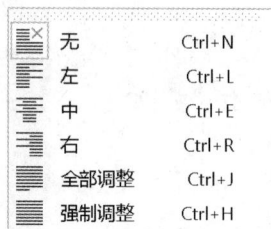

图 7-220　　　　　　　　　　　　　　图 7-221

左：选择此选项，段落文本会以文本框的左边界为基准进行对齐。

中：选择此选项，段落文本的每一行都会在文本框中居中显示。

右：选择此选项，段落文本会以文本框的右边界为基准进行对齐。

全部调整：选择此选项，段落文本的每一行都会同时对齐文本框的左右两端。

强制调整：选择此选项，段落文本与文本框的左右两侧对齐。

选中调整后的文本，如图 7-222 所示，选择"文本 > 对齐至基线"命令，可以将文本重新对齐，效果如图 7-223 所示。

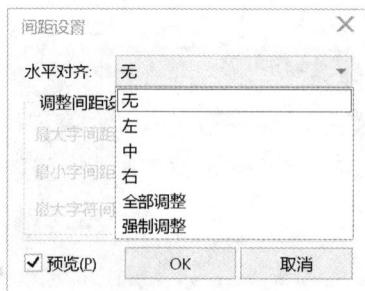

图 7-222　　　　　　　　　　　　　　图 7-223

7.2.5　内置文本

选择"文本"工具**字**，在绘图页面中输入一段美术字文本，使用"贝塞尔"工具 绘制一个图形，选中美术字文本，效果如图 7-224 所示。

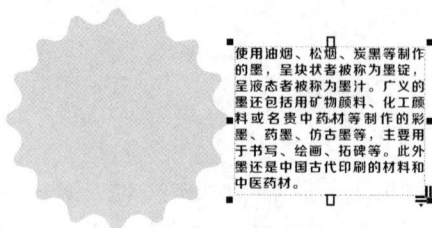

图 7-224

按住鼠标右键，拖曳文本到图形内，当鼠标指针变为 图标时，松开鼠标右键，弹出快捷菜单，选择"内置文本"命令，如图 7-225 所示，文本被置入图形内并自动转换为段落文本，效果如图 7-226 所示。选择"文本 > 段落文本框 > 使文本适合框架"命令，文本和图形对象基本适配，效果如图 7-227 所示。

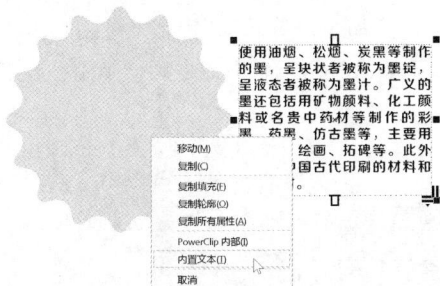

图 7-225

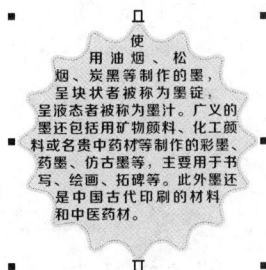

图 7-226

图 7-227

7.2.6　段落文本的连接

经常出现文本框中的文本超出了文本框的显示范围而不能完全显示的问题，如图 7-228 所示。可以通过调整文本框的大小使文本完全显示，也可以通过多个文本框的连接来使文本完全显示。

选择"文本"工具字，单击文本框下部的 ▽ 图标，鼠标指针变为 回 形状，在页面中按住鼠标左键不放，自左上往右下拖曳鼠标指针，绘制一个新的文本框，如图 7-229 所示。松开鼠标左键，新绘制的文本框中显示出被遮住的文字，效果如图 7-230 所示。拖曳文本框到适当的位置，如图 7-231 所示。

图 7-228

图 7-229

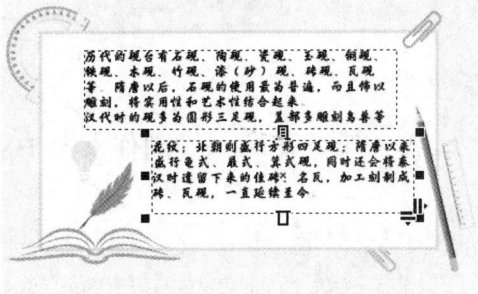

图 7-230

图 7-231

7.2.7　段落分栏

选择一个段落文本，如图 7-232 所示。选择"文本 > 栏"命令，弹出"栏设置"对话框，将"栏数"设置为"2"，"栏间宽度"设置为"8.0 mm"，如图 7-233 所示。设置好后，单击"OK"按钮，段落文本被分为两栏，效果如图 7-234 所示。

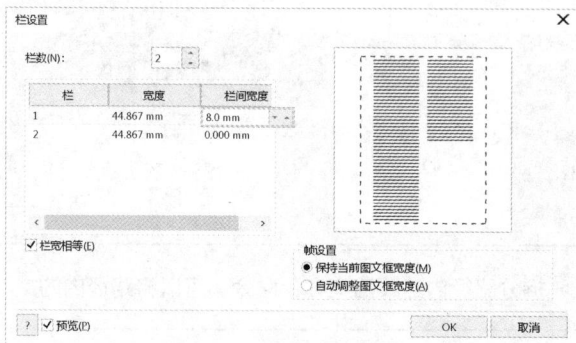

图 7-232　　　　　　　　　　图 7-233　　　　　　　　　　图 7-234

7.2.8　文本绕图

CorelDRAW 2021 提供了多种文本绕图的形式，应用好文本绕图功能可以使设计制作的页面更加生动美观。

选中需要设置文本绕图的位图，如图 7-235 所示，在属性栏中单击"文本换行"按钮 ，在弹出的下拉列表中选择需要的绕图方式，在"文本换行偏移"文本框中设置偏移距离，设置如图 7-236 所示，文本绕图效果如图 7-237 所示。

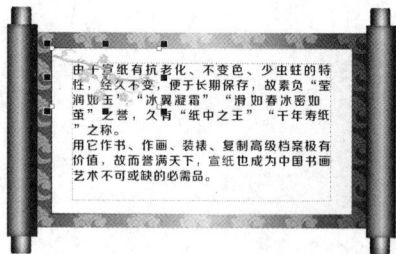
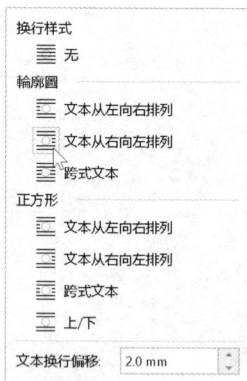
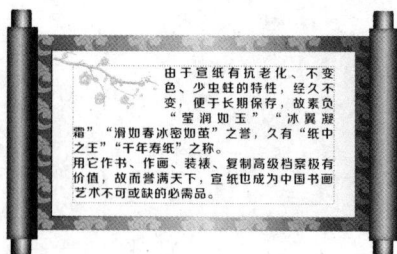

图 7-235　　　　　　　　　　图 7-236　　　　　　　　　　图 7-237

7.2.9　课堂案例——制作女装 Banner 广告

案例学习目标

学习使用"文本"工具、"转换为曲线"命令制作女装 Banner 广告。

案例知识要点

使用"文本"工具、"文本"泊坞窗添加标题文字；使用"转换为曲线"命令、"形状"工具、"多边形"工具编辑标题文字。女装 Banner 广告的效果如图 7-238 所示。

图 7-238

效果所在位置

云盘\Ch07\效果\制作女装 Banner 广告.cdr。

（1）按 Ctrl+N 组合键，弹出"创建新文档"对话框，设置文档的宽度为 750 px，高度为 360 px，取向为横向，原色模式为 RGB，分辨率为 72 dpi，单击"OK"按钮，创建一个文档。

（2）按 Ctrl+I 组合键，弹出"导入"对话框，选择云盘中的"Ch07\素材\制作女装 Banner 广告\01"文件，单击"导入"按钮，在绘图页面中单击，导入图片。按 P 键，图片在页面中居中对齐，效果如图 7-239 所示。

（3）选择"文本"工具**字**，在绘图页面中输入需要的文字。选择"选择"工具，在属性栏中选择适当的字体并设置文字大小。设置文字填充颜色的 RGB 值为 153、102、51，效果如图 7-240 所示。

图 7-239

图 7-240

（4）选择"文本 > 文本"命令，在弹出的"文本"泊坞窗中进行设置，如图 7-241 所示。按 Enter 键，效果如图 7-242 所示。

（5）按 Ctrl+Q 组合键，将文本转换为曲线，如图 7-243 所示。选择"形状"工具，按住 Shift 键的同时，将需要的节点同时选中，效果如图 7-244 所示。按 Delete 键，删除选中的节点，如图 7-245 所示。

图 7-241

图 7-242

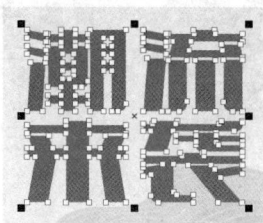

图 7-243

图 7-244

图 7-245

（6）选择"多边形"工具〇，属性栏中的设置如图 7-246 所示，在适当的位置绘制一个三角形，如图 7-247 所示。

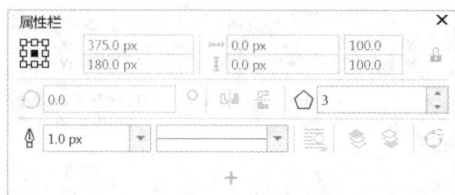

图 7-246

图 7-247

（7）保持三角形的选中状态。设置三角形填充颜色的 RGB 值为 233、217、191，并去除三角形的轮廓线，效果如图 7-248 所示。在属性栏中的"旋转角度"框〇 0.0 〇中设置数值为 90.0。按 Enter 键，效果如图 7-249 所示。

图 7-248

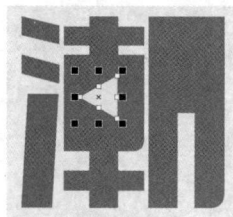

图 7-249

（8）选择"形状"工具 ，选中文字"流"，编辑状态如图 7-250 所示，在不需要的节点上双击鼠标左键，删除节点，效果如图 7-251 所示。用类似的方法分别调整其他文字的节点和控制线，调整后的效果如图 7-252 所示。

图 7-250

图 7-251

图 7-252

（9）选择"矩形"工具□，在适当的位置绘制一个矩形，填充矩形为黑色，并去除矩形的轮廓线，效果如图 7-253 所示。

（10）选择"文本"工具字，在适当的位置输入需要的文字。选择"选择"工具▶，在属性栏中选择适当的字体并设置文字大小。在"调色板"中的"黄"色块上单击鼠标左键，填充文字，效果如图 7-254 所示。

图 7-253

图 7-254

（11）用类似的方法再绘制一个矩形并输入需要的文字，然后为文字填充相应的颜色，效果如图 7-255 所示。女装 Banner 广告制作完成，效果如图 7-256 所示。

图 7-255

图 7-256

7.2.10 插入字符

选择"文本"工具字，在文本中需要的位置单击鼠标左键，插入光标，如图 7-257 所示。选择"文本 > 字形"命令，或按 Ctrl+F11 组合键，弹出"字形"泊坞窗，如图 7-258 所示，在需要的字符上双击鼠标左键，或选中字符后单击"复制"按钮，然后在页面中粘贴即可，字符插入文本后的效果如图 7-259 所示。

图 7-257 　　　　　　　　图 7-258 　　　　　　　　图 7-259

7.2.11　将文字转换为曲线

编辑好美术字文本后，通常需要把文本转换为曲线。转换后的文本可以任意变形，又不会使转曲后的文本对象丢失其文本格式。将文字转换为曲线的具体操作步骤如下。

使用"选择"工具 ▶ 选中文本，如图 7-260 所示。选择"对象 > 转换为曲线"命令，或按 Ctrl+Q 组合键，将文本转换为曲线，如图 7-261 所示。可以使用"形状"工具 ▶ 对曲线文本进行编辑，并修改文本的形状。

图 7-260 　　　　　　　　　　　　图 7-261

7.2.12　创建文字

应用 CorelDRAW 2021 的独特功能，可以轻松地创建出文字，下面介绍具体的创建方法。

使用"文本"工具 字 输入两个汉字，这两个汉字需要包含要创建的新文字的组成结构，如图 7-262 所示。使用"选择"工具 ▶ 选中文字，如图 7-263 所示。按 Ctrl+Q 组合键，将文字转换为曲线，效果如图 7-264 所示。

图 7-262 　　　　　　　　图 7-263 　　　　　　　　图 7-264

再按 Ctrl+K 组合键，将转换为曲线的文字拆分，使用"选择"工具 ▶ 选中所需结构，将其移动到创建新文字的位置并进行组合，效果如图 7-265 所示。

组合好新文字后，使用"选择"工具 ▶ 框选新文字，效果如图 7-266 所示，再按 Ctrl+G 组合键，将新文字组合，效果如图 7-267 所示。制作完成的新文字效果如图 7-268 所示。

图 7-265 　　　　图 7-266 　　　　图 7-267　　　　图 7-268

课堂练习——制作旅游海报

🔗 练习知识要点

使用"文本"工具、"形状"工具添加并编辑标题文字；使用"椭圆形"工具、"轮廓笔"工具绘制装饰弧线；使用"文本"工具、"文本"泊坞窗添加相关信息。效果如图 7-269 所示。

◎ 效果所在位置

云盘\Ch07\效果\制作旅游海报.cdr。

微课视频

扫码观看
本案例视频

图 7-269

课后习题——制作网站标志

🔗 习题知识要点

使用"椭圆形"工具、"轮廓笔"工具绘制圆环；使用"文本"工具、"转换为曲线"命令和"形状"工具添加并编辑文字；使用"字形"命令插入需要的字符。效果如图 7-270 所示。

图 7-270

微课视频

扫码观看
本案例视频

◎ 效果所在位置

云盘\Ch07\效果\制作网站标志.cdr。

08

第8章
编辑位图

本章介绍

　　CorelDRAW 2021 提供了强大的位图编辑功能。本章介绍编辑和调整位图的方法、位图滤镜的使用等知识。通过学习本章的内容，读者可以了解并掌握如何使用 CorelDRAW 2021 的强大功能来处理和编辑位图。

学习目标

✔ 掌握导入并调整位图的方法。
✔ 掌握各种滤镜效果的使用方法。

技能目标

✔ 掌握"家具广告"的制作方法。
✔ 掌握"课程公众号封面首图"的制作方法。

素养目标

✔ 培养动手操作能力和团队协作能力。

8.1 导入并调整位图

CorelDRAW 2021 提供了将矢量图转换为位图的功能，以及调整位图颜色的功能。下面介绍位图转换和位图颜色调整的方法。

8.1.1 课堂案例——制作家具广告

案例学习目标

学习使用"导入"命令、"模式"命令和"调整"命令制作家具广告。

案例知识要点

使用"导入"命令添加素材图片；使用"双色调"命令调整位图模式；使用"矩形"工具、"转换为曲线"按钮、"形状"工具、"透明度"工具制作梯形；使用"色度/饱和度/亮度"命令调整图片色调；使用"多边形"工具、"角"泊坞窗、"置于图文框内部"命令制作 PowerClip 效果。家具广告效果如图 8-1 所示。

图 8-1

效果所在位置

云盘\Ch08\效果\制作家具广告.cdr。

（1）按 Ctrl+N 组合键，弹出"创建新文档"对话框，设置文档的宽度为 1920 px，高度为 800 px，取向为横向，原色模式为 RGB，渲染分辨率为 72 dpi，单击"OK"按钮，创建一个文档。

（2）按 Ctrl+I 组合键，弹出"导入"对话框，选择云盘中的"Ch08\素材\制作家具广告\01"文件，单击"导入"按钮，在绘图页面中单击，导入图片。选择"选择"工具 ，拖曳图片到适当的位置，并调整其大小，效果如图 8-2 所示。

图 8-2

（3）选择"位图 > 模式 > 双色调"命令，在弹出的对话框中进行设置，如图 8-3 所示。单击
"OK"按钮，效果如图 8-4 所示。

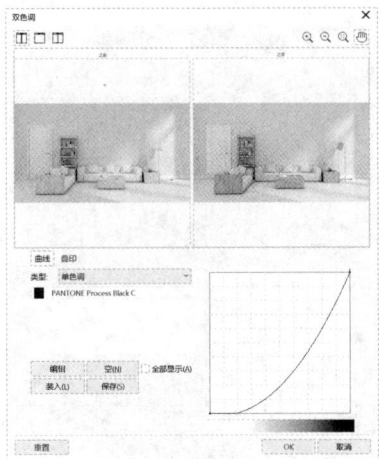

图 8-3   图 8-4

（4）选择"矩形"工具□，在适当的位置绘制一个矩形，如图 8-5 所示。单击属性栏中的"转
换为曲线"按钮⟳，将矩形转换为曲线，如图 8-6 所示。选择"形状"工具⟨，选取右上角的节点，
按住 Ctrl 键的同时，垂直向下拖曳选中的节点到适当的位置，形成的梯形效果如图 8-7 所示。选择
"选择"工具▶，选中梯形，按 Ctrl+C 组合键，复制梯形（作为备用）。

（5）选中图片，如图 8-8 所示，选择"对象 > PowerClip > 置于图文框内部"命令，鼠标指
针变为黑色箭头。在梯形上单击鼠标左键，如图 8-9 所示，图片被置入到梯形中，然后去除梯形的轮
廓线，效果如图 8-10 所示。

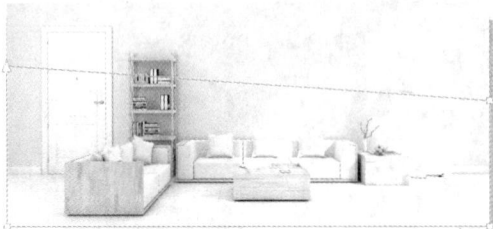

图 8-5   图 8-6

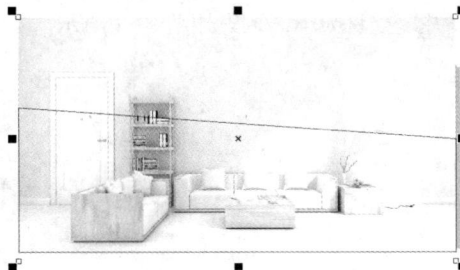

图 8-7   图 8-8

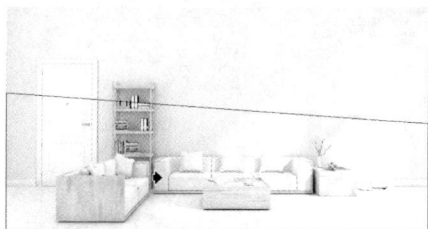

图 8-9

图 8-10

（6）按 Ctrl+V 组合键，粘贴备用梯形，如图 8-11 所示。设置备用梯形填充颜色的 RGB 值为 224、193、146，然后去除梯形的轮廓线，效果如图 8-12 所示。

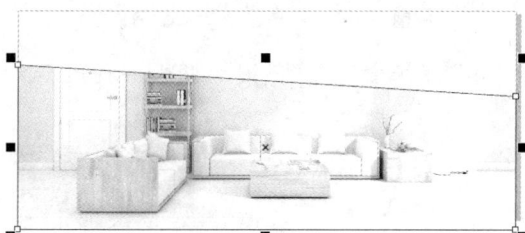

图 8-11

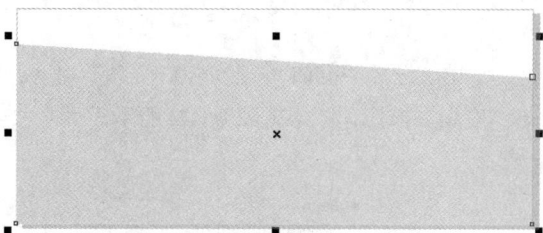

图 8-12

（7）选择"透明度"工具 ▨，在属性栏中单击"均匀透明度"按钮 ▩，其他选项的设置如图 8-13 所示，按 Enter 键，透明效果如图 8-14 所示。

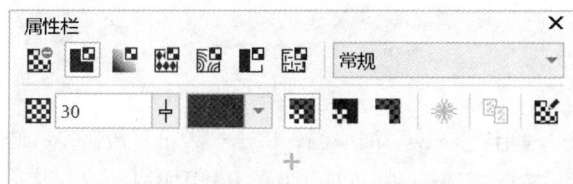

图 8-13

图 8-14

（8）选择"多边形"工具 ◯，属性栏中的设置如图 8-15 所示。按住 Ctrl 键的同时，在适当的位置绘制一个多边形，如图 8-16 所示。在属性栏中的"旋转角度"框 ◯ 0.0 ° 中设置数值为 90.0，按 Enter 键，效果如图 8-17 所示。

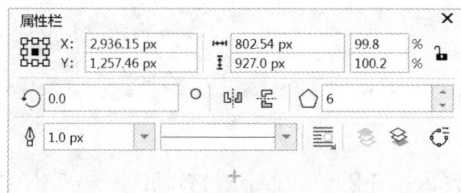

图 8-15

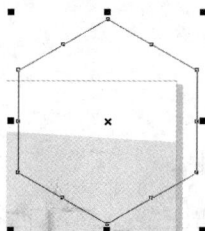

图 8-16

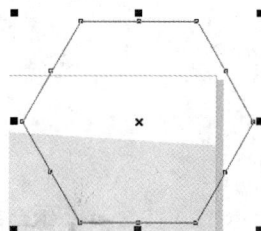

图 8-17

（9）按 F12 键，弹出"轮廓笔"对话框，在"颜色"选项中设置轮廓线颜色的 RGB 值为 204、51、0，其他选项的设置如图 8-18 所示。单击"OK"按钮，效果如图 8-19 所示。在"调色板"中的"白"色块上单击鼠标左键，填充多边形，效果如图 8-20 所示。

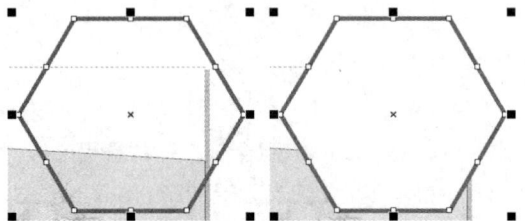

图 8-18　　　　　　　　　　　　图 8-19　　　　　图 8-20

（10）选择"窗口 > 泊坞窗 > 角"命令，弹出"角"泊坞窗，选项的设置如图 8-21 所示，单击"应用"按钮，效果如图 8-22 所示。

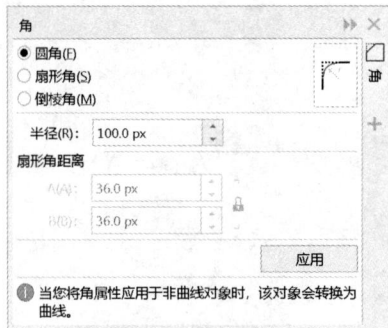

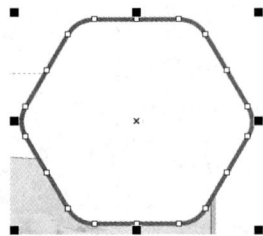

图 8-21　　　　　　　　　　　　　　图 8-22

（11）选择"窗口 > 泊坞窗 > 变换"命令，弹出"变换"泊坞窗，单击"大小"按钮，选项的设置如图 8-23 所示，单击"应用"按钮，然后去除多边形副本的轮廓线，效果如图 8-24 所示。

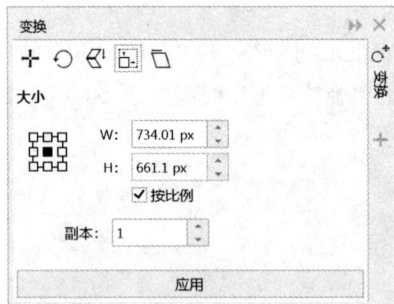

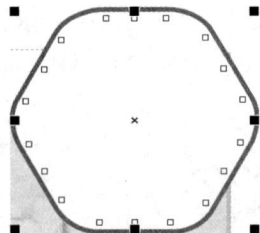

图 8-23　　　　　　　　　　　　　　图 8-24

（12）按 Ctrl+I 组合键，弹出"导入"对话框，选择云盘中的"Ch08\素材\制作家具广告\02"文件，单击"导入"按钮，在绘图页面中单击，导入图片。选择"选择"工具，拖曳图片到适当的位置，并调整其大小，效果如图 8-25 所示。

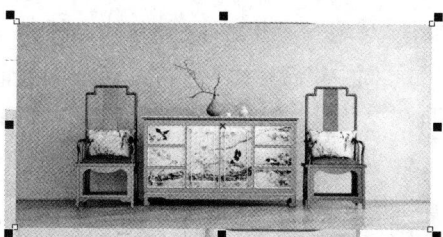

图 8-25

（13）选择"效果 ＞ 调整 ＞ 色度/饱和度/亮度"命令，在弹出的对话框中进行设置，如图 8-26 所示。单击"OK"按钮，效果如图 8-27 所示。

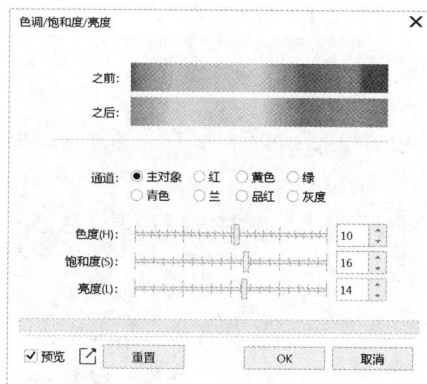

图 8-26

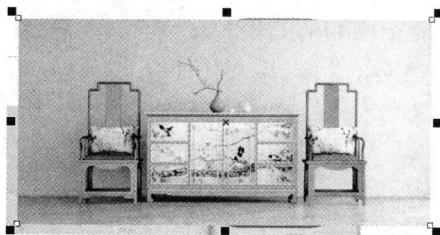

图 8-27

（14）按 Ctrl+PageDown 组合键，将图片向后移一层，效果如图 8-28 所示。选择"对象 ＞ PowerClip ＞ 置于图文框内部"命令，鼠标指针变为黑色箭头，在多边形上单击鼠标左键，如图 8-29 所示，将图片置入到多边形中，效果如图 8-30 所示。用类似的方法分别绘制其他多边形，导入图片并将图片置于图文框内部，效果如图 8-31 所示。

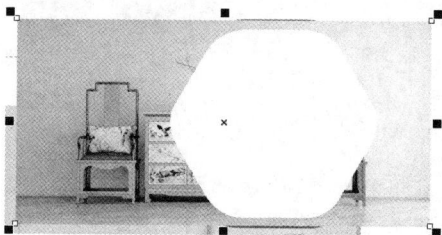

图 8-28

图 8-29

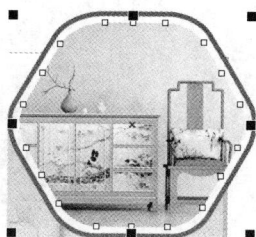

图 8-30

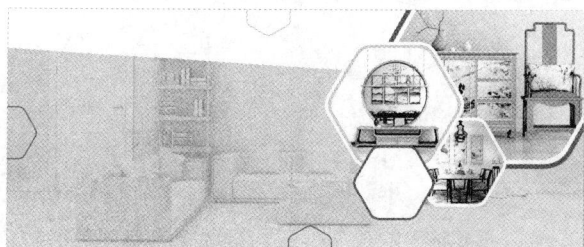

图 8-31

（15）按 Ctrl+I 组合键，弹出"导入"对话框，选择云盘中的"Ch08\素材\制作家具广告\05"文件，单击"导入"按钮，在绘图页面中单击，导入图片。选择"选择"工具 ，拖曳图片到适当的位置，并调整其大小，效果如图 8-32 所示。家具广告制作完成，效果如图 8-33 所示。

图 8-32

图 8-33

8.1.2　导入位图

选择"文件 > 导入"命令，或按 Ctrl+I 组合键，弹出"导入"对话框，在对话框中选择需要的位图，如图 8-34 所示。

选中需要的位图后，单击"导入"按钮，鼠标指针变为 图标，如图 8-35 所示。在绘图页面中单击鼠标左键，位图被导入到绘图页面中，如图 8-36 所示。

图 8-34

图 8-35

图 8-36

8.1.3　裁切位图

使用"形状"工具 可以对导入后的位图进行裁切，下面介绍具体的操作方法。

导入一张位图到绘图页面中，效果如图 8-37 所示。选择"形状"工具 ，单击位图，位图的周围出现四个节点，拖曳节点可以裁切位图，效果如图 8-38 所示。可以将位图裁切成不规则的形状，如图 8-39 所示。

图 8-37

图 8-38

图 8-39

导入一张位图到绘图页面中,选择"形状"工具，单击位图,位图的周围出现四个节点。在位图上边线上双击鼠标左键,可以增加节点,效果如图 8-40 所示。单击属性栏中的"转换为曲线"按钮，转换直线为曲线。拖曳节点即可裁切位图,效果如图 8-41 所示。裁切后位图的边可以有弧形效果,如图 8-42 所示。

图 8-40

图 8-41

图 8-42

8.1.4　转换为位图

CorelDRAW 2021 提供了将矢量图转换为位图的功能,下面介绍具体的操作方法。

打开一个矢量图并将其选中,选择"位图 > 转换为位图"命令,弹出"转换为位图"对话框,如图 8-43 所示。

分辨率:可以在下拉列表中选择要转换为位图的分辨率。

颜色模式:可以在下拉列表中选择要转换为的色彩模式。

光滑处理:可以消除转换后位图的锯齿。

透明背景:可以使转换后的位图保留原对象的通透性。

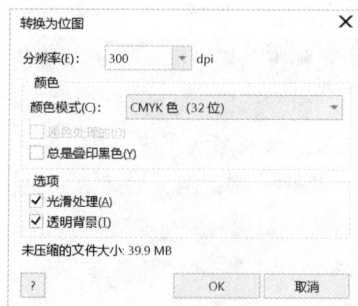
图 8-43

8.1.5　调整位图的颜色效果

使用 CorelDRAW 2021 可以对导入的位图进行颜色效果的调整,下面介绍具体的操作方法。

选中导入的位图,选择"效果 > 调整"命令,弹出调整命令子菜单,如图 8-44 所示,选择其中的命令,在弹出的对话框中可以对位图的颜色效果进行各种方式的调整。

选择"效果 > 变换"子菜单下的命令,如图 8-45 所示,在弹出的对话框中也可以对位图的颜色效果进行调整。

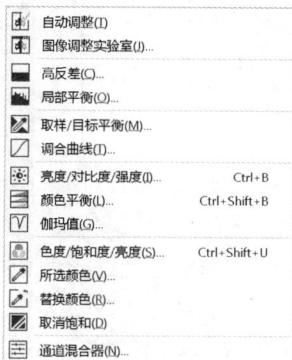
图 8-44

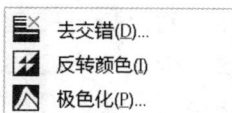
图 8-45

1. 调整亮度/对比度/强度

选中一张位图，如图 8-46 所示。选择"效果 > 调整 > 亮度/对比度/强度"命令，或按 Ctrl+B 组合键，弹出"亮度/对比度/强度"对话框，拖曳滑块可以设置各项的数值，如图 8-47 所示。调整好后，单击"OK"按钮，调整后的效果如图 8-48 所示。

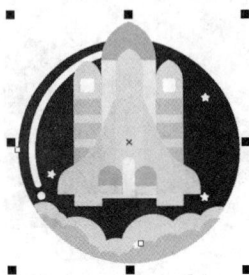
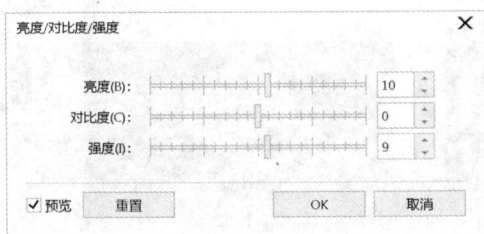
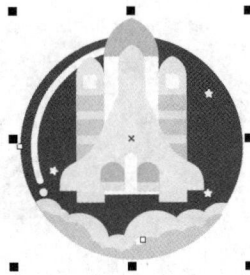

图 8-46　　　　　　　　　　　图 8-47　　　　　　　　　　　图 8-48

"亮度"选项：用于调整图形颜色的深浅变化，改变颜色的明暗程度。

"对比度"选项：用于调整图形颜色的对比，也就是调整最亮和最暗区域之间的差异程度。

"强度"选项：用于调整图形浅色区域的亮度，同时不降低深色区域的亮度。

"预览"复选框：用于预览色调的调整效果。

"重置"按钮 重置 ：单击此按钮，可以重新调整色调。

2. 调整颜色平衡

选中一张位图，如图 8-49 所示。选择"效果 > 调整 > 颜色平衡"命令，或按 Ctrl+Shift+B 组合键，弹出"颜色平衡"对话框，拖曳滑块可以设置各选项的数值，如图 8-50 所示。调整好后，单击"OK"按钮，调整后的效果如图 8-51 所示。

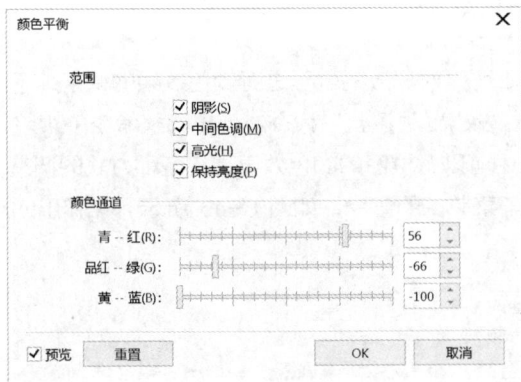
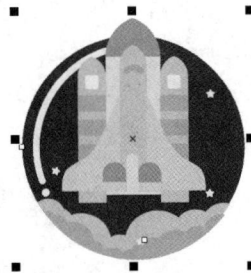

图 8-49　　　　　　　　　　　图 8-50　　　　　　　　　　　图 8-51

在对话框的"范围"设置区中有 4 个复选框，可以共同或分别设置对象的颜色调整范围。

"阴影"复选框：勾选此复选框，可以对图形阴影区域的颜色进行调整。

"中间色调"复选框：勾选此复选框，可以对图形中间色调的颜色进行调整。

"高光"复选框：勾选此复选框，可以对图形高光区域的颜色进行调整。

"保持亮度"复选框：勾选此复选框，可以在对图形进行颜色调整的同时保持图形的亮度。

"青--红"选项：可以在图形中添加不同程度的青色和红色。向右移动滑块将添加红色，向左移动滑块将添加青色。

"品红--绿"选项：可以在图形中添加不同程度的品红色和绿色。向右移动滑块将添加绿色，向左移动滑块将添加品红色。

"黄--蓝"选项：可以在图形中添加不同程度的黄色和蓝色。向右移动滑块将添加蓝色，向左移动滑块将添加黄色。

3. 调整色度/饱和度/亮度

选中一张位图，如图 8-52 所示。选择"效果 > 调整 > 色度/饱和度/亮度"命令，或按 Ctrl+Shift+U 组合键，弹出"色度/饱和度/亮度"对话框，拖曳滑块可以设置数值，如图 8-53 所示。调整好后，单击"OK"按钮，调整后的效果如图 8-54 所示。

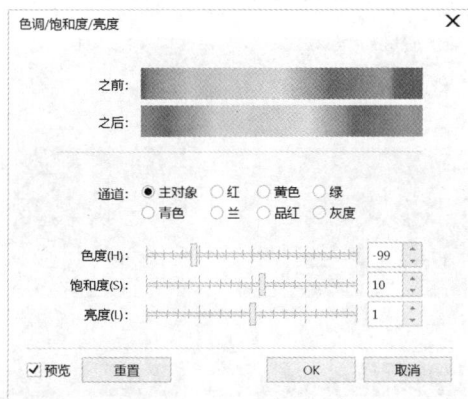

| 图 8-52 | 图 8-53 | 图 8-54 |

"通道"选项组：用于选择要调整的颜色。

"色度"选项：用于设置图形的颜色。

"饱和度"选项：用于改变图形颜色的鲜艳程度。

"亮度"选项：用于改变图形的明暗程度。

8.1.6　位图的色彩模式

导入位图后，选择"位图 > 模式"子菜单下的各种色彩模式，可以转换位图的色彩模式，如图 8-55 所示。不同的色彩模式会以不同的方式对位图的颜色进行分类和显示。

1. 黑白模式

选中一张位图，选择"位图 > 模式 > 黑白"命令，弹出"转换至 1 位"对话框，如图 8-56 所示。

在预览框中单击鼠标左键，可以放大预览图像；单击鼠标右键，可以缩小预览图像。

在对话框中的"转换方法"下拉按钮上单击鼠标左键，弹出下拉列表，可以在其中选择其他的转换方法。拖曳"选项"设置区中的"强度"滑块，可以设置转换的强度。

在对话框中的"转换方法"下拉列表中选择不同的转换方法，可以使黑白位图产生不同的效果。设置完成后，单击"OK"按钮，各效果如图 8-57 所示。

图 8-55

图 8-56

（a）原图　　　　（b）线条图　　　　（c）顺序　　　　（d）Jarvis

（e）Stucki　　　（f）Floyd-Steinberg　　　（g）半色调　　　（h）基数分布

图 8-57

> **技巧**　　"黑白"模式只能用 1 位的位分辨率来记录每一个像素，而且只能显示黑白两色，因此是最简单的位图模式。

2. 灰度模式

导入图 8-58 所示的一张位图。选择"位图 > 模式 > 灰度"命令，位图将转换为灰度模式，效果如图 8-59 所示。

图 8-58

图 8-59

位图转换为灰度模式后，位图被不同灰度填充并失去了所有的颜色，效果和黑白照片的效果类似。

3. 双色模式

导入图 8-60 所示的一张位图。选择"位图 > 模式 > 双色调"命令，弹出"双色调"对话框，如图 8-61 所示。

图 8-60

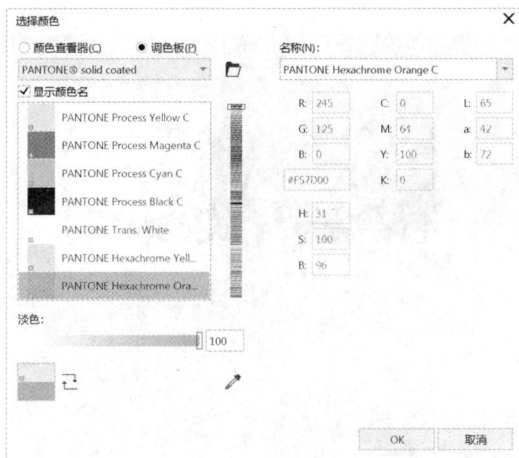

图 8-61

在对话框中"类型"下拉按钮上单击鼠标左键，弹出下拉列表，可以在其中选择其他的色调类型。

单击"装入"按钮，在弹出的"加载双色调文件"对话框中可以打开原来保存的双色调文件。单击"保存"按钮，可以将设置好的双色调效果保存。

拖曳右侧显示框中的曲线，可以设置不同的色阶变化。

在双色调的色标 PANTONE Process Yellow C 上单击鼠标左键，将其选中，如图 8-62 所示。单击"编辑"按钮，弹出"选择颜色"对话框，在该对话框中选择要替换的颜色，如图 8-63 所示。单击"OK"按钮，将双色调的颜色替换，如图 8-64 所示。设置完成后，单击"OK"按钮，双色调位图的效果如图 8-65 所示。

图 8-62

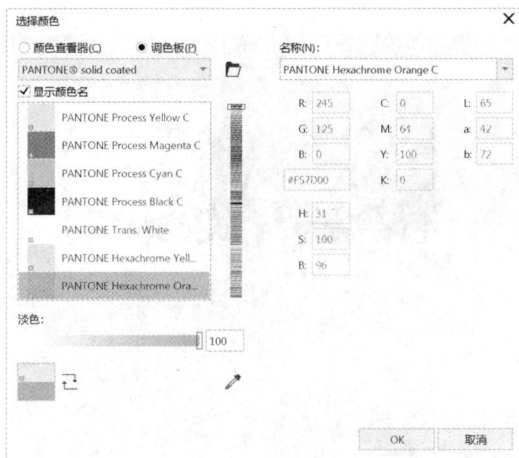

图 8-63

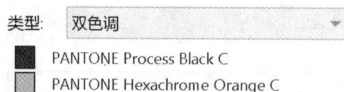

类型：
双色调
PANTONE Process Black C
PANTONE Hexachrome Orange C

图 8-64

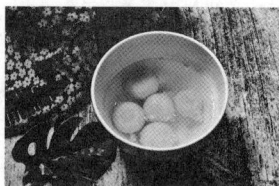

图 8-65

4. 调色板色模式

选中一张位图，选择“位图 > 模式 > 调色板色”命令，弹出“转换至调色板色”对话框，如图 8-66 所示。

在对话框中拖曳“平滑”滑块，可以设置颜色过渡的平滑程度。在“调色板”下拉按钮上单击，弹出下拉列表，可以在其中选择调色板的类型。在“递色”选项上单击鼠标左键，弹出下拉列表，可以在其中选择底色的类型。拖曳“抵色强度”滑块，可以设置位图底色的抖动程度。“颜色”选项可以设置色彩数。在“预设”下拉按钮上单击鼠标左键，弹出下拉列表，可以在其中选择预设的位数。

在“调色板”下拉列表中选择“更多调色板”选项，弹出“调色板管理器”对话框，在对话框中可以选择需要的调色板，如图 8-67 所示。选择完成后，单击“OK”按钮，返回到“转换至调色板色”对话框，设置如图 8-68 所示。单击“OK”按钮，自定义调色板色位图的效果如图 8-69 所示。

图 8-66

调色板管理器
Palettes
Palettes
默认 CMYK 调色板
默认 RGB 调色板
默认 调色板
灰度百分比
256级灰度梯度
Process
Spot
OK
取消

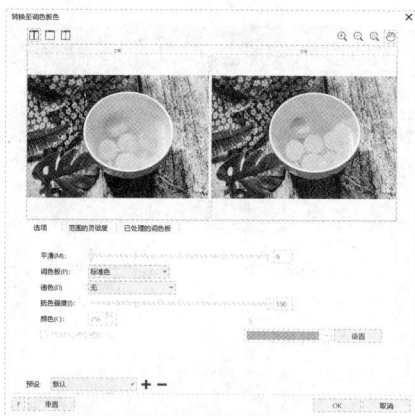

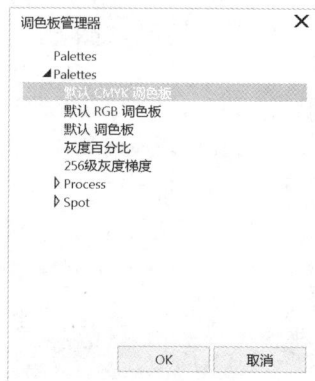

图 8-67

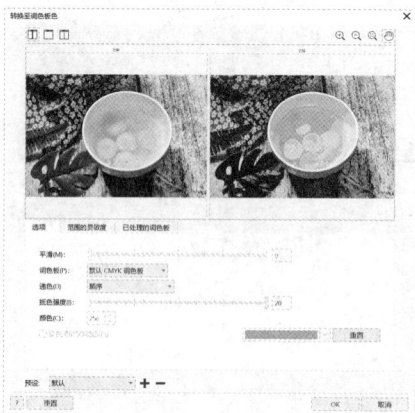

图 8-68

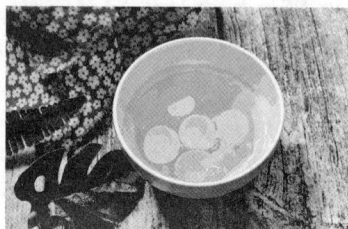

图 8-69

8.2 使用滤镜

CorelDRAW 2021 提供了多种滤镜，可以对位图进行各种效果的处理。灵活使用滤镜，可以为设计的作品增色。下面具体介绍滤镜的使用方法。

8.2.1 课堂案例——制作课程公众号封面首图

案例学习目标

学习使用"艺术笔触"命令、"杂点"命令、"调整"命令和"文本"工具制作课程公众号封面首图。

案例知识要点

使用"导入"命令、"点彩派"命令和"添加杂点"命令添加和编辑背景图片；使用"亮度/对比度/强度"命令调整图片色调；使用"矩形"工具和"置于图文框内部"命令制作 PowerClip 效果；使用"文本"工具添加宣传文字。课程公众号封面首图的效果如图 8-70 所示。

图 8-70

微课视频

扫码观看
本案例视频

效果所在位置

云盘\Ch08\效果\制作课程公众号封面首图.cdr。

（1）按 Ctrl+N 组合键，弹出"创建新文档"对话框，设置文档的宽度为 900 px，高度为 383 px，取向为横向，原色模式为 RGB，分辨率为 72 dpi，单击"OK"按钮，创建一个文档。

（2）按 Ctrl+I 组合键，弹出"导入"对话框，选择云盘中的"Ch08\素材\制作课程公众号封面首图\01"文件，单击"导入"按钮，在绘图页面中单击，导入图片。选择"选择"工具 ，拖曳图片到适当的位置，效果如图 8-71 所示。

图 8-71

（3）选择"效果 > 艺术笔触 > 点彩派"命令，在弹出的"点彩派画家"对话框中进行设置，如图 8-72 所示。单击"OK"按钮，效果如图 8-73 所示。

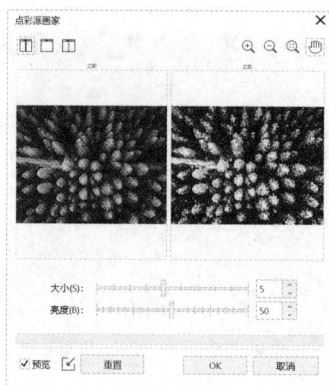

图 8-72

图 8-73

（4）选择"效果 > 杂点 > 添加杂点"命令，在弹出的"添加杂点"对话框中进行设置，如图 8-74 所示。单击"OK"按钮，效果如图 8-75 所示。

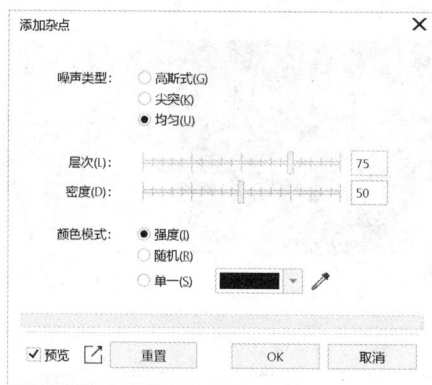

图 8-74

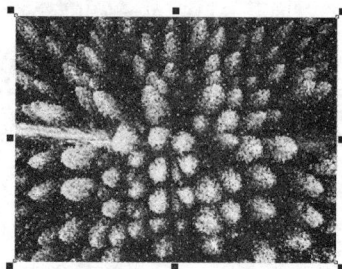

图 8-75

（5）选择"效果 > 调整 > 亮度/对比度/强度"命令，在弹出的"亮度/对比度/强度"对话框中进行设置，如图 8-76 所示。单击"OK"按钮，效果如图 8-77 所示。

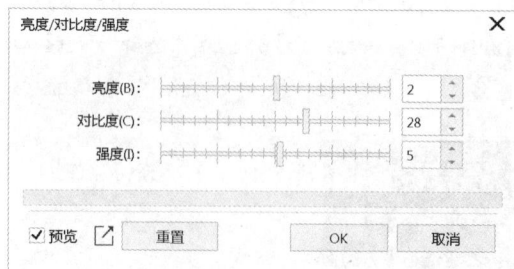

图 8-76

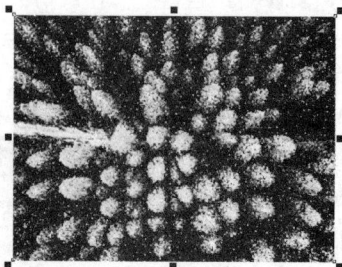

图 8-77

（6）双击"矩形"工具□，绘制一个与绘图页面大小相等的矩形，如图 8-78 所示（为了方便读者观看，矩形以白色显示）。按 Shift+PageUp 组合键，将矩形前移一层，效果如图 8-79 所示。

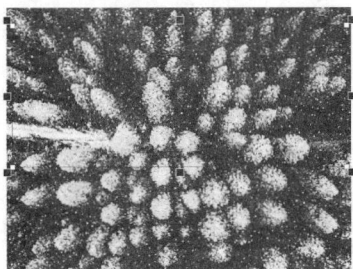

图 8-78

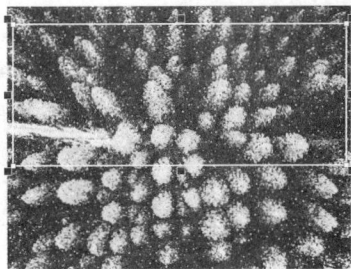

图 8-79

（7）选择"选择"工具 ，选中下方风景图片，选择"对象 > PowerClip > 置于图文框内部"命令，鼠标指针变为黑色箭头，在矩形框上单击鼠标左键，如图 8-80 所示，将风景图片置入到矩形中，然后去除图形的轮廓线，效果如图 8-81 所示。

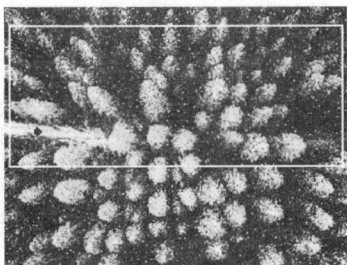

图 8-80

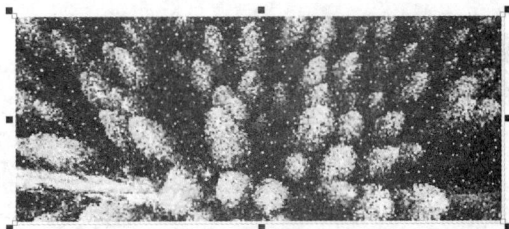

图 8-81

（8）选择"文本"工具 字 ，在绘图页面中分别输入需要的文字。选择"选择"工具 ，在属性栏中分别选择适当的字体并设置文字大小，填充文字为白色，效果如图 8-82 所示。选择"文本"工具 字 ，选中英文"PS"，在属性栏中选择适当的字体，效果如图 8-83 所示。

图 8-82

图 8-83

（9）选择"矩形"工具 ，在适当的位置绘制一个矩形，填充矩形为白色，并去除矩形的轮廓线，如图 8-84 所示。在属性栏中单击"倒棱角"按钮 ，将"圆角半径"设为 20.0 px 和 0.0 px，如图 8-85 所示。按 Enter 键，效果如图 8-86 所示。

图 8-84

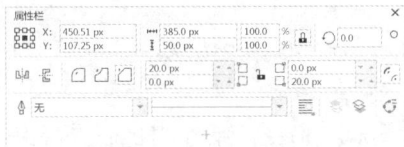

图 8-85

图 8-86

（10）选择"文本"工具 字，在适当的位置输入需要的文字。选择"选择"工具 ↖，在属性栏中选择适当的字体并设置文字大小，效果如图 8-87 所示。设置文字颜色的 RGB 值为 0、51、51，效果如图 8-88 所示。

图 8-87

图 8-88

（11）选择"文本 > 文本"命令，在弹出的"文本"泊坞窗中进行设置，如图 8-89 所示。按 Enter 键，效果如图 8-90 所示。课程公众号封面首图制作完成，最终效果如图 8-91 所示。

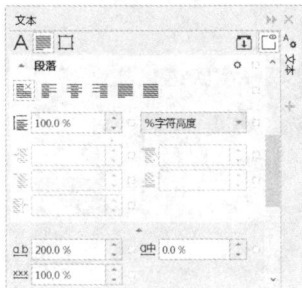

图 8-89

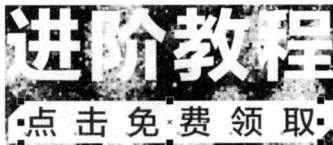

图 8-90

图 8-91

8.2.2　"三维效果"滤镜

选中一张位图，选择"效果 > 三维效果"命令，子菜单如图 8-92 所示，其中共有 6 种不同的三维效果，下面介绍几种常用的三维效果。

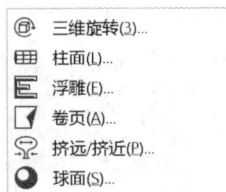

图 8-92

1．三维旋转

选择"效果 > 三维效果 > 三维旋转"命令，弹出"三维旋转"对话框，单击对话框中的 ☑ 按钮，显示对照预览框，如图 8-93 所示。上方预览框显示的是原始位图效果，下方预览框显示的是完成各项设置后的位图效果。

对话框中部分选项和按钮的功能如下。

🔷：拖曳立方体图标，可以设定位图的旋转角度。

垂直：可以设置位图垂直旋转的角度。

水平：可以设置位图水平旋转的角度。

最适合：以原来的位图尺寸为基础进行三维旋转设置。

预览：预览设置后的三维旋转效果。

重置 ：单击此按钮，使所有设置回到初始状态。

2．柱面

选择"效果 > 三维效果 > 柱面"命令，弹出"柱面"对话框，如图 8-94 所示，单击对话框中的 ☑ 按钮，显示对照预览框。

对话框中部分选项的功能如下。

柱面模式：可以选择"水平"模式或"垂直的"模式。

百分比：可以设置"水平"模式或"垂直的"模式的百分比。向右拖曳滑块，"水平"模式下的图像会从中间向上下两端变形，"垂直的"模式下的图像会从中间向左右两端变形。

图 8-93

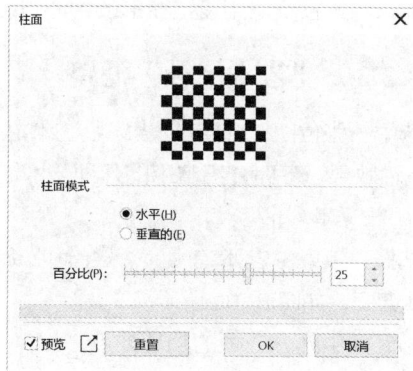

图 8-94

3. 卷页

选择"效果 > 三维效果 > 卷页"命令，弹出"卷页"对话框，如图 8-95 所示，单击对话框中的☑按钮，显示对照预览框。

对话框中部分选项和按钮的功能如下。

⊞：4 个卷页类型按钮，用于设置位图卷起页角的位置。

方向：选择"垂直的"或"水平"选项，可以设置卷页效果的卷起边。

纸：选择"不透明"或"透明的"两个选项，可以设置卷页部分是否透明。

卷曲度：用于设置卷页的颜色。

背景颜色：用于设置卷页原位置的颜色。

宽度：用于设置卷页的宽度。

高度：用于设置卷页的高度。

4. 球面

选择"效果 > 三维效果 > 球面"命令，弹出"球面"对话框，如图 8-96 所示，单击对话框中的☑按钮，显示对照预览框。

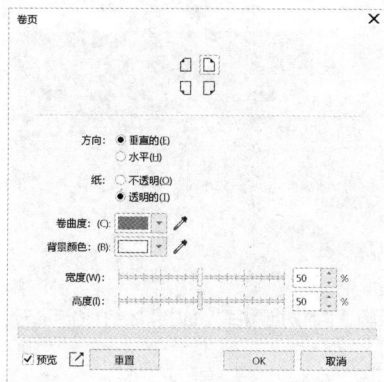

图 8-95

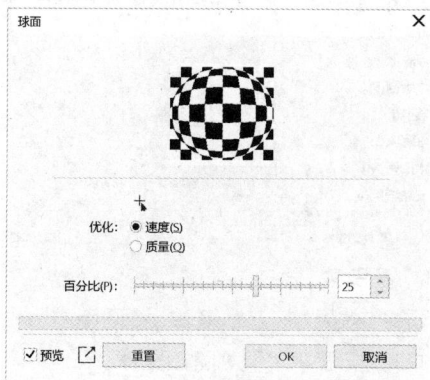

图 8-96

对话框中部分选项和按钮的功能如下。

优化：可以选择"速度"和"质量"选项。

百分比：用于控制位图球面化的程度。百分比越大，球面化的程度越高。

🔝：用于预览框中设定变形的中心点。

8.2.3 "艺术笔触"滤镜

选中一张位图，选择"效果 > 艺术笔触"命令，子菜单如图 8-97 所示，其中共有 14 种不同的艺术笔触效果。下面介绍常用的几种艺术笔触效果。

1. 炭笔画

选择"效果> 艺术笔触 > 炭笔画"命令，弹出"木炭"对话框，单击对话框中的✍按钮，显示对照预览框，如图 8-98 所示。

对话框中部分选项的功能如下。

大小：可以设置位图炭笔画的像素大小。

边缘：可以设置位图炭笔画的黑白度。

2. 印象派

选择"效果 > 艺术笔触 > 印象派"命令，弹出"印象派"对话框，如图 8-99 所示，单击对话框中的✍按钮，显示对照预览框。

对话框中部分选项的功能如下。

样式：可选择"笔触"或"色块"选项，不同的样式会产生不同的印象派位图效果。

笔触：用于设置印象派效果的笔触大小及其强度。

着色：用于调整印象派效果颜色的深浅程度，数值越大，颜色越深。

亮度：用于对印象派效果的亮度进行调节。

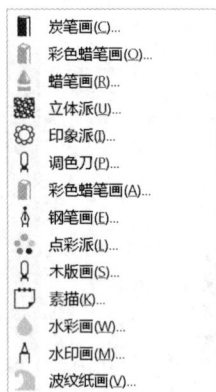

图 8-97

图 8-98

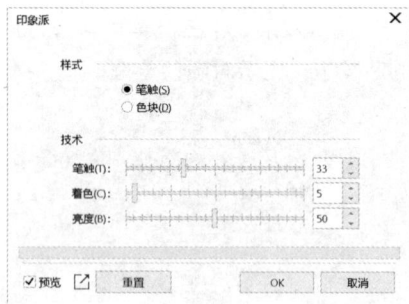

图 8-99

3. 调色刀

选择"效果 > 艺术笔触 > 调色刀"命令，弹出"调色刀"对话框，如图 8-100 所示，单击对话框中的✍按钮，显示对照预览框。

对话框中部分选项的功能如下。

刀片尺寸：用于设置笔触的锋利程度，数值越小，笔触越锋利，位图的刻画效果越明显。

柔软边缘：用于设置笔触的坚硬程度，数值越大，位图的刻画效果越平滑。

角度：用于设置笔触的角度。

4. 素描

选择"效果 > 艺术笔触 > 素描"命令，弹出"素描"对话框，如图 8-101 所示，单击对话框中的☑按钮，显示对照预览框。

对话框中各选项的功能如下。

铅笔类型：可选择"碳色"或"颜色"类型，可以产生黑白或彩色的位图素描效果。

样式：用于设置从粗糙到精细的画面效果，数值越大，画面效果越精细。

笔芯：用于设置笔芯颜色深浅的变化，数值越大，笔芯越软，画面整体颜色越深。

轮廓：用于设置轮廓的清晰程度，数值越大，轮廓越清晰。

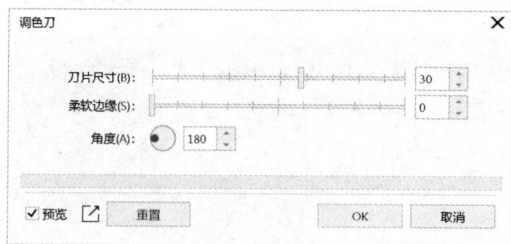

图 8-100

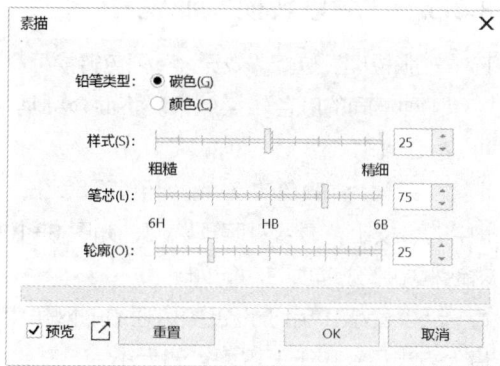

图 8-101

8.2.4 "模糊"滤镜

选中一张位图，选择"效果 > 模糊"命令，子菜单如图 8-102 所示，其中共有 11 种不同的模糊效果。下面介绍其中两种常用的模糊效果。

图 8-102

1. 高斯式模糊

选择"效果 > 模糊 > 高斯式模糊"命令，弹出"高斯式模糊"对话框，单击对话框中的☑按钮，显示对照预览框，如图 8-103 所示。

对话框中部分选项的功能如下。

半径：用于设置高斯式模糊的程度。半径数值越大，模糊程度越高。

2. 缩放

选择"效果 > 模糊 > 缩放"命令，弹出"缩放"对话框，如图 8-104 所示，单击对话框中的☑按钮，显示对照预览框。

对话框中部分选项的功能如下。

⌖：在左侧预览框中单击鼠标左键，可以确定模糊缩放的中心位置。

数量：用于设定图像的模糊程度。数量的数值越大，模糊程度越高。

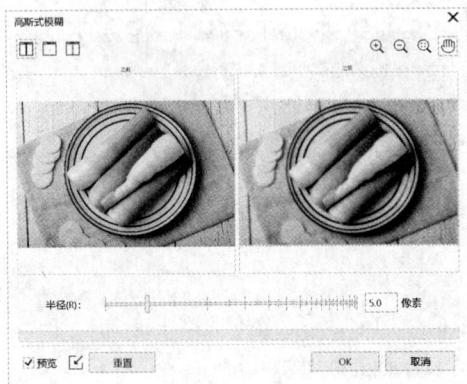

图 8-103

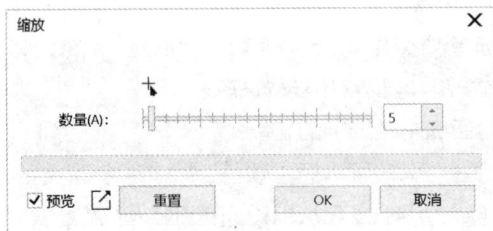

图 8-104

8.2.5 "颜色转换"滤镜

选中一张位图，选择"效果 > 颜色转换"命令，子菜单如图 8-105 所示，其中共有 4 种不同的颜色转换效果。下面介绍其中两种常用的颜色转换效果。

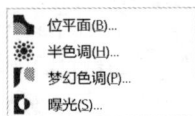

图 8-105

1. 半色调

选择"效果 > 颜色转换 > 半色调"命令，弹出"半色调"对话框，单击对话框中的 按钮，显示对照预览框，如图 8-106 所示。

对话框中部分选项的功能如下。

青/品红/黄/黑：用于设置颜色通道的网角角度。

最大点半径：用于设置网点的大小。

2. 曝光

选择"效果 > 颜色转换 > 曝光"命令，弹出"曝光"对话框，如图 8-107 所示，单击对话框中的 按钮，显示对照预览框。

对话框中部分选项的功能如下。

层次：可以设置曝光的程度，层次的数值越大，曝光程度越高；反之，则曝光程度越低。

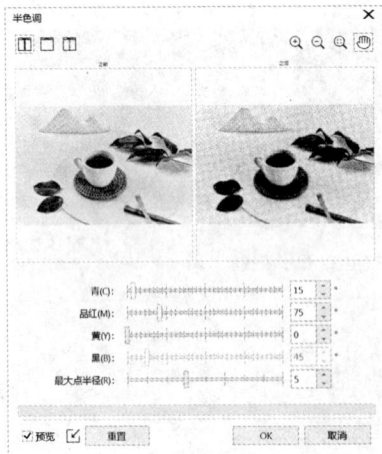

图 8-106

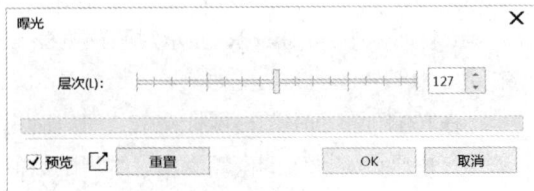

图 8-107

8.2.6 "轮廓图"滤镜

选中位图,选择"效果 > 轮廓图"命令,子菜单如图 8-108 所示,其中共有 3 种不同的轮廓图效果。下面介绍其中两种常用的轮廓图效果。

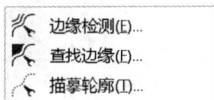

图 8-108

1. 边缘检测

选择"效果 > 轮廓图 > 边缘检测"命令,弹出"边缘检测"对话框,单击对话框中的 按钮,显示对照预览框,如图 8-109 所示。

对话框中部分选项的功能如下。

背景色:用于设置位图的背景颜色,可以选择白色、黑色或其他颜色。

:可以在位图中吸取背景色。

灵敏度:用于设置边缘检测的灵敏度。

2. 查找边缘

选择"效果 > 轮廓图 > 查找边缘"命令,弹出"查找边缘"对话框,如图 8-110 所示,单击对话框中的 按钮,显示对照预览框。

对话框中部分选项的功能如下。

边缘类型:有"软""纯色"两种类型,选择不同的类型会得到不同的效果。

层次:可以设置边缘颜色的深浅程度。

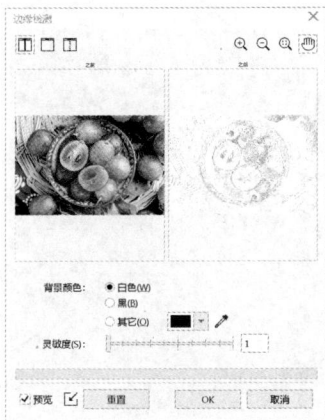

图 8-109

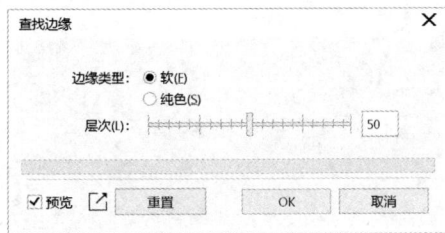

图 8-110

8.2.7 "创造性"滤镜

选中一张位图,选择"效果 > 创造性"命令,子菜单如图 8-111 所示,其中共有 11 种不同的创造性效果。下面介绍 4 种常用的创造性效果。

图 8-111

1. 框架

选择"效果 > 创造性 > 框架"命令,弹出"图文框"对话框。

对话框中各选项卡的功能如下。

"选择"选项卡:用来选择和添加框架。

"修改"选项卡:用来对框架进行修改。单击 按钮,显示对照预览框,如图 8-112 所示。此选项卡中部分选项和按钮的功能如下。

水平/垂直：用来设置框架的大小。

旋转：用来设置框架的旋转角度。

颜色/不透明：分别用来设置框架的颜色和不透明度。

模糊/羽化：用来设置框架边缘的模糊及羽化程度。

调和：用来选择框架与位之间的混合方式。

翻转：用来将框架垂直或水平翻转。

对齐：用来在对照预览框中设置框架效果的中心点。

回到中心位置：使中心点回到初始中心位置。

2. 马赛克

选择"效果 > 创造性 > 马赛克"命令，弹出"马赛克"对话框，如图 8-113 所示，单击对话框中的 按钮，显示对照预览框。

对话框中部分选项的功能如下。

大小：设置马赛克效果显示的模糊程度。

背景色：设置马赛克效果的背景颜色。

虚光：勾选此复选框，位图四周会呈现虚光效果，从四周呈圆形向中心虚化。

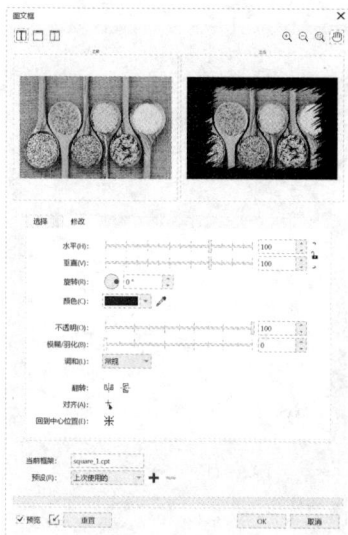

图 8-112

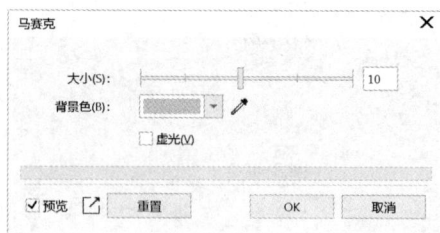

图 8-113

3. 彩色玻璃

选择"效果 > 创造性 > 彩色玻璃"命令，弹出"彩色玻璃"对话框，如图 8-114 所示，单击对话框中的 按钮，显示对照预览框。

对话框中部分选项的功能如下。

大小：用于设置彩色玻璃块的大小。

光源强度：用于设置彩色玻璃的光源的强度。强度越小，位图越暗；强度越大，位图越亮。

焊接宽度：用于设置彩色玻璃块焊接处的宽度。

焊接颜色：用于设置彩色玻璃块焊接处的颜色。

三维照明：勾选此复选框，彩色玻璃位图会显示出三维照明效果。

4. 虚光

选择"效果 > 创造性 > 虚光"命令，弹出"虚光"对话框，如图 8-115 所示，单击对话框中的 ☑ 按钮，显示对照预览框。

对话框中部分选项的功能如下。

颜色：用于设置光照的颜色。

形状：用于设置光照的形状。

偏移：用于设置光照形状框架的大小。

褪色：用于设置位图与虚光框架的混合程度。

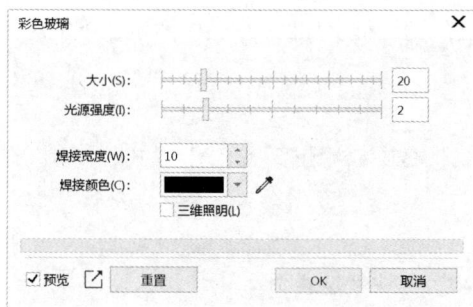

图 8-114

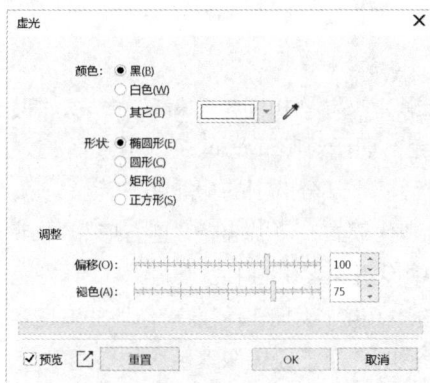

图 8-115

8.2.8 "扭曲"滤镜

选中一张位图，选择"效果 > 扭曲"命令，子菜单如图 8-116 所示，其中共有 11 种不同的扭曲效果。下面介绍几种常用的扭曲效果。

1. 块状

选择"效果 > 扭曲 > 块状"命令，弹出"块状"对话框，单击对话框中的 ☑ 按钮，显示对照预览框，如图 8-117 所示。

对话框中部分选项的功能如下。

块宽度/块高度：用于设置块的宽度和高度。

最大偏移量：用于设置块排列的松散程度。

未定义区域：用于设置位图中除块以外区域的颜色。

图 8-116

2. 置换

选择"效果 > 扭曲 > 置换"命令，弹出"置换"对话框，如图 8-118 所示，单击对话框中的 ☑ 按钮，显示对照预览框。

对话框中部分选项的功能如下。

缩放模式：可以选择"平铺"或"伸展适合"两种缩放模式。

▨：可以在下拉列表中选择置换的图形。

图 8-117

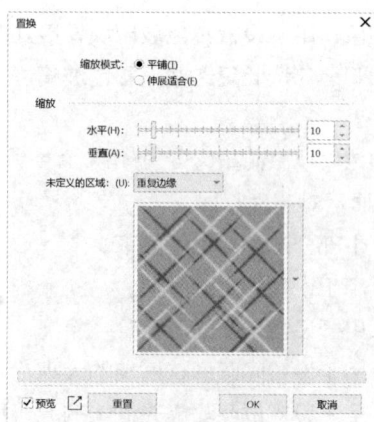

图 8-118

3. 像素

选择"效果> 扭曲 > 像素"命令，弹出"像素化"对话框，如图 8-119 所示，单击对话框中的☑按钮，显示对照预览框。

对话框中部分选项的功能如下。

像素化模式：可以选择"正方形""矩形""射线"模式。当选择"射线"模式时，可以在对照预览框中设置像素化的中心点。

宽度/高度：用于设置像素色块的宽度和高度。

不透明：用于设置像素色块的不透明度，数值越小，色块就越透明。

4. 龟纹

选择"效果 > 扭曲 > 龟纹"命令，弹出"龟纹"对话框，如图 8-120 所示，单击对话框中的☑按钮，显示对照预览框。

对话框中部分选项的功能如下。

周期/振幅：拖曳滑块，可以设置主波纹的周期和振幅，在上方预览框中可以看到波纹的形状。

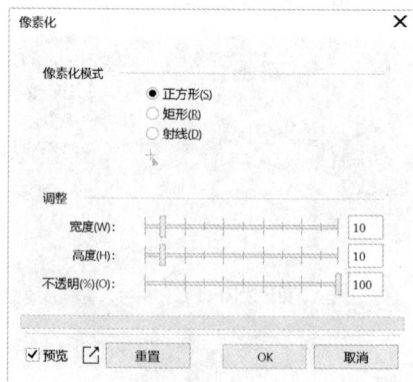

图 8-119

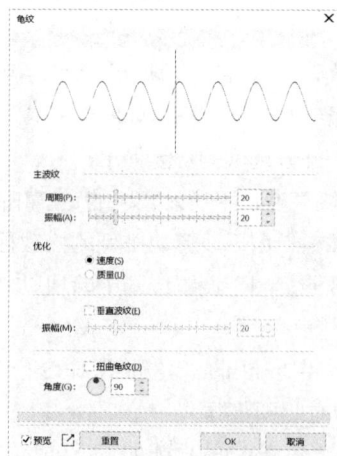

图 8-120

8.2.9　"杂点"滤镜

选中一张位图,选择"效果 > 杂点"命令,子菜单如图 8-121 所示,其中共有 6 种不同的杂点效果。下面介绍其中两种常用的杂点滤镜效果。

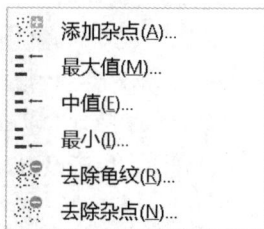

图 8-121

1. 添加杂点

选择"效果 > 杂点 > 添加杂点"命令,弹出"添加杂点"对话框,单击对话框中的 按钮,显示对照预览框,如图 8-122 所示。

对话框中部分选项的功能如下。

噪声类型:设置要添加的噪声类型,有"高斯式""尖突""均匀"3 种类型。"高斯式"噪声沿着高斯曲线添加杂点;"尖突"噪声比"高斯式"噪声添加的杂点少,常用来生成较亮的杂点区域;"均匀"噪声可在位图上相对均匀地添加杂点。

层次、密度:用于设置杂点分布的层次及杂点的密度。

颜色模式:用于设置杂点的颜色,在"单一"下拉列表中可以选择杂点的单一颜色。

2. 去除龟纹

选择"效果 > 杂点 > 去除龟纹"命令,弹出"去除龟纹"对话框,如图 8-123 所示,单击对话框中的 按钮,显示对照预览框。

对话框中部分选项的功能如下。

数量:设定龟纹的数量。

优化:有"速度""质量"两个选项,可以根据需求选择合适的选项进行图像的优化。

输出:用于设置输出图像的分辨率。

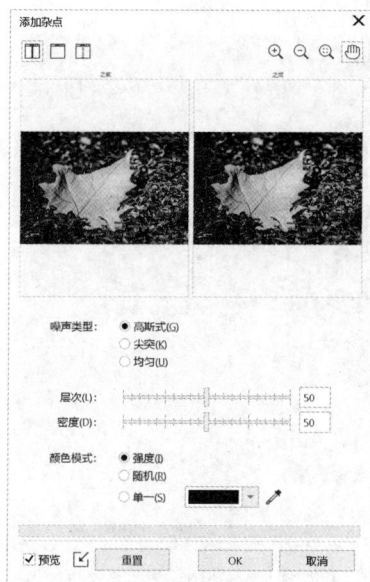

图 8-122

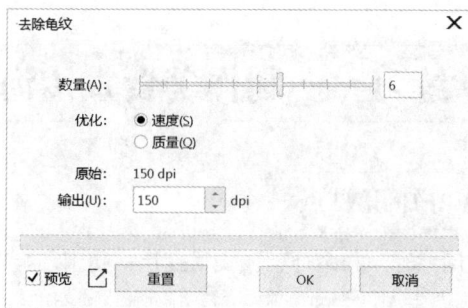

图 8-123

8.2.10　"鲜明化"滤镜

选中一张位图,选择"效果> 鲜明化"命令,子菜单如图 8-124 所示,其中共有 5 种不同的鲜明化效果。下面介绍其中两种主要的鲜明化滤镜效果。

1. **高通滤波器**

选择"效果> 鲜明化 > 高通滤波器"命令，弹出"高通滤波器"对话框，单击对话框中的 按钮，显示对照预览框，如图 8-125 所示。

对话框中部分选项的功能如下。

百分比：用于设置对位图遮罩的深浅程度。

半径：用于设置位图颜色的反差范围。

2. **非鲜明化遮罩**

选择"效果> 鲜明化 > 非鲜明化遮罩"命令，弹出"柔化遮罩"对话框，如图 8-126 所示，单击对话框中的 按钮，显示对照预览框。

对话框中各选项的功能如下。

百分比：用于设置对位图遮罩的深浅程度。

半径：用于设置位图边缘的加深程度。

阈值：用于设置锐化效果的强弱，数值越小，锐化效果就越明显。

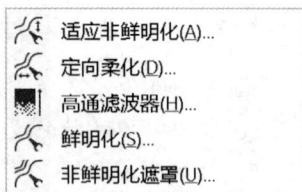

	适应非鲜明化(A)...
	定向柔化(D)...
	高通滤波器(H)...
	鲜明化(S)...
	非鲜明化遮罩(U)...

图 8-124

图 8-125

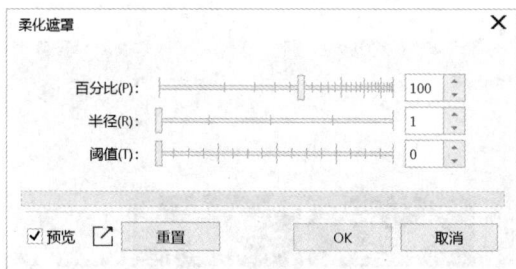

图 8-126

课堂练习——制作美食宣传海报

🔗 练习知识要点

使用"导入"命令添加素材图片；使用"矩形"工具、"添加杂点"命令、"蚀刻"命令、"转换为曲线"按钮、"形状"工具制作底图；使用"透明度"工具为图片添加半透明效果；使用"色度/饱和度/亮度"命令调整图片色调；使用"文本"工具、"文本"泊坞窗添加宣传文字。效果如图 8-127 所示。

图 8-127

◎ 效果所在位置

云盘\Ch08\效果\制作美食宣传海报.cdr。

课后习题——制作护肤品广告

✎ 习题知识要点

使用"导入"命令添加素材图片；使用"色度/饱和度/亮度"命令、"亮度/对比度/强度"命令调整图片色调；使用"文本"工具、"文本"泊坞窗、"字形"命令添加宣传语；使用"矩形"工具、"圆角半径"选项、"渐变填充"按钮绘制装饰图形。效果如图 8-128 所示。

◎ 效果所在位置

云盘\Ch08\效果\制作护肤品广告.cdr。

图 8-128

09

第 9 章
应用特殊效果

本章介绍

  CorelDRAW 2021 提供了多种特殊效果工具和命令，通过使用这些工具和命令，可以制作出丰富的图形特效。通过对本章内容的学习，读者可以了解并掌握如何应用特殊效果功能制作出丰富多彩的图形特效。

学习目标

- ✔ 掌握创建 PowerClip 对象的方法。
- ✔ 掌握特殊效果的制作方法。

技能目标

- ✔ 掌握"霜降节气海报"的制作方法。
- ✔ 掌握"阅读平台推广海报"的制作方法。
- ✔ 掌握"冰糖葫芦宣传单"的制作方法。

素养目标

- ✔ 培养创新思维和创意转化能力。

应用特殊效果

227

9.1 PowerClip 效果

在 CorelDRAW 2021 中，使用 PowerClip 效果可以将一个对象内置于另外一个容器对象中。内置的对象可以是任意的，但容器对象必须是封闭路径。本节具体讲解内置图形的方法。

9.1.1 课堂案例——制作霜降节气海报

案例学习目标

学习使用"PowerClip"命令和"文本"工具制作霜降节气海报。

案例知识要点

使用"椭圆形"工具、"高斯式模糊"命令、"导入"命令、"置于图文框内部"命令制作图框剪裁效果；使用"文本"工具、"文本"泊坞窗添加标题文字。霜降节气海报的效果如图 9-1 所示。

效果所在位置

微课视频

扫码观看
本案例视频

云盘\Ch09\效果\制作霜降节气海报.cdr。

（1）按 Ctrl+O 组合键，弹出"打开绘图"对话框，选择云盘中的"Ch09\素材\制作霜降节气海报\01"文件，单击"打开"按钮，打开文件，效果如图 9-2 所示。

（2）选择"椭圆形"工具 ○，按住 Ctrl 键的同时，在适当的位置绘制一个圆形，填充圆形为白色，并去除圆形的轮廓线，效果如图 9-3 所示。按 Ctrl+C 组合键，复制圆形（此圆形作为备用）。

图 9-1

图 9-2

图 9-3

（3）选择"效果>模糊>高斯式模糊"命令，在弹出的"高斯式模糊"对话框中进行设置，如图 9-4 所示。单击"OK"按钮，效果如图 9-5 所示。

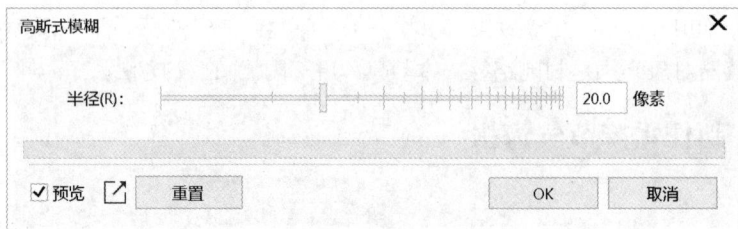

图9-4

图9-5

（4）按 Ctrl+V 组合键，粘贴备用圆形，在"调色板"中的"黑"色块上单击鼠标右键，设置备用圆形的轮廓线为黑色，效果如图 9-6 所示。

（5）按 Ctrl+I 组合键，弹出"导入"对话框，选择云盘中的"Ch09\素材\制作霜降节气海报\02"文件，单击"导入"按钮，在绘图页面中单击，导入图片。选择"选择"工具，拖曳图片到适当的位置并调整其大小，效果如图 9-7 所示。按 Ctrl+PageDown 组合键，将图片向后移一层，效果如图 9-8 所示。

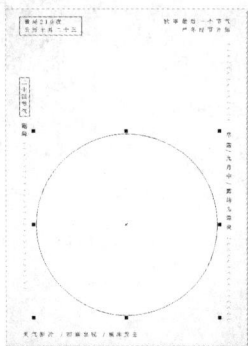

图9-6

图9-7

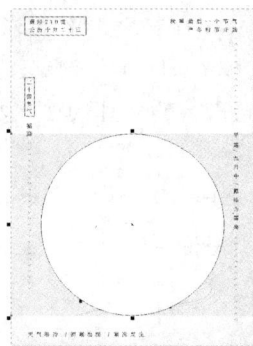

图9-8

（6）选择"对象>PowerClip>置于图文框内部"命令，鼠标指针变为黑色箭头，在备用圆形上单击鼠标左键，如图 9-9 所示，将图片置入到备用圆形中，效果如图 9-10 所示。

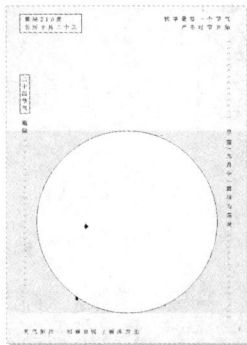

图9-9

图9-10

（7）按 Ctrl+I 组合键，弹出"导入"对话框，选择云盘中的"Ch09\素材\制作霜降节气海报\03和 04"文件，单击"导入"按钮，在绘图页面中分别单击，导入图片。选择"选择"工具▲，分别拖曳图片到适当的位置并调整其大小，效果如图 9-11 所示。选取下方图片，如图 9-12 所示。

图 9-11

图 9-12

（8）选择"对象 > PowerClip > 置于图文框内部"命令，鼠标指针变为黑色箭头，在文字上单击鼠标左键，如图 9-13 所示，将图片置入到文字中，效果如图 9-14 所示。

图 9-13

图 9-14

（9）选择"文本"工具字，在适当的位置输入需要的文字。选择"选择"工具▲，在属性栏中选择适当的字体并设置文字大小，效果如图 9-15 所示。

（10）选择"文本 > 文本"命令，在弹出的"文本"泊坞窗中进行设置，如图 9-16 所示。按Enter 键，效果如图 9-17 所示。

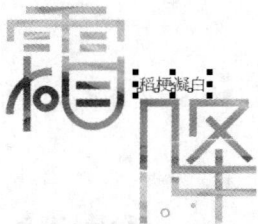

图 9-15

图 9-16

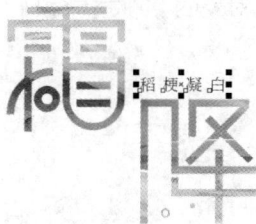

图 9-17

（11）按 Ctrl+I 组合键，弹出"导入"对话框，选择云盘中的"Ch09\素材\制作霜降节气海报\05"文件，单击"导入"按钮，在绘图页面中单击，导入图片。选择"选择"工具▲，拖曳图片到适当的位置并调整其大小，效果如图 9-18 所示。

（12）选择"文本"工具字，在适当的位置分别输入需要的文字。选择"选择"工具，在属性栏中分别选择适当的字体并设置文字大小，单击"将文本更改为垂直方向"按钮，更改文本排列方向，效果如图 9-19 所示。选取左侧文本"霜降"，填充文本为白色，效果如图 9-20 所示。

图 9-18   图 9-19   图 9-20

（13）选取文字"气肃而霜降""阴始凝也"，在"文本"泊坞窗中，设置如图 9-21 所示，按 Enter 键，效果如图 9-22 所示。霜降节气海报制作完成，最终效果如图 9-23 所示。

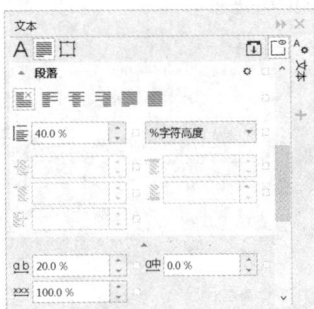

图 9-21   图 9-22   图 9-23

9.1.2　创建 PowerClip 对象

导入一张图片，再绘制一个图形作为容器对象。使用"选择"工具选中图片，如图 9-24 所示，选择"对象＞PowerClip＞置于图文框内部"命令，鼠标指针变为黑色箭头，将箭头放在容器对象内，如图 9-25 所示。单击鼠标左键，完成图框的精确剪裁，效果如图 9-26 所示。内置图片的中心和容器对象的中心是重合的。

图 9-24   图 9-25   图 9-26

选择"对象＞PowerClip＞提取内容"命令，可以将容器对象内的内置对象提取出来。

选择"对象 > PowerClip > 编辑 PowerClip"命令，可以对内置对象进行修改和移动。

选择"对象 > PowerClip > 完成编辑 PowerClip"命令，完成对内置对象的编辑。

绘制一个图形，选择"对象 > PowerClip > 复制 PowerClip 自"命令，鼠标指针变为黑色箭头，将箭头放在 PowerClip 对象上并单击，可复制内置对象至绘制的图形中。

9.2 特殊效果

在 CorelDRAW 2021 中，使用特殊效果命令可以制作出丰富的图形特效。本节具体介绍几种常用的特殊效果命令。

9.2.1 课堂案例——制作阅读平台推广海报

案例学习目标

学习使用"立体化"工具、"阴影"工具、"调和"工具制作阅读平台推广海报。

案例知识要点

使用"文本"工具、"文本"泊坞窗添加标题文字；使用"立体化"工具为标题文字添加立体效果；使用"矩形"工具、"圆角半径"选项、"调和"工具制作调和效果；使用"导入"命令导入图形元素；使用"阴影"工具为文字添加阴影效果。阅读平台推广海报效果如图 9-27 所示。

图 9-27

微课视频

扫码观看
本案例视频

效果所在位置

云盘\Ch09\效果\制作阅读平台推广海报.cdr。

（1）按 Ctrl+N 组合键，弹出"创建新文档"对话框，设置文档的宽度为 1242 px，高度为 2208 px，取向为纵向，原色模式为 RGB，分辨率为 72 dpi，单击"OK"按钮，创建一个文档。

（2）双击"矩形"工具□，绘制一个与绘图页面大小相等的矩形，如图 9-28 所示，设置矩形填充颜色的 RGB 值为 5、138、74，并去除矩形的轮廓线，效果如图 9-29 所示。

（3）按数字键盘上的+键，复制矩形。选择"选择"工具 ，向右拖曳复制的矩形左边中间的控制点到适当的位置，调整其大小，如图 9-30 所示。设置复制的矩形填充颜色的 RGB 值为 250、178、173，效果如图 9-31 所示。

  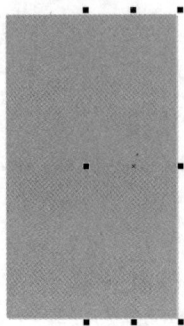 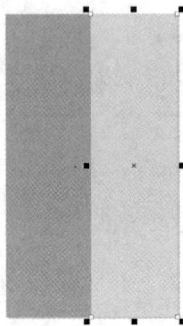

图 9-28　　　　　　　图 9-29　　　　　　　图 9-30　　　　　　　图 9-31

（4）选择"文本"工具 字，在绘图页面中输入需要的文字。选择"选择"工具 ，在属性栏中选择适当的字体并设置文字大小，填充文字为白色，效果如图 9-32 所示。

（5）选择"文本 > 文本"命令，在弹出的"文本"泊坞窗中进行设置，如图 9-33 所示。按 Enter 键，效果如图 9-34 所示。

图 9-32　　　　　　　　　　图 9-33　　　　　　　　　　图 9-34

（6）按 F12 键，弹出"轮廓笔"对话框，在"颜色"选项中设置轮廓线颜色的 RGB 值为 102、102、102，其他选项的设置如图 9-35 所示。单击"OK"按钮，效果如图 9-36 所示。

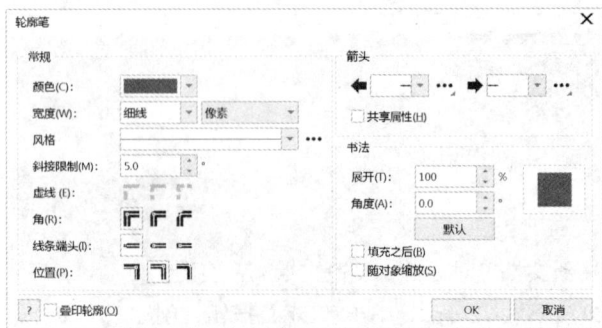 

图 9-35　　　　　　　　　　　　　　　　图 9-36

（7）选择"立体化"工具，由文字中心向右侧拖曳鼠标指针，在属性栏中单击"立体化颜色"按钮，在弹出的下拉列表中单击"使用纯色"按钮，设置立体色的 RGB 值为 255、219、211，其他选项的设置如图 9-37 所示。按 Enter 键，效果如图 9-38 所示。

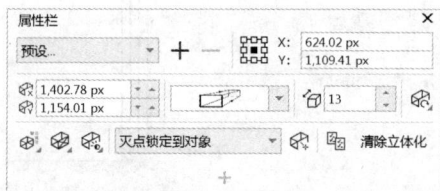

图 9-37

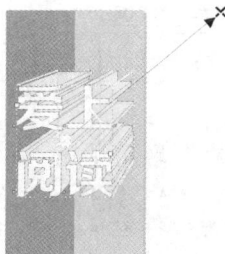

图 9-38

（8）选择"矩形"工具，在适当的位置绘制一个矩形，如图 9-39 所示。在属性栏中单击"倒棱角"按钮，将"圆角半径"设为 0.0 px 和 100.0 px，其他选项的设置如图 9-40 所示。按 Enter 键，效果如图 9-41 所示。

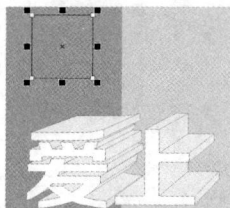

图 9-39

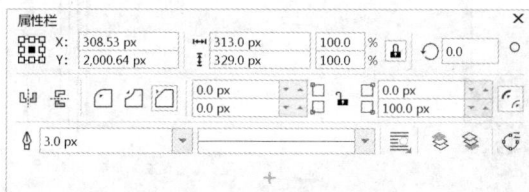

图 9-40

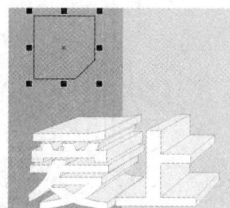

图 9-41

（9）填充矩形为白色，效果如图 9-42 所示。按数字键盘上的+键，复制矩形。选择"选择"工具，向右下拖曳复制的矩形到适当的位置，效果如图 9-43 所示。

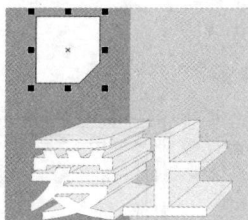

图 9-42

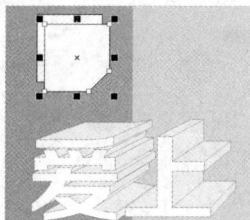

图 9-43

（10）选择"调和"工具，在两个矩形之间拖曳鼠标指针，添加调和效果，属性栏中的设置如图 9-44 所示。按 Enter 键，效果如图 9-45 所示。

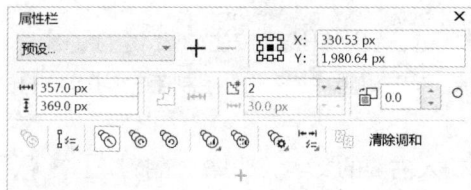

图 9-44

图 9-45

（11）选择"矩形"工具▢，在适当的位置绘制一个矩形，如图 9-46 所示。在属性栏中单击"倒棱角"按钮▢，将"圆角半径"设为 0.0 px 和 100.0 px，其他选项的设置如图 9-47 所示。按 Enter 键，如图 9-48 所示。

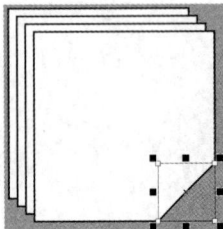
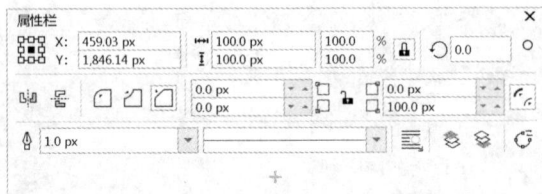
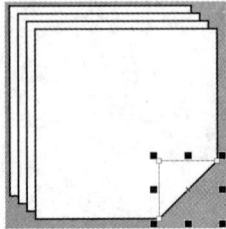

图 9-46 　　　　　　　　　　　图 9-47 　　　　　　　　　　　图 9-48

（12）保持矩形的选中状态。设置矩形的均匀填充颜色的 RGB 值为 250、178、173，效果如图 9-49 所示。选择"手绘"工具，在适当的位置绘制一条斜线，效果如图 9-50 所示。

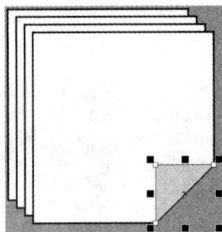
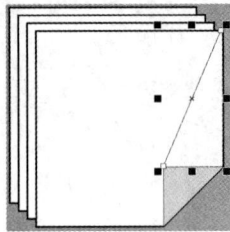

图 9-49 　　　　　　　　　　　　　　　图 9-50

（13）按 F12 键，弹出"轮廓笔"对话框，在"颜色"选项中设置斜线的轮廓线颜色为黑色，其他选项的设置如图 9-51 所示。单击"OK"按钮，效果如图 9-52 所示。

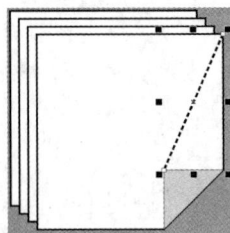

图 9-51 　　　　　　　　　　　　　　　图 9-52

（14）选择"选择"工具▸，按数字键盘上的+键，复制斜线。按住 Ctrl 键的同时，水平向左拖曳复制的斜线到适当的位置，效果如图 9-53 所示。向内拖曳左下角的控制手柄到适当的位置，调整斜线长度，效果如图 9-54 所示。

（15）选择"文本"工具字，在适当的位置输入需要的文字。选择"选择"工具▸，在属性栏中选择适当的字体并设置文字大小，单击"将文本更改为垂直方向"按钮，更改文本方向，效果如图 9-55 所示。

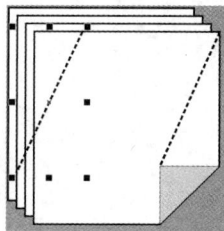

图 9-53

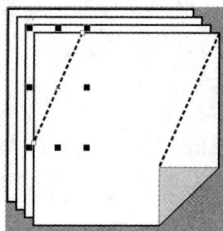

图 9-54

图 9-55

（16）选择"文本"工具 **字**，在适当的位置输入需要的文字。选择"选择"工具 ▶，在属性栏中选择适当的字体并设置文字大小，单击"将文本更改为水平方向"按钮 ≡，更改文本方向，效果如图 9-56 所示。在"文本"泊坞窗中，选项的设置如图 9-57 所示。按 Enter 键，效果如图 9-58 所示。

图 9-56

图 9-57

图 9-58

（17）选择"文本"工具 **字**，在适当的位置输入需要的文字。选择"选择"工具 ▶，在属性栏中选择适当的字体并设置文字大小，效果如图 9-59 所示。在"文本"泊坞窗中，选项的设置如图 9-60 所示。按 Enter 键，效果如图 9-61 所示。

图 9-59

图 9-60

图 9-61

（18）选择"选择"工具 ▶，选中需要的斜线，如图 9-62 所示，按数字键盘上的+键，复制斜线。向右下拖曳复制的斜线到适当的位置，效果如图 9-63 所示。

图 9-62

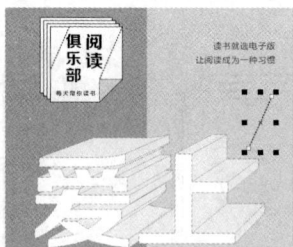

图 9-63

（19）按 Ctrl+I 组合键，弹出"导入"对话框，选择云盘中的"Ch09\素材\制作阅读平台推广海报\01"文件，单击"导入"按钮，在绘图页面中单击，导入图片。选择"选择"工具，拖曳图片到适当的位置，效果如图 9-64 所示。

（20）选择"矩形"工具，在适当的位置绘制一个矩形，在"调色板"中的"10%黑"色块上单击鼠标左键，填充矩形，然后去除矩形的轮廓线，效果如图 9-65 所示。再绘制一个矩形，填充矩形为白色，并去除矩形的轮廓线，效果如图 9-66 所示。

图 9-64

图 9-65

图 9-66

（21）选择"阴影"工具，在白色矩形中，从上向下拖曳鼠标指针，为矩形添加阴影效果，属性栏中的设置如图 9-67 所示。按 Enter 键，效果如图 9-68 所示。

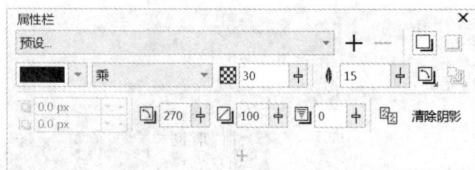

图 9-67

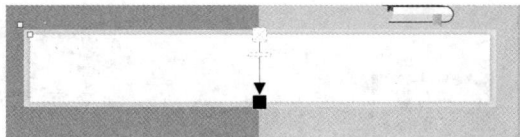

图 9-68

（22）选择"矩形"工具，在适当的位置绘制一个矩形，如图 9-69 所示。选择"文本"工具字，在适当的位置分别输入需要的文字。选择"选择"工具，在属性栏中分别选择适当的字体并设置文字大小，效果如图 9-70 所示。

图 9-69

图 9-70

（23）选择"手绘"工具 🖊️，按住 Ctrl 键的同时，在适当的位置绘制一条直线，如图 9-71 所示。按 F12 键，弹出"轮廓笔"对话框，在"颜色"选项中设置轮廓线颜色为黑色，其他选项的设置如图 9-72 所示。单击"OK"按钮，如图 9-73 所示。阅读平台推广海报制作完成，最终效果如图 9-74 所示。

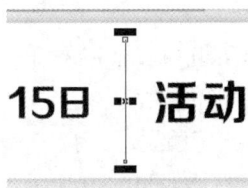

图 9-71

图 9-72

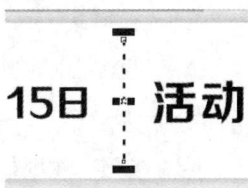

图 9-73

图 9-74

9.2.2 透明效果

使用"透明度"工具 ▨ 可以制作出均匀、渐变、图案和底纹等许多漂亮的透明效果。

使用"选择"工具 ▸ 选中要添加透明效果的装饰包图形，如图 9-75 所示。选择"透明度"工具 ▨，在属性栏中可以选择一种透明类型，这里单击"均匀透明度"按钮 🖌️，选项的设置如图 9-76 所示，图形的透明效果如图 9-77 所示。

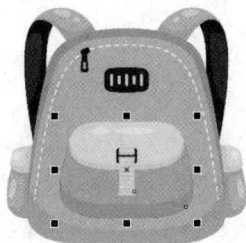

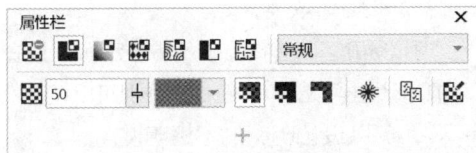

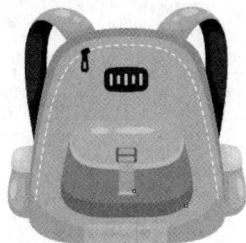

图 9-75

图 9-76

图 9-77

"透明度"工具属性栏中各选项和按钮的功能如下。

▣▣▣▣▣▣、常规 ▾：选择透明类型和透明样式。

"透明度" ▣ 50 ÷：拖曳滑块或直接输入数值，可以改变对象的透明度。

"透明度目标"选项▣ ▣ ▣：设置应用透明度到"全部""填充""轮廓"效果。

"冻结透明度"按钮❋：冻结当前视图的透明度。

"编辑透明度" ▣：打开"渐变透明度"对话框，可以对渐变透明度进行具体的设置。

"复制透明度" ▣：可以复制对象的透明效果。

"无透明度" ▣：可以清除对象中的透明效果。

9.2.3 阴影效果

阴影效果是经常使用的一种特效。使用"阴影"工具▣可以快速给图形制作阴影效果，还可以设置阴影的不透明度、角度、位置、颜色和羽化程度。下面介绍如何制作阴影效果。

使用"选择"工具▣选中要制作阴影效果的图形，如图 9-78 所示。再选择"阴影"工具▣，将鼠标指针放在图形上，按住鼠标左键并向阴影投射的方向拖曳鼠标指针，如图 9-79 所示。拖曳鼠标指针到需要的位置后松开鼠标左键，阴影效果如图 9-80 所示。

图 9-78

图 9-79

图 9-80

拖曳阴影控制线上的——图标，可以调节阴影的透光程度。拖曳时越靠近▣图标，透光度越小，阴影越淡，效果如图 9-81 所示；拖曳时越靠近■图标，透光度越大，阴影越重，效果如图 9-82 所示。

图 9-81

图 9-82

"阴影"工具▣的属性栏如图 9-83 所示。各选项和按钮的功能如下。

"预设列表"选项 预设 ▾：可以在下拉列表中选择需要的预设阴影效果。单击其后的＋按钮或－按钮，可以添加或删除预设列表中的阴影效果。

"阴影偏移"选项 0.0 mm ÷ 、"阴影角度"选项 90 ÷：分别可以设置阴影的偏移位置和角度。

"阴影延展"选项▣ 95 ÷ 、"阴影淡出"选项▣ 0 ÷：分别可以调整阴影的长度和边缘的淡出程度。

"阴影不透明度"选项▣ 69 ÷：可以设置阴影的不透明度。

"阴影羽化"选项▮ 15 ÷：可以设置阴影的羽化程度。

"羽化方向"按钮 ⬛：可以设置阴影的羽化方向。单击此按钮可弹出"羽化方向"下拉列表，如图 9-84 所示。

"羽化边缘"按钮 ⬛：可以设置阴影的羽化边缘模式。单击此按钮可弹出"羽化边缘"下拉列表，如图 9-85 所示。

"阴影颜色"选项 ⬛▾：可以改变阴影的颜色。

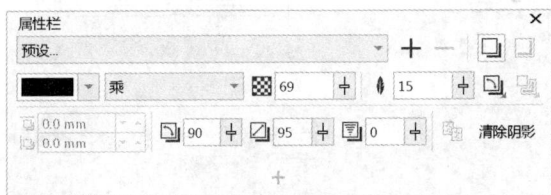

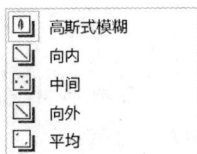

图 9-83　　　　　　　　　图 9-84　　　　图 9-85

9.2.4　轮廓图效果

轮廓图效果是图形向内部或者外部放射的层次效果，它由多个同心线圈组成。下面介绍如何制作轮廓图效果。

绘制一个图形，如图 9-86 所示。选择"轮廓图"工具 ⬛，由图形正上方的节点向内拖曳鼠标指针至适当的位置，松开鼠标左键，效果如图 9-87 所示。

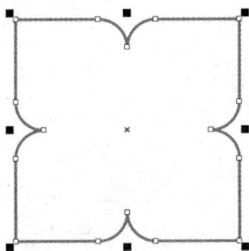

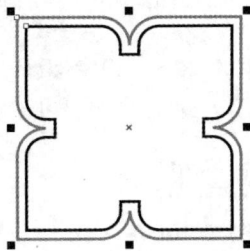

图 9-86　　　　　　　　　　　图 9-87

"轮廓图"工具的属性栏如图 9-88 所示。部分选项和按钮的功能如下。

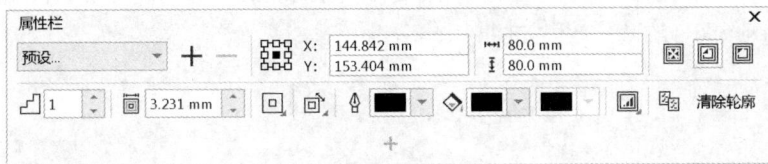

图 9-88

"预设列表"选项 预设…▾：选择系统预设的轮廓图样式，可选择"内向流动""外向流动"两种样式。

"内部轮廓"按钮 ⬛、"外部轮廓"按钮 ⬛：使对象产生向内和向外的轮廓，效果分别如图 9-89 （a）和（c）所示。

"到中心"按钮 ⬛：根据设置的偏移值一直向内创建轮廓，效果如图 9-89（b）所示。

（a）内部轮廓 （b）到中心 （c）外部轮廓

图 9-89

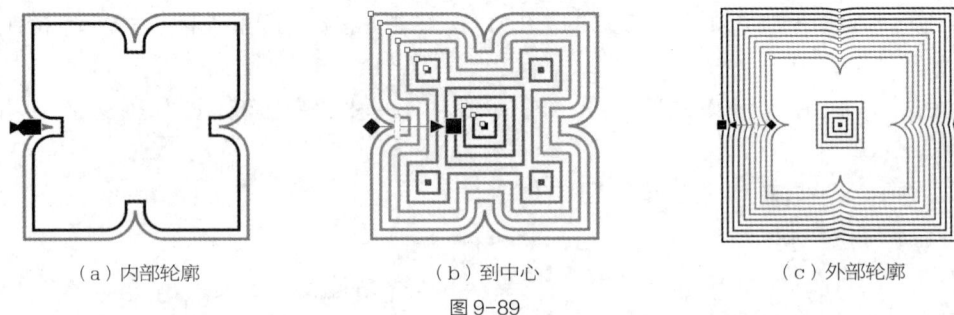

"轮廓图步长"选项 ⌐1⌐ 和"轮廓图偏移"选项 ▦ 3.231 mm：设置轮廓图偏移的个数和偏移距离，如图 9-90 和图 9-91 所示。

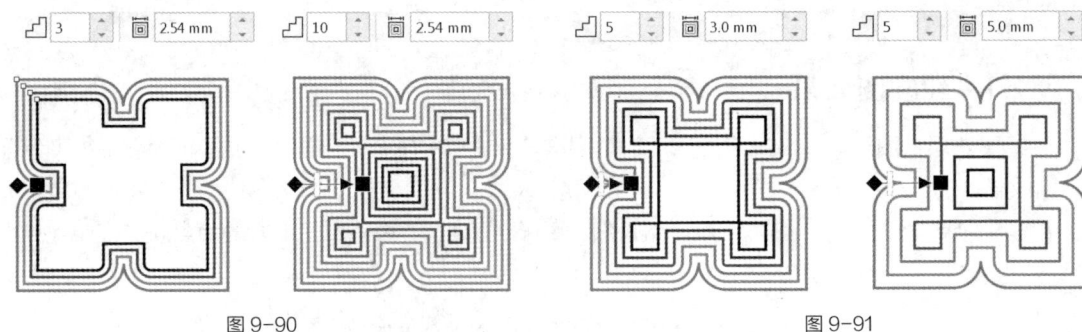

图 9-90 图 9-91

"轮廓色"选项 ◎ ▪▪▪：设定偏移的最后一圈轮廓线的颜色。

"填充色"选项 ◇ ▪▪▪：设定轮廓图的颜色。

9.2.5 调和效果

"调和"工具是 CorelDRAW 2021 中最常用的工具之一。使用"调和"工具制作出的调和效果可以在绘图对象间产生形状、颜色的平滑变化。下面具体讲解调和效果的使用方法。

导入要制作调和效果的两个图形，如图 9-92 所示。选择"调和"工具 ◎ ，将鼠标指针放在左边的图形上，鼠标指针变为 ⎙ 图标，按住鼠标左键并拖曳鼠标指针到右边的图形上，如图 9-93 所示。松开鼠标左键，两个图形的调和效果如图 9-94 所示。

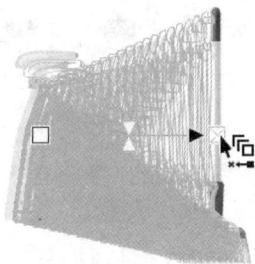

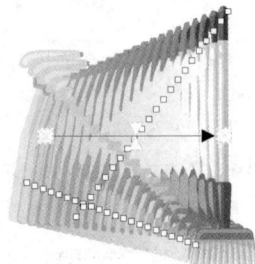

图 9-92 图 9-93 图 9-94

"调和"工具的属性栏如图 9-95 所示。各选项的功能如下。

图 9-95

"调和步长"选项 🔄 20 ：用于设置调和的步数，效果如图 9-96 所示。

"调和方向"选项 📐 0.0 ：用于设置调和对象的旋转角度，效果如图 9-97 所示。

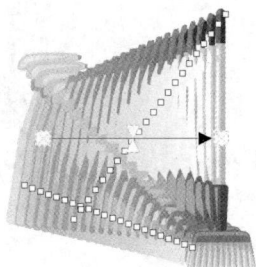 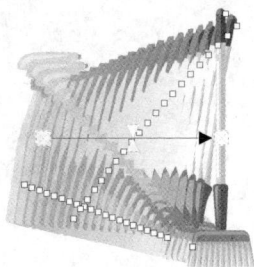

图 9-96   图 9-97

"环绕调和"按钮 🔄：调和对象除了自身旋转外，同时将以起点图形和终点图形的中间位置为旋转中心做旋转分布，如图 9-98 所示。

"直接调和"按钮 🔄、"顺时针调和"按钮 🔄、"逆时针调和"按钮 🔄：用于设置调和对象之间颜色过渡的方向，效果如图 9-99 所示。

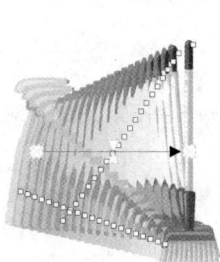 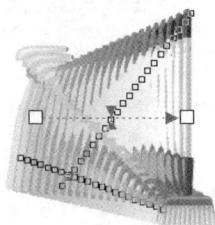 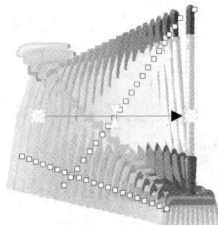 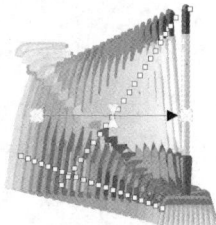

（a）直接调和   （b）顺时针调和   （c）逆时针调和

图 9-98   图 9-99

"对象和颜色加速"按钮 🔄：用于调整调和对象显示和颜色的加速速率。单击此按钮，弹出图 9-100 所示的对话框。拖曳滑块到需要的位置，对象加速的调和效果如图 9-101 所示，颜色加速的调和效果如图 9-102 所示。

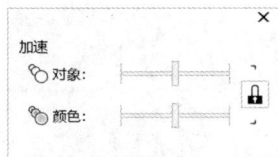 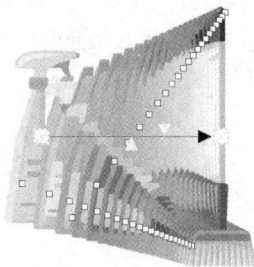 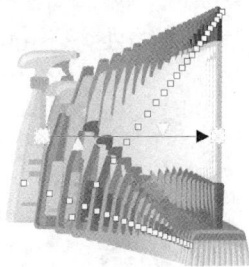

图 9-100   图 9-101   图 9-102

"调整加速大小"按钮 🔄：可以控制调和对象大小更改的速率。

"起始和结束属性"按钮：可以重新设定调和效果的起始及终止对象。

"路径属性"按钮：使调和对象沿重新绘制的新路径进行分布。单击此按钮，弹出图 9-103 所示的菜单，选择"新路径"选项，鼠标的指针变为 图标，在新绘制的路径上单击，如图 9-104 所示。沿新路径进行调和的效果如图 9-105 所示。

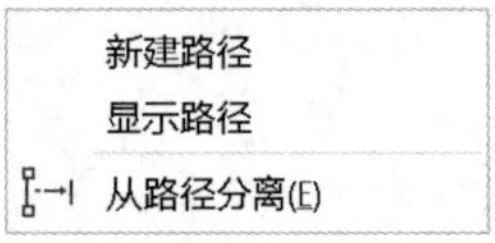

| 新建路径 |
| 显示路径 |
| 从路径分离(E) |

图 9-103 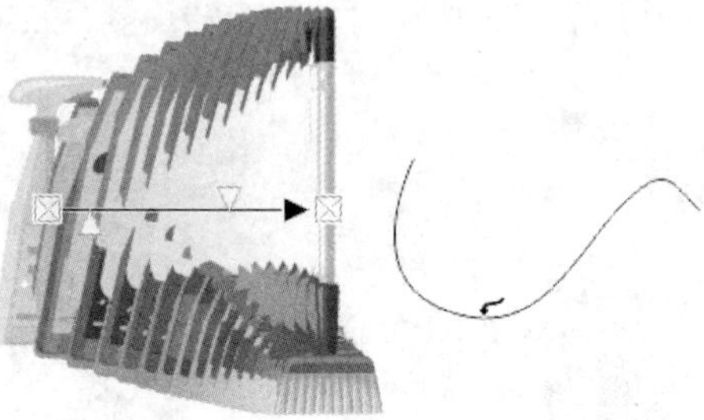　　　　　　　　　　　　图 9-104 　　　　　　　　　　　图 9-105

"更多调和选项"按钮：可以进行更多的调和设置。单击此按钮，弹出图 9-106 所示的下拉列表。"映射节点"选项可指定起始对象的某一节点与终止对象的某一节点对应，以产生特殊的调和效果。"拆分"选项可将调和对象分割成独立的对象，并使其与其他对象进行再次调和。选择"沿全路径调和"选项，可以使调和对象自动充满整个路径。选择"旋转全部对象"选项，可以使调和对象的方向与路径一致。

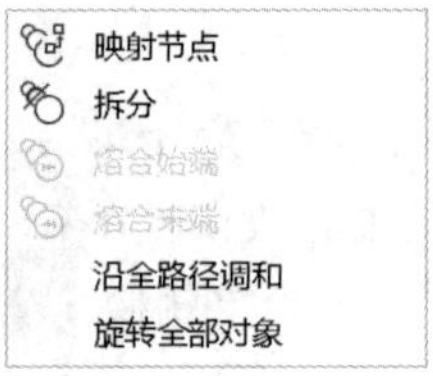

| 映射节点 |
| 拆分 |
| 熔合始端 |
| 熔合末端 |
| 沿全路径调和 |
| 旋转全部对象 |

图 9-106

9.2.6　变形效果

"变形"工具的使用可以使图形的变形操作更加方便。变形后的图形可以产生不规则的外观，图形效果更具弹性、更加奇特。

选择"变形"工具，弹出图 9-107 所示的属性栏，属性栏中包含 3 种变形方式按钮："推拉变形"、"拉链变形"和"扭曲变形"。

| 属性栏 | ✕ |
| 预设... ⊕ ＋ － ⊕ ✿ ⊠ ⊕ 〰 10 ⊡ ⊠ 清除变形 ⟳ ＋ |

图 9-107

1．推拉变形

绘制一个图形，如图 9-108 所示。选择"变形"工具，单击属性栏中的"推拉变形"按钮，按住鼠标左键，在图形上由中间向左拖曳鼠标指针，如图 9-109 所示。变形后的效果如图 9-110 所示。

图 9-108 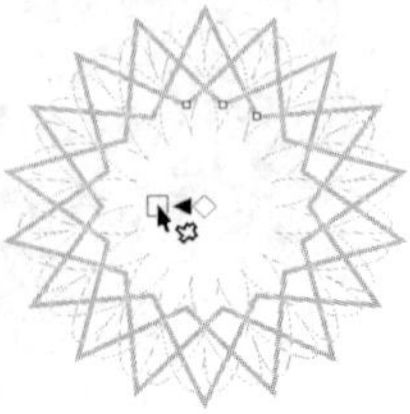　　　　　　　　　　图 9-109 　　　　　　　　　　图 9-110

在属性栏的"推拉振幅"框 ～ 0 中，可以输入数值来控制推拉变形的幅度，数值的设置范围为 −200～200。单击"居中变形"按钮 ⊕，可以将变形的中心移至图形的中心。单击"转换为曲线"按钮 ↻，可以将图形转换为曲线。

2. 拉链变形

绘制一个图形，如图 9-111 所示。单击"变形"工具 ◌，单击属性栏中的"拉链变形"按钮 ☼，按住鼠标左键，在图形上由中间向右上方拖曳鼠标指针，如图 9-112 所示，变形后的效果如图 9-113 所示。

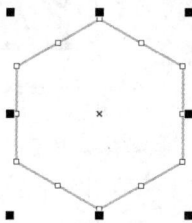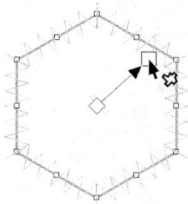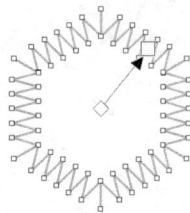

| 图 9-111 | 图 9-112 | 图 9-113 |

在属性栏的"拉链振幅"框 ～ 59 中，可以输入数值来调整锯齿的高度。单击"随机变形"按钮 ☒，可以随机地变化锯齿的高度。单击"平滑变形"按钮 ☒，可以将锯齿的尖角变成圆弧。单击"局限变形"按钮 ☒，在图形中拖曳鼠标指针，可以将锯齿的局部进行变形。

3. 扭曲变形

绘制一个图形，效果如图 9-114 所示。单击"变形"工具 ◌，单击属性栏中的"扭曲变形"按钮 ☒，按住鼠标左键，在图形上转动鼠标指针，如图 9-115 所示，变形后的效果如图 9-116 所示。

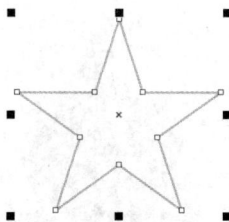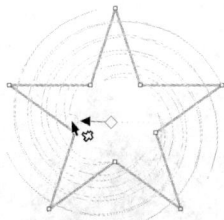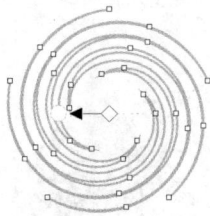

| 图 9-114 | 图 9-115 | 图 9-116 |

单击属性栏中的"添加新的变形"按钮 ☺，可以继续在图形中按住鼠标左键并转动鼠标指针，制作新的变形效果。单击"顺时针旋转"按钮 ↻ 和"逆时针旋转"按钮 ↺，可以设置旋转的方向。在"完整旋转"框 ○ 1 中输入数值，可以设置完整旋转的圈数。在"附加度数"框 ↻ 180 中可以设置超出完整旋转的角度。

9.2.7 封套效果

使用"封套"工具可以快速建立对象的封套效果，使文本、图形和位图产生丰富的变形效果。

导入一个要制作封套效果的图形，如图 9-117 所示。选择"封套"工具 ☒，单击图形，图形外围显示封套的控制线和控制点，如图 9-118 所示。拖曳需要变化的控制点到适当的位置后松开鼠标左键，改变图形的外形，如图 9-119 所示。选择"选择"工具 ▸ 并按 Esc 键，取消图形的选中状态，图形的封套效果如图 9-120 所示。

图 9-117　　　　　　　图 9-118　　　　　　　图 9-119　　　　　　　图 9-120

在属性栏的"预设列表"下拉列表 ▢预设 ▾ 中可以选择需要的预设封套效果。单击"直线模式"按钮 ▢、"单弧模式"按钮 ▢、"双弧模式"按钮 ▢ 和"非强制模式"按钮 ✐ 可切换不同的封套编辑模式。"映射模式"下拉列表 自由变形 ▾ 中包含四种映射模式，分别是"水平"模式、"原始"模式、"自由变形"模式和"垂直"模式。使用恰当的映射模式可以使封套中的对象符合封套的形状，制作出所需要的变形效果。

9.2.8　立体化效果

立体化效果是利用三维空间的立体旋转和光源照射的功能来完成的。使用 CorelDRAW 2021 中的"立体化"工具 🗗 可以制作和编辑图形的三维效果。

绘制一个需要设置立体化效果的图形，如图 9-121 所示。选择"立体化"工具 🗗，在图形上按住鼠标左键并向图形右上方拖曳鼠标指针，如图 9-122 所示。达到需要的立体化效果后，松开鼠标左键，图形的立体化效果如图 9-123 所示。

 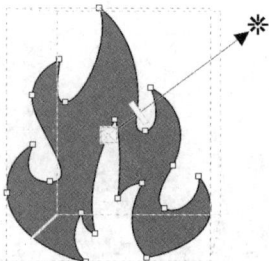 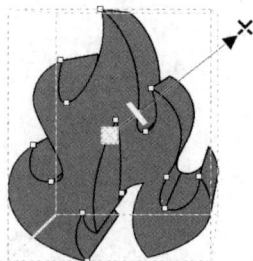

图 9-121　　　　　　　　图 9-122　　　　　　　　图 9-123

"立体化"工具的属性栏如图 9-124 所示，各选项和按钮的功能如下。

图 9-124

"立体化类型"选项 ▢ ▾：单击右侧的下拉按钮，弹出下拉列表，选择下拉列表中不同的立体化类型可以设置不同的立体化效果。

"深度"选项 🗗 20 ▾：可以设置图形立体化的深度。

"灭点属性"选项 灭点锁定到对象 ▼：可以设置灭点的属性。

"页面或对象灭点"按钮 ⬚：可以将灭点锁定到页面上，移动图形时，灭点不能移动，且立体化的图形形状会改变。

"立体化旋转"按钮 ⬚：单击此按钮，弹出旋转设置区，鼠标指针在三维旋转设置区内会变为手形，拖曳鼠标指针可以在三维旋转设置区中旋转图形，页面中的立体化图形会进行相应的旋转。单击 ⬚按钮，设置区中出现"旋转值"框，可以在"旋转值"框中精确地设置立体化图形的旋转数值。单击 ⬚按钮，旋转设置恢复到初始状态。

"立体化颜色"按钮 ⬚：单击此按钮，弹出立体化图形的颜色设置面板。在颜色设置面板中有 3 种颜色设置模式，分别是"使用对象填充"模式 ⬚、"使用纯色"模式 ⬚和"使用递减的颜色"模式 ⬚。

"立体化倾斜"按钮 ⬚：单击此按钮，弹出斜角修饰设置面板，可以拖曳面板中图例的节点或者在输入框中输入数值来设置斜角的形态。勾选"只显示斜角"复选框，只显示立体化图形的斜角部分。

"立体化照明"按钮 ⬚：单击此按钮，弹出"灯光"设置面板，在设置面板中可以为立体化图形添加光源。

9.2.9 课堂案例——制作冰糖葫芦宣传单

案例学习目标

学习使用"添加透视"命令、"置于图文框内部"命令制作冰糖葫芦宣传单。

案例知识要点

使用"导入"命令添加素材图片；使用"矩形"工具、"添加透视"命令制作矩形和透视变形效果；使用"图纸"工具、"轮廓笔"对话框、"旋转角度"选项绘制并旋转网格；使用"置于图文框内部"命令制作 PowerClip 效果；使用"阴影"工具为图片添加阴影效果。冰糖葫芦宣传单效果如图 9-125 所示。

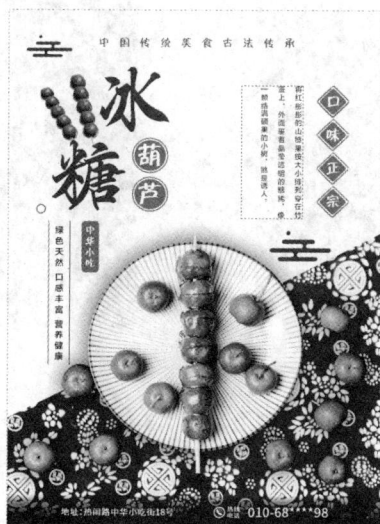

图 9-125

微课视频

扫码观看
本案例视频

⦿ 效果所在位置

云盘\Ch09\效果\制作冰糖葫芦宣传单.cdr。

（1）按 Ctrl+N 组合键，新建一个 A4 大小的绘图页面。选择"布局 > 页面大小"命令，弹出"选项"对话框，选择"页面尺寸"选项，在"出血"框中设置数值为3.0，勾选"显示出血区域"复选框，如图 9-126 所示。单击"OK"按钮，页面效果如图 9-127 所示。

图 9-126

图 9-127

（2）按 Ctrl+I 组合键，弹出"导入"对话框，选择云盘中的"Ch09\素材\制作冰糖葫芦宣传单\01"文件，单击"导入"按钮，在绘图页面中单击，导入图片，如图 9-128 所示。按 P 键，使图片在页面中居中对齐，效果如图 9-129 所示。选择"对象 > 锁定 > 锁定"命令，锁定所选图片。

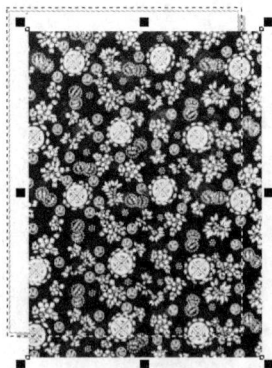

图 9-128

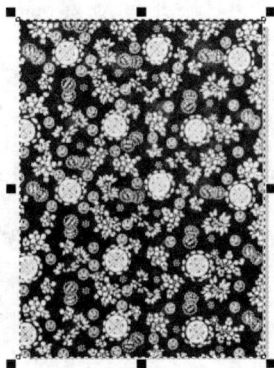

图 9-129

（3）选择"矩形"工具▢，在适当的位置绘制一个矩形，填充矩形为白色，并去除矩形的轮廓线，效果如图 9-130 所示。选择"对象 > 透视点 > 添加透视"命令，在矩形的周围出现控制线和控制点，如图 9-131 所示。选择"形状"工具₆，向上拖曳矩形右下角的控制点到适当的位置，透视效果如图 9-132 所示。

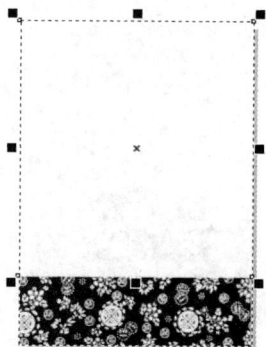
图 9-130

图 9-131

图 9-132

（4）选择"图纸"工具，属性栏的设置如图 9-133 所示。按住 Ctrl 键的同时，在适当的位置绘制网格，效果如图 9-134 所示。

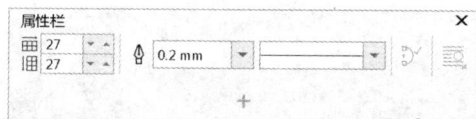
图 9-133

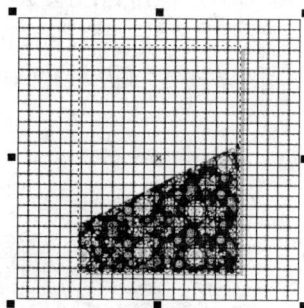
图 9-134

（5）按 F12 键，弹出"轮廓笔"对话框，在"颜色"选项中设置轮廓线颜色的 CMYK 值为 12、13、20、0，其他选项的设置如图 9-135 所示。单击"OK"按钮，效果如图 9-136 所示。

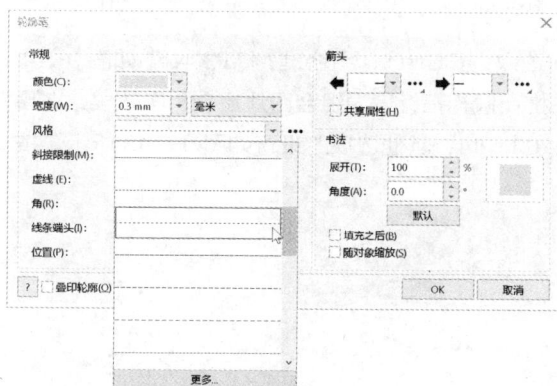
图 9-135

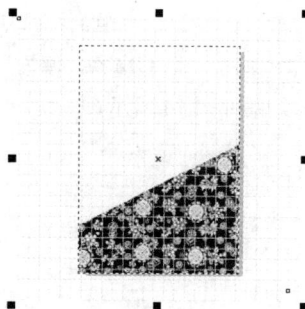
图 9-136

（6）选择"选择"工具，在属性栏中的"旋转角度"框中设置数值为 45.0，按 Enter 键，效果如图 9-137 所示。按 Ctrl+PageDown 组合键，将网格向后移一层，效果如图 9-138 所示。

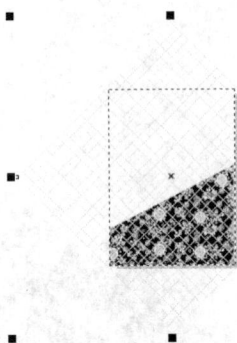
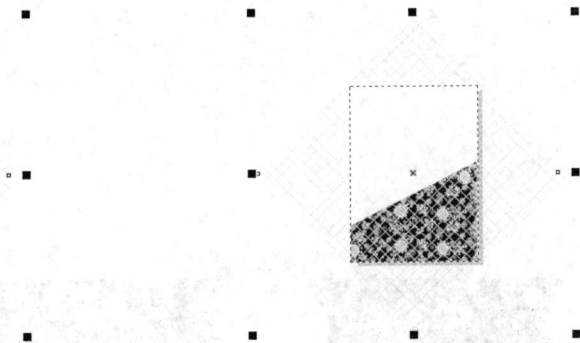

图 9-137　　　　　　　　　　　　　　　　　　　图 9-138

（7）选择"对象 > PowerClip > 置于图文框内部"命令，鼠标指针变为黑色箭头，在白色矩形上单击鼠标左键，如图 9-139 所示，将网格置入到白色图形中，效果如图 9-140 所示。

（8）按 Ctrl+I 组合键，弹出"导入"对话框，选择云盘中的"Ch09\素材\制作冰糖葫芦宣传单\02 和 03"文件，单击"导入"按钮，在绘图页面中分别单击，导入图片。选择"选择"工具 ，分别拖曳两张图片到适当的位置并调整其大小，效果如图 9-141 所示。

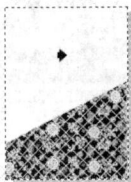
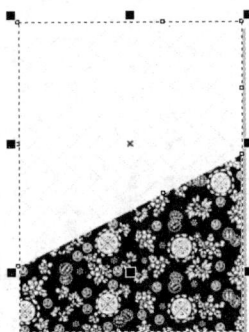
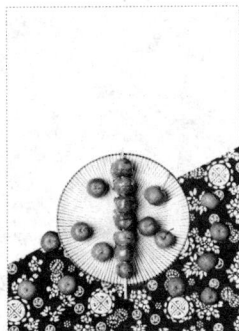

图 9-139　　　　　　　　　　　图 9-140　　　　　　　　　　　图 9-141

（9）用框选的方法将导入的两张图片同时选取，按 Ctrl+G 组合键，将其组合，如图 9-142 所示。选择"阴影"工具 ，在组合图片中从上向下拖曳鼠标指针，为组合图片添加阴影效果，在属性栏中设置"阴影颜色"的 CMYK 值为 100、98、62、44，其他选项的设置如图 9-143 所示。按 Enter 键，效果如图 9-144 所示。

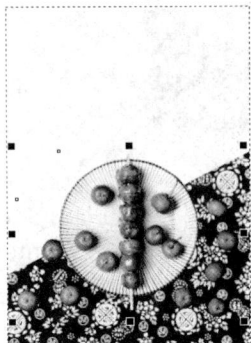
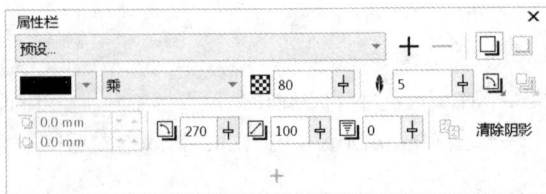
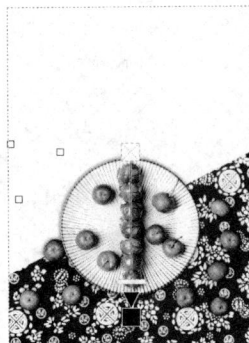

图 9-142　　　　　　　　　　　图 9-143　　　　　　　　　　　图 9-144

（10）按 Ctrl+I 组合键，弹出"导入"对话框，选择云盘中的"Ch09\素材\制作冰糖葫芦宣传单\04"文件，单击"导入"按钮，在绘图页面中单击，导入图片。选择"选择"工具 ，拖曳图片到适当的位置并调整其大小，效果如图 9-145 所示。冰糖葫芦宣传单制作完成，效果如图 9-146 所示。

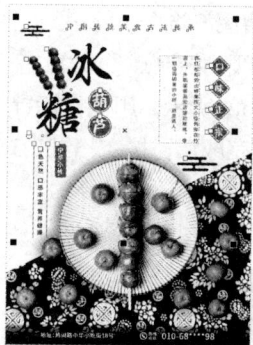 

图 9-145   图 9-146

9.2.10 块阴影效果

使用"块阴影"工具 可以将矢量阴影应用于对象和文本。和"阴影"工具制作出的阴影不同，块阴影由简单的线条构成，是打印和标牌制作的理想之选。下面介绍如何制作块阴影效果。

使用"选择"工具 选中要添加块阴影效果的文本，如图 9-147 所示。选择"块阴影"工具 ，将鼠标指针放在文本上，按住鼠标左键并向阴影投射的方向拖曳鼠标指针，如图 9-148 所示。块阴影达到所需大小后松开鼠标左键，块阴影效果如图 9-149 所示。

图 9-147   图 9-148   图 9-149

"块阴影"工具的属性栏如图 9-150 所示。其中部分选项和按钮的功能如下。

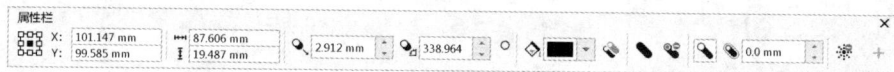

图 9-150

"深度"选项 ：可以调整块阴影的深度。

"定向"选项 ：可以设置块阴影的角度。

"块阴影颜色"选项 ：可以改变块阴影的颜色。

"叠印块阴影"按钮 ：可以设置块阴影在底层对象之上打印。

"简化"按钮 ：可以修剪对象和块阴影之间的重叠区域。

"移除孔洞"按钮 ：可以将块阴影设为不带孔的曲线对象。

"从对象轮廓生成"按钮 ：创建块阴影时，块阴影包含对象轮廓。

"展开块阴影"选项 ：可以改变块阴影尺寸大小。

9.2.11 透视效果

在设计和制作图形的过程中，经常会使用到透视效果。下面介绍如何在 CorelDRAW 2021 中制作透视效果。

导入要制作透视效果的图形。使用"选择"工具 ↖ 将图形选中，效果如图 9-151 所示。选择"对象 > 透视点 > 添加透视"命令，图形的周围出现控制线和控制点，如图 9-152 所示。用鼠标指针拖曳控制点，拖曳控制点时出现了透视点 ✖，如图 9-153 所示，用鼠标指针可以拖曳透视点 ✖，同时可以改变透视效果，如图 9-154 所示。透视效果制作完成后，按空格键，查看完成的效果。

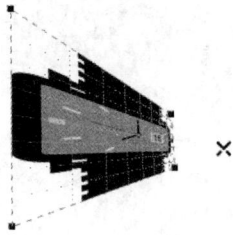

| 图 9-151 | 图 9-152 | 图 9-153 | 图 9-154 |

要修改已经制作好的透视效果，先双击图形，再对已有的透视效果进行调整即可。选择"对象 > 清除透视点"命令，可以清除透视效果。

9.2.12 透镜效果

在 CorelDRAW 2021 中，使用透镜可以制作出多种特殊效果。下面介绍制作透镜效果的方法。

导入一个图形，使用"选择"工具 ↖ 选中图形中的部分，如图 9-155 所示。选择"效果 > 透镜"命令，或按 Alt+F3 组合键，弹出"透镜"泊坞窗，如图 9-156 所示进行设置，效果如图 9-157 所示。

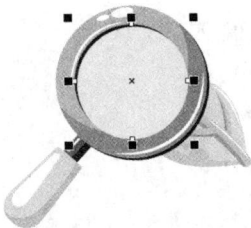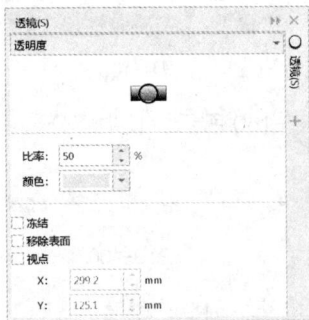

| 图 9-155 | 图 9-156 | 图 9-157 |

"透镜"泊坞窗中有"冻结""移除表面""视点"3 个复选框，勾选复选框可以设置透镜效果的公共参数。

"冻结"复选框：可以将应用透镜效果对象下面的其他对象产生的透镜效果添加为透镜的一部分。产生的透镜效果不会因为透镜或图形的移动而改变。

"移除表面"复选框：透镜效果只在该对象与其他对象重合的区域显示，其他区域则不可见。

"视点"复选框：可以在不移动透镜的情况下，只弹出透镜下面对象的一部分。在"视点"下方的 X、Y 选项框中设置数值后可以移动视点。

| 透明度 | ▼ |

选项：单击右侧的下拉按钮，弹出透镜类型下拉列表，如图 9-158 所示。在透镜类型下拉列表中的透镜选项上单击鼠标左键，可以选择需要的透镜。选择不同的透镜，再进行参数的设置，可以制作出不同的透镜效果。

图 9-158

课堂练习——绘制日历小图标

🔗 练习知识要点

使用"矩形"工具、"椭圆形"工具、"圆角半径"选项和"透明度"工具绘制日历小图标。效果如图 9-159 所示。

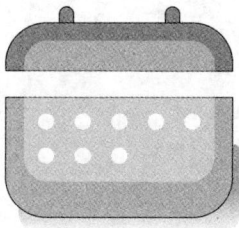

图 9-159

微课视频

扫码观看
本案例视频

⊚ 效果所在位置

云盘\Ch09\效果\绘制日历小图标.cdr。

课后习题——绘制闹钟插画

🔗 习题知识要点

使用"椭圆形"工具、"轮廓图"工具和"填充"工具绘制闹钟表盘；使用"折线"工具、"轮廓笔"工具绘制闹钟指针；使用"3 点椭圆形"工具、"2 点线"工具绘制闹钟的耳朵和腿。效果如图 9-160 所示。

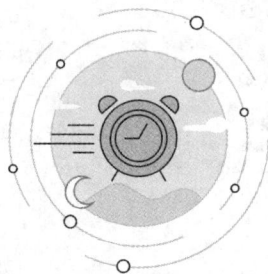

微课视频

扫码观看
本案例视频

图 9-160

◉ 效果所在位置

云盘\Ch09\效果\绘制闹钟插画.cdr。

10

第 10 章
综合设计实训

本章介绍

　　本章的综合设计实训案例根据商业设计项目的真实情境来训练学生如何利用所学知识完成商业设计项目。通过多个商业设计项目案例的演练，学生能够进一步牢固掌握CorelDRAW 2021 的强大操作功能和使用技巧，并应用好所学技能，制作出专业的商业设计作品。

学习目标

- ✔ 掌握 CorelDRAW 的基础知识。
- ✔ 了解 CorelDRAW 的常用设计领域。
- ✔ 掌握 CorelDRAW 在不同设计领域的使用方法和技巧。

技能目标

- ✔ 掌握"家居宣传单折页"的制作方法。
- ✔ 掌握"空调扇电商广告"的制作方法。
- ✔ 掌握"大米包装"的制作方法。
- ✔ 掌握"相机图标"的绘制方法。
- ✔ 掌握"家居装饰类 App 引导页"的制作方法。

素养目标

- ✔ 培养实战能力和职业思维。

10.1　宣传单设计——制作家居宣传单折页

10.1.1　【项目背景及要求】

1. **客户名称**

顾凯美家居设计工作室。

2. **客户需求**

顾凯美家居设计工作室是一家专注于家居设计的专业设计团队，致力于为客户打造品味和需求相契合的家居设计方案。顾凯美家居设计工作室希望通过宣传单生动地展示不同风格的家居设计案例，同时突出工作室的专业性和创新性。

3. **设计要求**

（1）宣传单的背景要求具有亮眼的视觉效果。

（2）使用浅色系色彩进行设计，符合家居设计行业舒适细腻的特点。

（3）内容规划合理，工作室的信息要保持完整，突出专业性。

（4）宣传单的排版要清晰、整齐，易于阅读。

（5）设计规格为 285 mm（宽）×210 mm（高），分辨率为 300 dpi。

10.1.2　【项目创意及制作】

1. **素材资源**

图片素材所在位置：云盘中的"Ch10\素材\制作家居宣传单折页\01~06"。

文字素材所在位置：云盘中的"Ch10\素材\制作家居宣传单折页\文字文档"。

2. **作品参考**

设计作品参考效果所在位置：云盘中的"Ch10\效果\制作家居宣传单折页.cdr"。作品效果如图 10-1 所示。

图 10-1

3. **制作要点**

使用"导入"命令添加家居图片；使用"矩形"工具和"置入图文框内部"命令制作 PowerClip

效果；使用"文本"工具、"文本"泊坞窗添加正、背面和内页宣传信息；使用"矩形"工具、"2 点线"工具和"轮廓笔"工具绘制装饰图形。

10.2 广告设计——制作空调扇电商广告

10.2.1 【项目背景及要求】

1. 客户名称

戴森尔。

2. 客户需求

戴森尔是一家电商用品零售企业，贩售平整式包装的家具、配件、浴室和厨房用品等。公司近期推出新款变频空调扇，需要为其制作一个全新的网店首页海报，要求海报能够发挥宣传新款变频空调扇的作用，向客户传递清新和雅致的感受。

3. 设计要求

（1）画面要求以产品图片为主体，模拟实际场景，带来直观的视觉感受。

（2）设计要求使用直观醒目的文字来诠释广告内容，表现产品特色。

（3）整体色彩清新干净，与宣传主题相呼应。

（4）设计风格简洁大方，给人清爽、轻盈的感觉。

（5）设计规格为 1920 px（宽）×800 px（高），分辨率为 72 dpi。

10.2.2 【项目创意及制作】

1. 素材资源

图片素材所在位置：云盘中的"Ch10\素材\制作空调扇电商广告\01"。

文字素材所在位置：云盘中的"Ch10\素材\制作空调扇电商广告\文字文档"。

2. 作品参考

设计作品参考效果所在位置：云盘中的"Ch10\效果\制作空调扇电商广告.cdr"。作品效果如图 10-2 所示。

图 10-2

3. 制作要点

使用"导入"命令导入底图；使用"文本"工具、"文本"泊坞窗添加产品名称和价格信息；使用"矩形"工具、"圆角半径"选项、"文本"工具制作功能模块。

10.3　包装设计——制作大米包装

10.3.1　【项目背景及要求】

1. 客户名称

稻香米业。

2. 客户需求

稻香米业是一家专注于提供高品质、健康谷物产品的公司，致力于为消费者提供优质的谷物。稻香米业现需要制作大米包装，要求画面制作要清新且有创意，符合公司的定位与市场需求。

3. 设计要求

（1）包装袋上的装饰使用插画的形式，体现出产品自然、纯净的特色。

（2）画面排版清晰明了，充满趣味的同时易于识别。

（3）画面色调统一，呈现出平衡感和美感，提升视觉效果。

（4）整体效果要给顾客自然、健康的感觉，体现出产品的独特性。

（5）设计规格为 297 mm（宽）×210 mm（高），分辨率 300 dpi。

10.3.2　【项目创意及制作】

1. 素材资源

图片素材所在位置：云盘中的"Ch10\素材\制作大米包装\01~05"。

文字素材所在位置：云盘中的"Ch10\素材\制作大米包装\文字文档"。

2. 作品参考

设计作品参考效果所在位置：云盘中的"Ch10\效果\制作大米包装.cdr"。作品效果如图 10-3 所示。

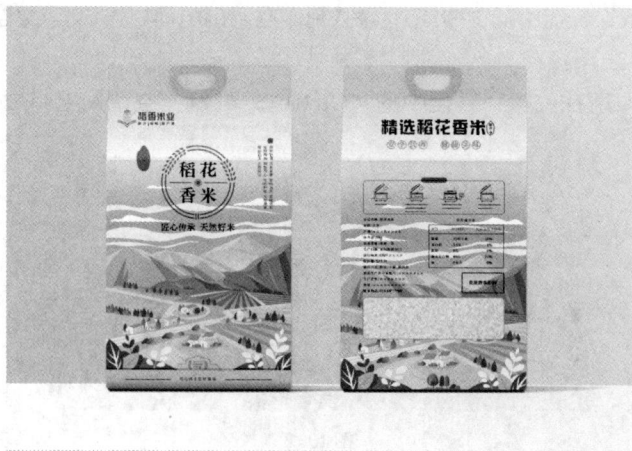

图 10-3

微课视频

扫码观看
本案例视频

微课视频

扫码观看
本案例视频

3. 制作要点

使用"导入"命令、"矩形"工具、"渐变填充"按钮、"贝塞尔"工具绘制包装底图；使用"文本"工具、"文本"泊坞窗添加产品名称；使用"2 点线"工具、"贝塞尔"工具、"椭圆形"工具、"矩形"工具、"圆角半径"选项、"透明度"工具绘制装饰图形；使用"文本"工具、"文本"泊坞窗、"表格"工具添加营养成分表和其他包装信息；使用"矩形"工具、"圆角半径"选项、"置入"命令和"置于图文框内部"命令制作图片剪裁效果。

10.4　图标设计——绘制相机图标

10.4.1　【项目背景及要求】

1. 客户名称

七点半设计工作室。

2. 客户需求

七点半设计工作室是一家以 App 制作、软件开发为主的设计开发类工作室，得到众多客户的一致好评。公司现阶段需要为新开发的手机设计一款相机图标，要求使用立体化的表现形式表达出相机的特征。图标要有极高的辨识度，能够体现出镜头的光晕和神秘感。

3. 设计要求

（1）采用最常见的扁平化图标设计方法。

（2）设计图标使用立体化的表现形式。

（3）颜色搭配合理，体现出图标的质感。

（4）设计风格具有特色，能够吸引用户的眼球。

（5）设计规格为 1024 px（宽）×1024 px（高），分辨率为 72 dpi。

10.4.2　【项目创意及制作】

1. 作品参考

设计作品参考效果所在位置：云盘中的"Ch10\效果\绘制相机图标.cdr"。作品效果如图 10-4 所示。

微课视频

扫码观看
本案例视频

图10-4

2. 制作要点

使用"椭圆形"工具、"渐变填充"工具和"变换"泊坞窗绘制变焦镜头；使用"阴影"工具为图形添加阴影效果；使用"透明度"工具制作叠加效果。

10.5 App 界面设计——制作家居装饰类 App 引导页

10.5.1 【项目背景及要求】

1. 客户名称

优选家。

2. 客户需求

优选家是一个集家具购物和装修体验于一体的家具卖场，为喜欢精心设计家居空间，对家具的质量、设计有一定要求的客户提供贴心的服务。现为了更好地服务客户，优选家需要制作一款 App，目前首要需求是为这款 App 设计一份引导页。

3. 设计要求

（1）界面设计直观、易用，提供友好的操作指引和导航。

（2）页面应与 App 的整体主题和风格保持一致。

（3）使用与家具或装饰品相关的图案作为画面装饰。

（4）合理安排元素的位置，使整体布局舒适。

（5）设计规格为 750 px（宽）×1624 px（高），分辨率为 72 dpi。

10.5.2 【项目创意及制作】

1. 素材资源

图片素材所在位置：云盘中的"Ch10\素材\制作家居装饰类 App 引导页\01"。

文字素材所在位置：云盘中的"Ch10\素材\制作家居装饰类 App 引导页\文字文档"。

2. 作品参考

设计作品参考效果所在位置：云盘中的"Ch10\效果\制作家居装饰类 App 引导页.cdr"。作品效果如图 10-5 所示。

图 10-5

微课视频

扫码观看
本案例视频

3. 制作要点

使用"矩形"工具、"圆角半径"选项和"轮廓笔"工具绘制床和床头柜；使用"矩形"工具、"形状"工具绘制台灯；使用"矩形"工具、"椭圆形"工具、"PowerClip"命令制作挂画；使用"文本"工具添加文字信息。

10.6 课堂练习1——设计现代家居电商广告

微课视频

扫码观看
本案例视频

10.6.1 【项目背景及要求】

1. 客户名称

尘乡居。

2. 客户需求

尘乡居是一个专门销售现代家具的平台，销售的产品包括沙发、橱柜、双人床等家具。该平台近期推出了新款布艺沙发，需要为其制作一个全新的网店首页广告，要求突出广告宣传的主题。

3. 设计要求

（1）广告内容以家居产品为主，装饰品与产品相结合，相互衬托。

（2）色调要通透明亮，给人品质上乘的感觉。

（3）产品的展示主次分明，让人一目了然。

（4）整体设计清新自然，提升顾客的购买欲望。

（5）设计规格为 1920 px（宽）×800 px（高），分辨率为 72 dpi。

10.6.2 【项目创意及制作】

1. 素材资源

图片素材所在位置：云盘中的"Ch10\素材\设计现代家居电商广告\01"。

文字素材所在位置：云盘中的"Ch10\素材\设计现代家居电商广告\文字文档"。

2. 作品参考

设计作品参考效果所在位置：云盘中的"Ch10\效果\设计现代家居电商广告.cdr"。

3. 制作要点

使用"文本"工具添加宣传性文字；使用"轮廓笔"工具添加文字轮廓；使用"矩形"工具、"阴影"工具制作"查看详情"按钮。

10.7 课堂练习2——设计文件图标

微课视频

扫码观看
本案例视频

10.7.1 【项目背景及要求】

1. 客户名称

牧星设计工作室。

2.客户需求

牧星设计工作室是一支优秀且充满活力的设计团队，拥有多样的设计风格，设计范围广泛，价位合理，赢得了新老客户的一致认可。现需为牧星设计工作室设计一款文件图标，要求采用扁平化的表现方式，设计简洁且有辨识度。

3.设计要求

（1）图标框架使用圆角矩形。

（2）图标设计运用扁平化的表现形式。

（3）画面色彩要清晰明亮，同时表现出文件图标的立体感。

（4）设计风格简约，具有特色。

（5）设计规格为 1024 px（宽）×1024 px（高），分辨率为 72 dpi。

10.7.2 【项目创意及制作】

1.作品参考

设计作品参考效果所在位置：云盘中的"Ch10\效果\设计文件图标.cdr"。

2.制作要点

使用"椭圆形"工具、"矩形"工具、"移除后面对象"命令制作文件袋；使用"透明度"工具制作透明效果；使用"阴影"工具制作阴影、"渐变填充"按钮制作手提绳。

10.8 课后习题 1——设计剪纸图书封面

微课视频

扫码观看
本案例视频

10.8.1 【项目背景及要求】

1.客户名称

鸿宇出版社。

2.客户需求

鸿宇出版社是一家学术底蕴深厚的出版机构。秉承着传承经典的理念，鸿宇出版社专注于学术研究和传统文化的深度挖掘。鸿宇出版社为了新图书的出版及发售，需要设计一个剪纸图书封面，希望通过封面吸引读者注意。

微课视频

扫码观看
本案例视频

3.设计要求

（1）图书封面的设计使用纯色背景，起到衬托主题的作用。

（2）整体色调清新舒适，色彩丰富，搭配自然。

（3）图书封面要表现出剪纸文化深厚的底蕴。

（4）文字设计与图片设计充分搭配。

（5）设计规格为 385 mm（宽）×260 mm（高），分辨率为 300 dpi。

10.8.2 【项目创意及制作】

1.素材资源

图片素材所在位置：云盘中的"Ch10\素材\设计剪纸图书封面\01、02"。

文字素材所在位置：云盘中的"Ch10\素材\设计剪纸图书封面\文字文档"。

2．作品参考

设计作品参考效果所在位置：云盘中的"Ch10\效果\设计剪纸图书封面.cdr"。

3．制作要点

使用辅助线分割页面；使用"打开"命令、"矩形"工具、"变换"泊坞窗、"置于图文框内部"命令制作封面背景；使用"文本"工具、"形状"工具添加封面名称和出版信息。

10.9　课后习题2——设计核桃奶包装

微课视频

扫码观看
本案例视频

10.9.1　【项目背景及要求】

1．客户名称

食佳股份有限公司。

2．客户需求

食佳股份有限公司是一家以奶制品、干果等食品的分装与销售为主的企业。现公司推出高钙低脂核桃奶，要求制作一款包装，需要传达出核桃奶健康美味的特点，并能够快速地吸引消费者的注意。

3．设计要求

（1）包装风格要求清新简约，符合产品特色。

（2）文字简单干净，与整体的包装风格相符，使包装更显高端。

（3）设计简洁大气，图文搭配合理，视觉效果强烈。

（4）以真实、简洁的方式向消费者传达信息内容。

（5）设计规格为 210 mm（宽）×297 mm（高），分辨率为 300 dpi。

10.9.2　【项目创意及制作】

1．素材资源

图片素材所在位置：云盘中的"Ch10\素材\设计核桃奶包装\01"。

文字素材所在位置：云盘中的"Ch10\素材\设计核桃奶包装\文字文档"。

2．作品参考

设计作品参考效果所在位置：云盘中的"Ch10\效果\设计核桃奶包装.cdr"。

3．制作要点

使用"导入"命令添加包装外形图片；使用"椭圆形"工具、"3点椭圆形"工具、"贝塞尔"工具、"形状"工具和"轮廓笔"工具绘制卡通形象；使用"文本"工具、"文本"泊坞窗添加商品名称及其他相关信息；使用"贝塞尔"工具、"文本"工具和"合并"按钮制作文字镂空效果。